煤层控制水力压裂裂缝导向
扩展理论与技术

葛兆龙　卢义玉　周　哲　汤积仁　著

科学出版社

北京

内 容 简 介

本书是在十二五、十三五国家科技重大专项、国家自然科学基金面上基金、国家自然科学基金杰出青年基金、教育部创新团队基金的资助下的主要研究成果,书中详细阐述了水力压裂损伤煤岩及煤层气(瓦斯)运移理论、煤层可控水力压裂裂缝导向扩展理论及其在工程中的应用,全书共分为 8 章,分别为绪论、水压作用下煤岩微观损伤及破坏模型、煤层水力压裂起裂及瓦斯运移模型、割缝导向水压裂缝扩展理论及技术、基于孔隙压力梯度的导向压裂理论及技术、射流割缝复合水力压裂增透理论及技术、煤层清洁压裂液增透抽采机理与技术、煤矿井下可控水压裂评价体系。

本书适合从事煤层气开采、矿井瓦斯防治的科研工作者、工程技术人员、高等院校教师、研究生和本科高年级学生参考和阅读。

图书在版编目(CIP)数据

煤层控制水力压裂裂缝导向扩展理论与技术 / 葛兆龙等著. —北京:科学出版社,2020.12

ISBN 978-7-03-066590-4

Ⅰ. ①煤⋯ Ⅱ. ①葛⋯ Ⅲ. ①煤层－水力压裂－裂缝延伸－研究 Ⅳ. ①TD742

中国版本图书馆 CIP 数据核字(2020)第 211367 号

责任编辑:罗 莉 / 责任校对:彭 映
责任印制:罗 科 / 封面设计:义和文创

科学出版社 出版
北京东黄城根北街 16 号
邮政编码:100717
http://www.sciencep.com

四川煤田地质制图印刷厂 印刷
科学出版社发行 各地新华书店经销

*

2020 年 12 月第 一 版 开本:787×1092 1/16
2020 年 12 月第一次印刷 印张:18 1/4
字数:432 000
定价:199.00 元
(如有印装质量问题,我社负责调换)

前　言

　　煤层气（矿井瓦斯）是一种与煤炭伴生的优质清洁能源，高效开发煤层气势必成为常规油气资源的强有力补充，对我国的能源结构调整具有重要意义。据新一轮全国煤层气资源评价，我国煤层气资源丰富，分布范围广，2000m 以浅探明储量约 36.81 万亿 m^3，与常规天然气含量相当，位居世界第三。但我国煤层赋存条件复杂，具有低渗透性（<0.001mD）、高瓦斯压力（高达 6.5MPa）、煤质松软（f<0.5）、构造发育等特点，大部分矿区煤层渗透率 10^{-4}～10^{-3}mD，比美国、澳大利亚等低 3～4 个数量级。煤层瓦斯抽采率较低，同时造成瓦斯事故的频发。高效抽采煤层气（瓦斯）已成为我国能源发展战略和煤炭安全生产的重大需求。

　　我国煤层气开采主要采用地面抽采（如晋城矿区）和井下抽采（如重庆松藻矿区）两种方式。由于我国煤层赋存条件复杂，地面开采难度大、成本高，目前我国煤层气产量主要依靠井下抽采。随着矿井开采强度的增大，延伸速度加快，开采深度急剧增加。深部煤层赋存条件更加复杂，进一步降低了煤层透气性，导致煤层气（矿井瓦斯）开采更加困难。采用密集钻孔等传统增透技术存在钻孔工程量大、单孔抽采范围有限、瓦斯浓度及抽采效率低等问题，已不能满足我国井下煤层气（矿井瓦斯）高效抽采及煤炭开采安全的需求。

　　近年来，相关学者通过利用并改进水力压裂技术，在煤矿井下进行了相关试验研究，取得很好的增透抽采效果，但也存在一些问题。水力压裂技术最早应用于常规油气井，更是近年来兴起的页岩气革命的"大功臣"，被认为是实现非常规储层油气开采的关键技术手段。尽管该技术实现了页岩油、气商业化开采，但是其在煤层气领域的应用却刚刚起步。从国内外煤层水力压裂效果来看，大致与裸眼洞穴完井相当，而且波动较大。其主要原因是煤岩物理力学性质与常规油气层差异很大，尤其在复杂煤层中，煤质松软、地应力大、裂隙发育，造成井下水力压裂影响范围小，裂缝容易在顶底板与煤层交接处起裂，并转向顶底板扩展，不能有效压裂煤层。此外，常规压裂手段易形成主裂缝，导致裂缝两侧存在增透"空白带"，加之顶底板破坏严重，为后续煤炭开采带来安全隐患。因此，必须对压裂技术进行革新，以适应煤矿井下水力压裂。

　　本书编写组在前期"高压水射流割缝技术强化瓦斯抽采"的基础上，针对我国煤矿地质条件复杂，存在煤质松软，高地应力、裂隙发育等特点，结合传统水力压裂技术，创新性的提出"煤矿井下可控水力压裂增强煤层透气性"的学术思路。采用理论分析、数值模拟、实验室及现场试验的方法，经过近十年的刻苦攻关，在煤层水力压裂裂缝导向扩展机理、煤层导向压裂增透机理、压裂过程瓦斯运移机理及导向压裂技术工艺等方面取得了创新性的理论及技术成果，这对复杂地质条件下煤层气的高效开发具有重要的指导作用和借鉴意义。

　　全书主要内容包括：①水力压裂煤岩损伤及煤层气（瓦斯）运移理论，研究水压作用下煤岩微观损伤及破坏机理，建立煤层水力压裂起裂及瓦斯运移模型；②煤层水力压裂裂缝导向扩展理论及技术，根据裂缝导向扩展机理，研发出适用于不同煤层地质条件的导向压裂技术及工艺，包括割缝导向水力压裂、孔隙压力导向压裂、割缝复合水力压裂、清洁压裂液压裂等；③研发出适用于煤矿井下导向水力压裂配套装置及安全防护装置，包括压力-流量实时监测装置、专用压裂管、专用封孔装置、气渣分离器等，大大提高了施工效率和安全性，建立了煤层导向水力压裂前后效果评价方法。

在国家科技重大专项（2016ZX05045）、教育部创新团队（IRT17R112）、国家自然科学基金（51774055、51804050）、国家杰出青年基金（51625401）等课题资助下，著者以及所在研究团队刻苦钻研煤层可控水力压裂理论及技术近十年，致力于解决现有煤层瓦斯抽采措施的技术瓶颈，实现煤层瓦斯高效开发和瓦斯灾害控制，研究内容交叉涵盖了多个学科内容与工程技术，并形成了一系列丰富的研究成果。本著作由团队研究成员梅绪东、宋晨鹏、程亮、杨枫、程玉刚、李倩、李诗华、王理的多年研究心血凝结而成，在此表示衷心的感谢，也感谢其余研究成员肖宋强、仲建宇、张亮、杨萌萌、张娣、左少杰、邓凯等在整理本著作文字内容以及图表过程中付出的辛勤劳动。同时，本著作内容里引用了大量国内外学者的研究成果，在此也表示真诚的感谢。

由于著者水平有限，书中难免有疏漏与不妥之处，恳请前辈及同仁批评指正。

目　　录

第1章 绪 论

1.1 概 述

煤层气是一种主要成分是甲烷的非常规天然气，与煤炭伴生的清洁能源，每吨煤可产生 $50\sim300m^3$ 的煤层气。煤层气俗称瓦斯，其在煤层中具有多种赋存形式：①吸附于微纳孔表面；②滞留于基质孔隙；③游离于天然裂缝（割理）；④溶解于天然裂缝中的地下水。我国煤层气资源丰富，位居世界第三，居于俄罗斯和美国之后。我国 42 个主要聚煤盆地埋深 2000m 以内煤层气地质资源量为 36.81 万亿 m^3，其中 1500m 以内煤层气可采资源量为 10.88 万亿 m^3，3000m 以内资源量超过了 55 万亿 m^3[1]。我国煤层气资源分布范围较广，主要分布在山西和鄂尔多斯等地，按照地理位置分布特点可以划分为东北、华北、西北、南方以及青藏五大煤层气富集区。其中，东北区煤层气地质资源量为 11.32 万亿 m^3、可采资源量为 4.32 万亿 m^3，分别占全国的30.8%和39.7%，是我国煤层气开发的重要战略地区；华北地区煤层气地质资源量为 10.47 万亿 m^3、可采资源量为 2.00 万亿 m^3，分别占全国的28.4%和 18.4%；西北地区煤层气地质资源量为 10.36 万亿 m^3、可采资源量为 2.86 万亿 m^3，分别占全国的28.1%和26.3%；南方区煤层气地质资源量为 4.66 万亿 m^3、可采资源量为 1.70 万亿 m^3，分别占全国的 12.7%和15.6%（图 1.1）；青藏区煤层气探明地质资源量相对较少，且由于地表条件差，本次未统计计算。

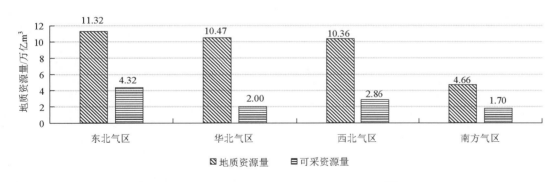

图 1.1 我国四大煤层气区地质资源量分布[1]

国家"十三五"规划将加快煤层气开发放在了突出地位，制定了 2020 年煤层气产量达到 62.61 亿 m^3 的战略目标等[2]（图 1.2）。2019 年 5 月我国煤层气产量达 9.6 亿 m^3，同比增长 16.1%；1~5 月全国煤层气累计产量 34.4 亿 m^3，同比增长 15.4%。近年来，我国煤层气的地面开发规模以每年约 5 亿 m^3 的速度平稳增长，由 2012 年的 25.7 亿 m^3 增长到 2017 年的 47.04 亿 m^3。2018 年，煤层气开采量达到 51.74 亿 m^3。

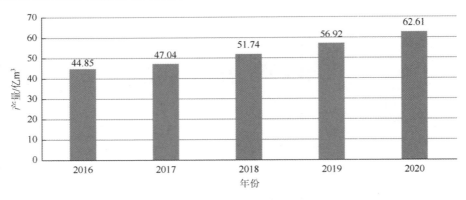

图 1.2　我国煤层气产量及增长走势

中国煤层气地质条件的特殊性，决定了全国 70%以上的煤田不适合地面大规模煤层气开发，中国的煤层气开发必须走煤与煤层气一体化协调开发的道路[3]。煤层气井下抽采一直是我国煤层气产量的重要补充，如图 1.3 所示。晋城矿区初步形成了适合沁南地区的清水钻进、活性水压裂、定压排采、低压集输的煤层气地面开发技术体系；首创了地面井压裂、井下长钻孔联合抽采技术；创建了晋城矿区三区联动井上下立体抽采，采气采煤一体化开发模式；建立了采气采煤一体化开采示范基地。2013 年，晋城矿区煤层气抽采量达 25.16 亿 m^3，煤层气利用量为 15.11 亿 m^3，综合利用率达到 60%。地面煤层气抽采和利用量连续 7 年居于全国领先地位。两淮矿区开展了煤层群开采卸压煤层气立体抽采、采动区卸压煤层气抽采和松软煤层煤层气强化抽采等技术示范，初步形成两淮高地应力、高瓦斯压力和高瓦斯含量煤层群开采条件下，煤层群开采卸压煤层气井上下立体抽采技术体系。2013 年，两淮矿区煤层气抽采量达 7.2 亿 m^3，煤层气利用量为 2.5 亿 m^3，煤炭产量达到 1.1 亿吨，发挥了显著的示范作用，相关技术已推广至全国 10 多个矿区 100 多个矿井。松藻矿区主要开展以松软突出煤层钻进及煤矿井下水力压裂增透抽采为主的技术示范，形

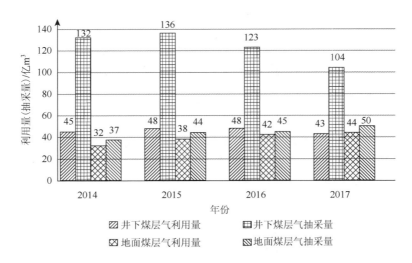

图 1.3　2014～2017 年我国井下、地面煤层气行业利用量及抽采情况

成"三区配套三超前增透抽采"煤与煤层气协调开发模式,并基本建成以矿区民用和发电为主的煤层气利用体系,正筹建亿立方米级煤层气液化厂。2013 年矿区煤层气抽采量达到 2.75 亿 m^3;煤层气利用量为 1.99 亿 m^3,利用率为 72.4%。

近年来,煤炭行业低迷,煤矿企业效益下降或亏损,煤炭产量增长受限(过去 10 年年均增长 2 亿吨,未来几年将增长乏力甚至不增长),抽采工程减少和抽采空间有限,煤矿瓦斯抽采量增长速度减缓。2016 年煤层气井下抽采规模为 123 亿 m^3,同比下降 9.56%;2017 年全国煤层气井下抽采规模为 104 亿 m^3,同比下降 15.4%。加大技术创新成为当务之急。

我国大部分的矿井为瓦斯赋存矿井,高瓦斯矿井和煤与瓦斯突出矿井数量多、分布广。在我国 26 个主要产煤省市有 3284 处高瓦斯矿井和煤与瓦斯突出矿井,特别是我国的西南和中东部地区,贵州、四川、湖南、山西、云南、江西、重庆、河南等省市,存在 2865 处高瓦斯矿井和煤与瓦斯突出矿井,占全国高瓦斯矿井和煤与瓦斯突出矿井总数的 87.2%。而且,目前我国大部分煤矿矿井逐渐进入深部开采阶段(每年平均开采深度增加 10～30m),多处开采深度超过了 1000m,最大开采深度达到 1501m。随着矿井开采深度加大,地应力和瓦斯压力增加,瓦斯抽采难度进一步增大,瓦斯灾害仍时有发生,瓦斯问题依然严峻[4]。据笔者统计,2016～2018 年间,全国共发生煤与瓦斯突出事故 14 起,造成 70 人死亡,对我国煤炭能源的高质量发展和社会效应产生了极大的负面影响。因此,如何高效、大范围增加煤层透气性是煤层气高效抽采和煤炭安全生产亟须解决的难题。

1.2 煤层气资源概况及开发现状

1.2.1 国外煤层气的资源分布和开发现状

世界上有 74 个国家蕴藏着煤层气资源,煤层气资源量约为 268 万亿 m^3,仅俄罗斯、美国、中国、加拿大、澳大利亚五国煤层气资源量就占世界煤层气总量的 90%。2019 年中国煤层气资源量达 36.81 万亿 m^3 占世界煤层气总量的 14%。世界上的主要产煤国家都十分重视煤层内赋存煤层气资源的开发[5]。美国、英国、德国、俄罗斯等国开发煤层气主要采用煤炭开采前抽采和采空区封闭抽采,体系发展已经较为成熟。20 世纪 80 年代初,美国首次尝试采用地面钻井的方式开采煤层气,获得了突破性进展,这标志着世界煤层气资源开发进入一个崭新的阶段。

1. 美国煤层气的开发利用

美国在煤层气勘探、开发、利用方面处于世界领先地位,形成了成熟的煤层气工业,其煤层气储层条件十分理想,天然气管道系统完善,政府自 1980 年起陆续出台了《原油意外获利法》《1992 年能源政策法》《联邦政府对煤层气项目资助指南》等政策推动煤层气产业发展。根据国际能源署(International Energy Agency, IEA)统计,美国煤层气地质资源量为 49.16 万亿 m^3,美国早在 20 世纪初就开始煤层气井下开采,1997 年,煤层气产量达到

320 亿 m³；2005 年，煤层气产量已达 500 亿 m³；2006 年，煤层气产量达到 540 亿 m³；2008 年达到高峰，产量为 556 亿 m³；2009 年，煤层气产量为 542 亿 m³；自 2008 年起，美国煤层气产业处于萎缩衰退阶段，2015 年已回落至 359 亿 m³[6]（图 1.4）。美国煤层气可采资源量丰富，主要分布在 21 个盆地和区带，其中森林城（Forest City）盆地最丰富，约为 0.90 万亿 m³；其次为粉河（Powder River）盆地，约为 0.66 万亿 m³；第三位圣胡安（San Juan）盆地，约为 0.38 万亿 m³。美国煤层气主要产自粉河盆地、圣胡安盆地和黑勇士（Black Warrior）盆地，其中 80%以上的煤层气产量来自粉河盆地和圣胡安盆地[7]。

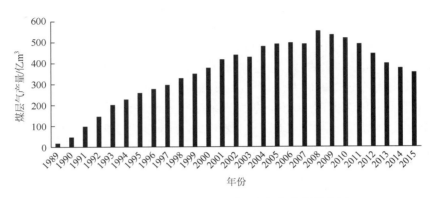

图 1.4　1989～2015 年美国煤层气年均产量分布图

2. 俄罗斯的煤层气开发利用

俄罗斯的煤层气资源量丰富，主要集中在通古斯（20.0 万亿 m³）、库兹涅茨克（13.1 万亿 m³）、勒拿（6.0 万亿 m³）、泰梅尔（5.5 万亿 m³）、伯朝拉（1.94 万亿 m³）、南雅库特（0.92 万亿 m³）、济良齐（0.099 万亿 m³）、东墩涅茨（0.097 万亿 m³）八大盆地[8]。煤层气分布高度集中，尤其是通古斯盆地和库兹涅茨克盆地异常丰富。俄罗斯天然气股份公司于 2010 年 2 月在塔尔金煤田开展了首次煤层气开发。俄罗斯政府为鼓励企业积极进行煤层气开采，采取了很多措施。俄罗斯具有有利的开展大规模煤层气开采的含气条件和地质特征[9]。

3. 英国煤层气的开发利用

英国有南部地区、中部地区、北部地区和苏格兰地区四个石炭纪煤田区。南部地区主要是南威尔士煤田，该煤田煤层多，最多达 70 层，煤层厚 1～4 m；中部地区主要是约克郡-诺丁汉郡盆地，该地区煤层多，煤层厚 0.6～2.4m；北部地区主要是诺森伯兰郡的达勒姆盆地；苏格兰地区断层较多，煤层厚 0.6～6m[10]。1991～1992 年期间英国进行了首批煤层气区块招标，开始在未采动煤田进行煤层气勘探及开发活动。英国的煤层渗透率非常低，目前英国煤层气抽采分为 3 种：常规煤层气抽采、生产矿井的瓦斯抽采和废弃煤矿的瓦斯抽采。英国以煤层气地面抽采作为主要开采途径，采出的煤层气主要用于发电。

4. 德国煤层气的开发利用

德国的煤炭资源主要分布于西部的鲁尔、萨尔地区、亚琛和伊本比伦。总煤层气资源量为 3.0 万亿 m^3。德国对煤层气资源的利用，主要为生产矿井和报废煤矿的煤层气抽采方面。德国煤层气开发技术的特点是模块化燃气发电机组，该技术可远程控制，易于运输，便于拆装，可根据抽气量随时调整燃气机组数量[11]。德国由单一的煤层气抽放逐步向生产矿井回收煤层气过渡，目前回收的煤层气多数被用于发电，但甲烷含量一般低于 1%，难以直接用作燃料，只能作为有一定热值的可燃烧气体或采用新技术进行热氧化。

5. 澳大利亚煤层气的开发利用

澳大利亚含煤盆地主要分布在东部沿海地区，具有巨大的潜在市场。据估计，澳大利亚的煤层气资源量约为 8 万亿～14 万亿 m^3[10]。煤层气潜在的地区主要有鲍恩盆地、悉尼盆地、加里里盆地和莫尔顿-苏拉特盆地。地质年代为新近纪的褐煤是澳大利亚煤层气开发的目标煤层。虽然单位质量的褐煤所含的煤层气较其他煤种少，但是由于褐煤具有更好的渗透性，使得煤层气更容易从中解吸出来，因而煤层气的采收率更高。煤层气抽采的传统技术有采前煤层气预抽和井下穿层钻孔抽采。煤层气抽采的新技术有采动区抽采、地面钻井抽采和井下顶板巷道抽采等。

6. 印度煤层气的开发利用

印度的煤层气资源粗略估计有 0.85 万亿 m^3[10]。印度采取煤炭和煤层气资源分离开采的技术路线，使得煤层气的开发不会影响未来的煤炭开采。考虑煤层气的含量、煤层厚度和埋深、井底压力以及邻近矿区或钻孔是否有明显的甲烷涌出等因素，印度圈定了首批煤层气勘探开发区，分别位于拉尼根杰、西孟加拉、切里亚（比哈尔邦）有东、索哈布格尔、西波卡罗和瑟德布尔煤田等地。

1.2.2 我国煤层气资源情况及储层特点

我国煤层气资源极其丰富，2017 年国土资源部（现自然资源部）组织开展了"十三五"全国油气资源评价工作，我国埋深 2000m 以上的浅煤层气地质资源量为 36.81 万亿 m^3，可采资源量为 12.5 万亿 m^3[12]。有资料显示，我国的煤层气含气量大于 $8m^3/t$ 的富煤层气资源量为 12.44 万亿 m^3，在深度上分布较为均匀，按埋藏深度划分风化带小于 1000m、1000～1500m 和 1500～2000m 三个深度，煤层气资源量分别占比 37.2%，31.3%，31.5%。目前煤层气勘查开发主要集中在风化带小于 1000m，1000～1500m 开展了少量工作，1500m 以深因勘查开发难度和经济因素尚难以开发利用[13]。全国大于 5 千亿 m^3 的含煤层气盆地（群）共有 14 个，其中含气量为 5 千亿～1 万亿 m^3 的有川南、黔北、豫西、川渝、三塘湖、徐淮等盆地；含气量大于 1 万亿 m^3 的有鄂尔多斯盆地东缘、沁水盆地、准噶尔盆地、滇东黔西盆地群、二连盆地、吐哈盆地、塔里木盆地、天山盆地群、海拉尔盆地。2015 年国土资源部主要采用体积法和资源丰度类比法,完成了我国 41 个重点盆地(群)的煤层气资源评价,测算煤层气地质资源量为 30.05 万亿 m^3,技术可采资源量为 12.50 万亿 m^3。鄂尔多斯盆地资源最丰富,可采资源量为 2.80 万亿 m^3,占比为 22.40%;其次为沁水盆地,可采资源量为 1.53 万亿 m^3,占比为 12.2%;再次为滇东黔西盆地(群),可采资源量为 1.38 万亿 m^3,占比为 11.0%。排列前 10 位的盆地(群)累计煤层气可采资源量为 10.98 万亿 m^3,占比为 87.8%,是我国煤层气开发的主战场。

国内煤层气的储层具有以下 3 个特点。

1. 煤储层渗透率低

基于我国煤储层渗透率分布特点和不同渗透率条件下单井产量的分析,将煤储层的渗透率(k)下限定为 $0.01×10^{-15}m^2$,按渗透率将煤储层划分为低渗($<0.1×10^{-15}$)、中渗($0.1×10^{-15}～0.5×10^{-15}m^2$)、中高渗($0.5×10^{-15}～1×10^{-15}m^2$)、高渗($1.0×10^{-15}～5.0×10^{-15}m^2$)和超高渗($>5.0×10^{-15}m^2$)5 个等级,煤层气井的实际产量除受渗透率影响外,还受到煤层厚度、含气量、压裂参数、地质构造、煤系地层含水性和排采工作制度等其他因素的影响。随着我国煤层气开发技术的进步,低渗煤储层($<0.1×10^{-15}$)经合理配套的压裂技术和排采方案仍可获得理想的产气量。对于我国所有的煤层气储层分布,低渗、中渗、中高渗、高渗、超高渗 5 个等级的煤储层占比分别为 34%、24%、11%、17% 和 14%[14]。综合来看,我国煤层气产层渗透率低,普遍小于 $1×10^{-15}m^2$,这正是我国煤层气采用常规手段难以开发的原因,因此增加煤层的渗透性或可通透性是开采煤层气的必要条件。我国煤储层渗透率的分级标准和分布比例如表 1.1 所示。

表 1.1　我国煤储层渗透率的分级标准和分布比例

渗透率等级	划分界限/×$10^{-15}m^2$	所占比例/%	渗透性描述
超高渗	>5.0	14	渗透性好
高渗	1.0～5.0	17	渗透性较好
中高渗	0.5～1.0	11	渗透性中等
中渗	0.1～0.5	24	渗透性差
低渗	< 0.1	34	渗透性极差

2. 煤储层地应力梯度分布不均

煤储层的渗透率(k)受多种地质条件的影响,地应力条件是影响煤储层渗透率的最主要因素。煤储层渗透率与有效应力之间呈负指数相关。我国煤储层地应力以中-高应力为主,其原地应力的大小主要由煤层应力梯度、埋深以及局部地质构造等因素影响决定。我国不同地区或煤田的地应力梯度差异较为明显,其中,两淮地区地应力梯度较大,平均超过了 2MPa/hm,最高应力梯度能够达到 21.5MPa/hm;太行山东麓、渭北、鄂尔多斯、三江穆棱河、河东、鹤岗和大城等区域内煤田地应力梯度为 1.6～2.0MPa/hm;与这些区域内煤田相比,沁水煤田和铁法煤田的地应力梯度则比较低,平均值低于 1.6MPa/hm,最低可达 0.97MPa/hm。

3. 煤储层普遍欠压

储层裂缝中流体的压力称为储层压力，其大小受压力梯度与埋深的共同影响。对于煤层气井，地下水静液面到达井口的煤储层为正常压力储层；低于井口的煤储层为欠压储层；高于井口的煤储层为超压储层。储层压力与正常压力的比值为储层压力系数。通过对我国一百多个煤层试井资料统计，我国煤储层的压力系数范围为 0.29～1.60。其中，淮南煤田（储层压力系数为 1.08）、六盘水地区（储层压力系数为 1.03）、铁法煤田（储层压力系数为 1.02）和河东煤田（储层压力系数为 1.01）以正常压力和超压储层为主；大城煤田（储层压力系数为 0.95）、淮北煤田（储层压力系数为 0.93）和鹤岗煤田（储层压力系数为 0.91）以略欠压和接近正常压力储层为主；沁水煤田（储层压力系数为 0.66）以欠压和严重欠压储层为主。

1.3　国内外煤层水力压裂理论与技术研究现状

水力压裂是一种油气增产技术，将高压水通过井口注入地层，利用高压水致裂储层，从而在煤层或岩层中产生裂缝，为周围油气到井口的运移提供通道，可大大提高油气生产效率。

1.3.1　水力压裂技术的发展

1947 年，美国首次进行油气井水力压裂增产现场试验，实现了显著的增产效果，验证了水力压裂增产技术的可行性，世界各国对其非常重视并开始进行广泛研究。1970 年，水力压裂技术成功应用于低渗透油田的增产及勘探开发领域，这为原先没有开发价值的低渗透油气藏大规模开发提供了技术手段，也极大地提高了可采油气储量。随后，在直井压裂的基础上发展起来的水平井分段水力压裂技术，进一步扩展了其应用效果，也称为现代水力压裂技术[15]。1998 年以来，该技术在得克萨斯州巴尼特页岩地区煤层气开采中被广泛使用，实现了页岩气商业开采[16]。

目前，针对不同储层条件，水力压裂技术已经发展演化出包括滑溜水体积压裂技术、水平井分段压裂技术、水力喷射增强压裂技术及选择性压裂技术等多种技术。

滑溜水体积压裂技术是指利用低摩阻的滑溜水进行大排量泵注，使主裂缝沟通储层层理及天然裂缝，形成大范围体积改造效果。该技术应用广泛，是目前页岩气开发过程中应用最多的压裂液技术[17]。

水平井分段压裂技术是将完井套管上加上封隔器和压裂滑套，将油气储层分成若干段，用同一套泵车依次单段压裂，从而达到最大化储层渗流能力、提高导流性和生产力的效果。分段压裂技术是一种有效性强、针对性突出、可控性好的精细储层改造技术体系[18]。

水力喷射增强压裂技术是利用高速和高压流体携带砂体进行射孔，打开地层与井筒之间的通道，提高流体排量，从而在地层中打开裂缝的水力压裂技术。该技术可实现多目标层压裂，并可同时进行加砂[19]。

选择性压裂技术又叫分层压裂技术,主要用于多层油气井中,使用封隔器或暂堵剂等,对油气藏中某个或某些目的层进行压裂。目前常用的选择性压裂技术包括封隔器压裂、限流法压裂及蜡球分层压裂等[20]。

1.3.2　煤层地面水力压裂技术

自从水力压裂技术成功应用于油气井后,1954 年,美国最先在波卡洪达斯三号煤层、匹兹堡煤层、哈山煤层的瓦斯排放工作中进行了地面水力压裂,其基本原理与油气水力压裂基本相同[21]。

美国是在煤层气开采中采用水力压裂技术比较成熟的国家,1981 年美国根据煤层双重孔隙结构和煤层气吸附-渗流机理,提出"排水-降压-开采"的煤层气开发理论,并形成了以空气钻井、裸眼洞穴完井、直井压裂排采的煤层压裂技术(图 1.5)。随后,美国针对低渗透煤层研发出水平井压裂工艺,水平井不仅与产层接触面积大,而且压裂裂缝与割理接触概率大,具有与页岩压裂类似的体积改造效果,压裂后裂缝导流能力强,煤层气单井产量大(图 1.6)。

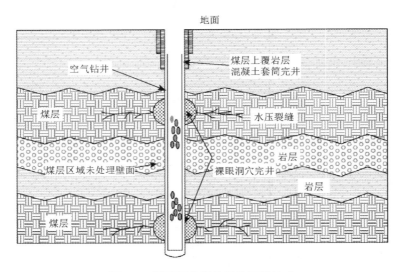

图 1.5　裸眼洞穴完井直井压裂技术

加拿大针对本国煤层低变质、多煤层、含水少的特点,开发出连续油管压裂技术、多煤层压裂技术、高效泡沫压裂技术,在应用中都取得了良好的效果,大大提高了煤层气地面开采效率[22]。

澳大利亚的煤层气地面开采起步较晚,但针对含气量高、原始地应力高的煤层地质特点,研发出中等半径钻井(medium radius drilling,MRD)、极短半径钻井(thumbnail radius drilling,TRD)技术,同时,以煤矿井下瓦斯抽放原理为基础,开发出应用于地面开采的U 形完井技术。水力压裂则主要采用垂直井水力压裂技术[23]。

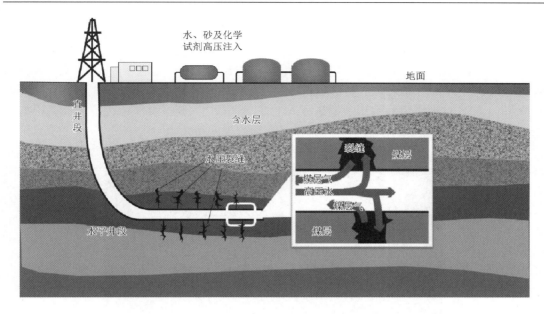

图 1.6　水平井分段水力压裂技术示意图

　　我国煤层气地面开采始于 1989 年，最初主要采用从国外引进的多种水力压裂技术，针对我国煤层厚度薄、渗透率低、含气量高的赋存特点，经过长期改进，形成了以大排量活性水垂直井压裂、泡沫压裂、氮气不加砂压裂、间接压裂、垂直井同步压裂等工艺技术。但由于我国煤层气处于欠饱和气藏，相比于美国等以低中阶煤岩为主、渗透率高、地应力高的饱和煤层气气藏，采用相同压裂增产方式，煤层气单井及总体开发效果均较低[24]。

1.3.3　煤矿井下水力压裂技术

　　水力压裂技术在煤矿井下的应用起步稍晚。1961 年，苏联首先在煤矿中使用水力压裂技术进行煤层卸压增透试验，但由于巷道尺寸对压裂泵等设备的限制，该技术并未得到实际应用。近年来，我国开始加快煤矿井下水力压裂试验研究。倪小明等首先提出了煤矿井下水力压裂增透的方法，即利用煤矿井下瓦斯抽采孔进行注水压裂，然后进行洗孔、排水，检验合格后联管抽放[25]。随后，王魁军等详述了一种利用煤层穿层钻孔水力压裂的方法，该方法利用井下顶（底）板岩巷施工的穿层钻孔对煤层进行压裂，增加煤层透气性[26]。马耕等则提出了一种利用煤层顺层钻孔的水力压裂施工方法，首先沿煤层顶（底）板顺层钻取压裂孔，然后以较低压力进行注水压裂，达到预计的压裂效果后，再进行联管抽放[27]。

　　随后，国内外学者根据煤矿井下特殊工况先后提出了一些井下专用的水力压裂技术，主要包括：定向水力压裂技术、井下点式水力压裂技术、脉动水力压裂卸压增透技术、井下钻孔重复水力压裂技术、顶底板间接压裂技术、井下长钻孔水力压裂技术以及"水-砂-水"水力压裂强化增透技术等。

以上技术主要原理仍然与油气压裂相同,并没有考虑煤层的特殊性。由于煤岩较软,可压性较差,反而容易破坏顶底板,导致后续煤炭开采困难。同时,煤层中的裂缝不容易支撑,且煤岩破坏过程中产生大量煤粉,煤粉与瓦斯、水一起运移,极容易堵塞裂缝。此外,煤矿井下瓦斯抽采的主要目的是防突及瓦斯治理,要求均衡抽采,不能有抽采盲区(图 1.7),这就需要对水压裂缝进行人为控制。总之,煤矿井下水力压裂需要根据煤层自身的特点,开发综合煤层气井下抽采及瓦斯治理的新技术。

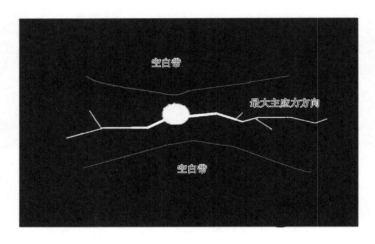

图 1.7　增透不均衡

1.4　煤层水压裂缝扩展理论与导向方法

水力压裂技术在油气系统中得到广泛的推广后,国内外一些学者考虑将该技术应用于煤矿井下,以改善煤层透气性,促进煤层气的高效开发。但是,由于煤层属于一种特殊的产层,相对于油气系统中的产层,煤层的埋深较浅,目前的开采深度一般为1000m 以内的程度,且煤层赋存条件复杂,包含走向、倾向、倾角等变化较多的赋存特征。另外,煤层强度较弱、原生节理裂隙多,煤层内也具有分层,这些原始的产层特征与油气产层差异较大。这些差异表明将油气系统中的水力压裂技术完全应用于煤矿井下是不适用的,煤矿水力压裂需要发展适用于自身产层特征的压裂技术体系。

国内外学者在煤层水力压裂方面开展了大量理论研究、物理实验及数值分析研究,并在现场开展了一系列的应用试验,主要围绕煤层水力压裂技术的起裂机理、裂缝扩展理论及控制技术方面进行了大量研究,为完善煤矿井下水力压裂技术及压裂工艺等奠定了良好的基础。

近年来,在煤矿井下水力压裂技术逐渐完善的同时,井下水力压裂技术的弊端也逐渐被人们所重视,也有相关学者开始尝试采用水力压裂与其他方法结合的方式来控制水压裂缝的起裂及扩展,为井下煤层气开发提供更优化的压裂技术方法,为改善煤层透气性及煤层气高效开发创造更多条件。

1.4.1　水压裂缝起裂及扩展研究现状

在油气工程领域中，将压裂液中混入一定量的支撑剂压入储层，从而使储层起裂、成缝，并使支撑剂支撑裂缝来维持裂缝的高度。煤矿井下水力压裂的目的主要是将高压水注入煤岩体内形成具有一定长、宽、高的裂缝，在降低煤岩体局部应力状态的同时，沟通煤层内原始裂隙，提高透气性。在煤矿井下水力压裂技术裂缝起裂及扩展研究中，学者们主要关注两个问题：①水压裂缝的起裂条件；②水压裂缝在起裂后的扩展方向。

材料的破坏及裂缝的形成中，材料力学有传统四大强度理论，分别为最大拉应力理论、最大伸长线应变理论、最大切应力理论、畸变能密度理论。另外，当判断材料是否被破坏时还涉及常用的莫尔-库仑强度准则。除了这些经典理论，近些年流行的复合型断裂破坏准则也得到了学者们的广泛认可，并应用于实际工程中，包括最大周向应力准则、能量释放率准则、应变能密度因子准则等。线弹性断裂力学中主要分析裂缝尖端的应力强度因子，将裂缝分为三种类型，分别为Ⅰ型断裂（张开型）、Ⅱ型断裂（剪切滑移型）、Ⅲ型断裂（裂纹扭转撕开型），如图 1.8 所示。

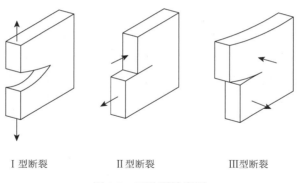

Ⅰ型断裂　　　　　　　Ⅱ型断裂　　　　　　　Ⅲ型断裂

图 1.8　三种裂缝类型

1. 国外水力压裂研究现状

Hubert 等于 1955 年提出了水力压裂导致孔壁应力集中引起拉伸破坏起裂理论[28, 29]。通过对井壁环向拉应力的分析，Hubert 等认为随着井筒内液体压力的升高，井壁环向拉应力逐渐增大，当环向拉应力超过孔壁岩石的抗拉强度时开始起裂。随后，Dunlap 和 Kehle 分析了钻孔与地应力的关系，认为水压裂缝总是沿垂直于最小主应力的方向发展，这也为后来人们研究水压裂缝扩展的方向奠定了基础[30, 31]。Zhou 等利用 FLAC3D 研究了裂缝在固-液耦合状态下的裂缝扩展模型，揭示了数值模型中的裂缝扩展准则[32]。Huang 等研究了钻孔起裂压力、起裂位置及角度的问题，通过坐标转换分析不同条件下的孔壁应力，获得了任意方位钻孔的起裂准则，并对该模型内的地应力及钻孔角度等参数进行了分析[33]。Li 等采用真三轴物理模拟实验及数值分析的方法研究了水压裂缝在岩层扩展至煤层时的行为特征，得到水压裂缝的注水速率对裂缝宽度和长度的影响规律[34]。同样，Guo 等研究了具有层状特性的页岩内水压裂缝的分布情况[35]，而 Zhao 等则从理论角度建立了水压裂缝遇到天然交界面时的穿透准则，为水压裂缝在界面扩展行为提供了理论模型[36]。另外，Zhai 等、Lu 等、Li 等提出新型脉动压裂的方法，通过现场实验分析了脉动压裂的震动频率对煤层透气性的影响规律，并通过理论和数值分析的方法研究了脉动压裂时煤体周围的地应力分布规律[37-39]。

2. 国内水力压裂技术研究现状

在水力压裂技术的理论研究中，黄荣樽于 1981 年提出了垂直裂缝和水平裂缝的差异，并给出详细的裂缝起裂判断准则，同时还认为影响孔壁起裂的因素众多，主要有原始地应力、地层孔隙压力、压裂液性质及地层本身的物理力学性质[40]。2003 年，张国华首先考虑了本煤层钻孔遇到多分层煤层时的起裂压力计算模型，同时阐述了煤分层钻孔、分层界面钻孔以及穿层钻孔的起裂扩展机理，之后通过数值计算结果验证了理论模型的正确性[41,42]。冯彦军等根据孔壁最大拉应力破坏准则，分析了钻孔方位角、倾角以及地应力等参数对起裂压力的影响规律，建立了孔壁起裂与扩展准则，并对水平应力的比值与裂缝起裂压力之间的变化规律做出分析，为现场钻孔布置优化提供了理论依据。此外，冯彦军等还对受压脆性岩石 I-II 型复合裂纹开裂角及断裂包络线进行了分析，并得到裂纹扩展影响因子对裂纹起裂及扩展的影响[43,44]。

在关于水力压裂的物理实验研究中，陈勉等于 2000 年研制了大尺寸真三轴加载实验系统，通过物理实验研究提出了围压、断裂韧性、节理、天然裂缝等因素对裂缝扩展的影响[45]。邓广哲等在 2004 年采用大型煤块试样对水压裂缝的形成及扩展行为进行了研究，克服了以往小试件的局限，并建立了煤样水压裂缝扩展随起裂压力及最大破坏压力的关系[46]。蔺海晓等采用不同配比的煤粉、水泥和石膏制作成 50mm×100mm 的圆柱形压裂试样，并选取与煤矿现场赋存煤层物理力学性质相似的配比方案进行了压裂实验。该方法得到了合理的材料配比值，并改进了 MTS815.02 实验机以实现压裂功能，实验结果显示裂缝方向总是与最大主应力方向一致[47]。杨焦生等采用大尺寸真三轴实验系统对沁水盆地的高煤阶煤岩进行了水力压裂裂缝扩展行为实验研究，结果表明水平应力差较小会导致裂缝沿天然节理、裂隙方向随机扩展，而水压裂缝方向随着水平应力差增大则会沿最大主应力方向扩展，形成单一的主裂缝[48]。程远方等通过真三轴压裂实验得到不同形态裂缝之间的相互转换条件，并给出了判断的依据[49]。黄炳香研制了最大可容纳 500mm×500mm×500mm 体积的真三轴压裂设备，并通过相似模拟材料制成的试样研究了水压裂缝扩展过程中的裂缝形态与注水压力曲线之间的关系，并对固液耦合作用下的煤岩体裂隙细观结构破坏特征进行了研究[50]。李全贵等通过型煤试样的脉动水力压裂实验，对比了压裂方式、脉动频率及参量组合对压裂效果的影响，实验结果表明脉动压裂破坏煤体的机制是疲劳破坏，裂隙随着脉动频率的降低会发育得更为充分[51]。李玉伟揭示了煤岩的割理力学特性与水力压裂起裂机理之间的关系，通过对煤岩割理的评价以及强度实验，建立了相关的数理模型，并通过有限元方法进行了计算分析[52]。朱宝存等、唐书恒等分析了地应力和天然裂缝对煤层起裂压力的影响规律，研究发现起裂方位与水平应力差系数存在明显的关系。当水平主应力差系数大于 0.84 时，会产生平直的水力主裂缝，而当水平主应力差系数小于 0.47 时，裂缝容易形成网络化形状[53, 54]。郭印同等通过对页岩进行真三轴压裂分析了具有层状岩体的声发射特征，并对页岩相似模拟实验对裂缝扩展行为进行分析，建立了对应的裂缝表征方法[55]。

　　许多学者也通过 RFPA、ANSYS、ABAQUS 等数值软件结合现场试验数据的方法对不同条件下的水力压裂进行研究。李成成等通过 RFPA2D-FLOW 数值分析软件针对不同地应力条件下的煤体求解起裂压力变化规律，并得到裂缝的扩展方向及形状，研究表明起裂压力随着地应力差的增大而降低，并且当地应力差较低时，主裂缝的扩展模式多为网络形式[56]。梁正召等、李连嵩等、李根等采用 RFPA3D-FLOW 研究了三维水压裂缝的空间分布形态及特征，并给出了水压力与裂缝长度和高度之间的变化规律；首次采用并行有限元技术重新演化了水压裂缝在岩石界面的力学行为，再现了裂缝的扭转、穿层延伸过程，较为全面和真实地反映了三维裂缝的起裂位置及扩展行为，该方法对不同地质条件下的三维裂缝扩展模拟具有很高的适应性[57-61]。倪小明等采用多元回归法对不同褶皱部位的水平应力及垂直应力进行拟合后，分析了不同构造应力、构造部位对裂缝的转化深度影响[62]。袁志刚等研究了煤岩体在渗流-损伤耦合模型下的裂缝扩展对瓦斯运移影响规律，采用 ANSYS 的 APDL 语言实现了对煤岩体变形、水压裂缝内压降及扩展准则的数值求解，并通过工程应用实例验证了该方法的正确性和实用性[63, 64]。王晓峰采用 ANSYS 的 Cohesive Zone Model 材料自主编程建立了一种新的界面模型，分析了最大缝长随注入压力的变化规律[65]。王涛等基于水力压裂实验结果，利用 ABAQUS 软件改进了常规有限元方法，引入不连续位移场，得到一种创新的显式用户单元子程序，在模拟结果较好的同时，明显提升了数值模型的计算效率[66]。林柏泉等采用数值分析和现场实验的方法研究了煤体水力压裂过程中应力场变化及裂隙场变化特征，建立了关于煤体埋深-瓦斯压力-起裂压力三者耦合模型[67]。付江伟对煤矿井下压裂时的煤层应力场和瓦斯流动场进行了数值模拟研究，对不同煤体结构对水力压裂技术的适应性进行了分析，揭示了固、液、气三相耦合条件下的瓦斯吸附解吸规律[68]。

　　以上主要为水力压裂在理论、物理试验及数值分析方面的研究成果，研究发现，常规水力压裂受到原始地应力的控制作用非常明显，形成裂缝形态单一的主裂缝。当水力压裂钻孔遇到天然裂缝或者煤岩交界面时会受到较大影响，出现穿透、转向等行为。由于煤层中富含较多的原生节理和裂隙，水压裂缝的扩展路径得不到有效的控制，往往表现出明显的随机性。另外，学者们对复杂赋存条件下的煤层水压裂缝控制因素研究并不完善，针对煤层的复杂产状并未考虑在控制因素内，需要开展进一步的研究。

1.4.2　导向压裂方法研究现状

　　考虑到常规水力压裂的裂缝扩展形态和受到的主要为地应力的控制方向限制，在煤矿井下应用时，不可避免地会出现如图 1.9 所示的增透"空白带"的问题。所谓的增透"空白带"，即由于水压裂缝在原始地应力的控制下只会在最大主应力方向扩展，而主裂缝两侧的煤岩体很难受到裂缝影响，该部分的煤层渗透率并没有得到显著的改善。

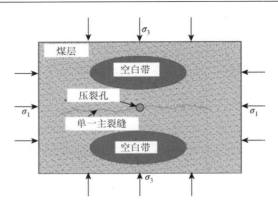

图 1.9　常规压裂中增透"空白带"示意图

目前，增加煤层透气性的方法主要有密集钻孔、水力冲孔、水力割缝、水力压裂等。近些年来，水力压裂凭借其大范围的增透效果而被广泛应用，当出现以上的增透"空白带"问题时，有一些学者开始尝试采用其他方法结合水力压裂来控制水压裂缝的扩展方向，从而达到能在煤层中尽可能地全方位增透或者对某一特定方向进行增透的效果。

根据学者的研究，目前主要有四类方法对水压裂缝的扩展方向进行控制：径向射孔压裂方法、控制孔导向方法、非均匀孔隙压力导向压裂方法以及割缝复合压裂导向方法。

1. 径向射孔压裂方法研究现状

刘勇等通过对径向钻孔射孔压裂模型进行计算，得到射孔周围的应力分布场，建立了径向射孔水力压裂导向裂缝扩展起裂压力计算模型；利用 FLAC3D 对不同边界条件的射孔剪应力进行分析，并对水力压裂后的裂缝闭合进行探讨，分析了裂缝接触面的粗糙度对裂缝闭合的影响规律[69, 70]。Fu 等进行了径向射孔压裂真三轴实验研究，实验主要研究了径向射孔的长度、数量及角度对于导向压裂的起裂和扩展的影响规律，同时建立了相关的数值分析模型，并对不同侧向应力比值的模型破坏过程进行了对比。实验结果表明：当裂缝从层理面起裂时会形成一个由一条水平主裂缝和多条垂直裂缝形成的裂缝网。增加射孔长度和数量会降低射孔压裂的起裂压力；增加射孔长度可以扩展水平导向压裂的范围[71]。张广清等提出了定向射孔转向水力压裂起裂机理，建立了定向射孔下任意形状裂缝转向延伸模型，以及对应的应力强度因子模型；通过计算给出了径向射孔导向压裂裂缝延伸轨迹，并使用现场微震监测结果得到了较好的验证，说明计算得到的复合断裂路径可以为现场特低渗透油田提供具有较高的参考价值[72]。姜浒等采用真三轴水力压裂实验系统得到了射孔方位角、应力差对裂缝转向延伸的影响规律，结果表明起裂压力随着定向射孔方位角的增大而增大，且转向距离也会提高，水平应力差值及射孔周围微裂隙对形成的裂缝起裂压力及形态均有较大影响[73]。李根生等对地应力及射孔参数对水力压裂的影响理论及实验进行了研究，包括不同的方位及井斜角下的井眼壁面地应力分布，以及压裂液黏度、排量等对压裂效果的影响[74]。朱海燕等建立了螺旋射孔的起裂压力预测模型，以现场案例分析，将现场应力解析模型与数值分析模型进行了对比，同时对射孔孔眼的起裂压力及起裂角给出了预测分析模型，计算结果模型可以对现场射孔压裂优化进行指导设计[75]。富向等根据鸡西城山煤矿现场实例，研究了穿层钻孔水压致裂时的损伤、卸压区域的形成与扩展，并对压裂前后的瓦斯抽放效果进行了分析，研究表明穿层钻孔定向压裂对裂缝具有明显的导向作用[76]。

2. 控制孔导向压裂方法研究现状

Liu 等通过对比分析不同布置方式的控制孔来研究水力压裂导向机理和煤层压裂时的松动效应，利用 F-RFPA2D 软件对钻孔周围的应力场和水压裂缝扩展方向进行了研究，并采用现场实验验证了数值结果的分析结论[77]。Zhai 等针对煤层水力压裂扩展方向不可控的问题，研究了控制孔对水力压裂过程中钻孔周围裂缝扩展的影响规律，并采用数值模拟研究了人为布置定向控制孔的应力分布模型。研究表明，由于控制孔的存在，在导向压裂的过程中会有强烈的剪切破坏，在煤体中形成弱面，从而使裂缝沿预期的方向扩展。工业性实验验证表明这种方法可以有效避免局部应力集中，降低局部应力，大大提高煤层渗透率[78]。李全贵等针对井下水力压裂后煤层会出现应力集中的问题提出了定向控制孔导向压裂的必要性，针对控制孔的作用机制，研究了不同控制孔的间距、位置对导向压裂的控制效果影响。结果表明，控制孔距离压裂孔 3～4m 时，在煤层中布置控制孔起到了辅助自由面的作用，可以促进裂缝导向及加速扩展[79]。

3. 非均匀孔隙压力导向压裂方法研究现状

1991 年，Bruno 等首先提出了孔隙水压力对岩石拉伸裂纹的扩展会有影响，通过孔隙压力对裂缝尖端应力场的影响，建立了孔隙压力下的裂纹扩展力学模型。同时，采用二维单轴抗压实验对理论模型进行了验证。实验结果表明：当试样设置了控制孔隙水压力的钻孔时，水压裂缝会向注水的钻孔偏移。压裂孔附近的控制孔注水压力越大，裂缝偏移的距离越大[80]。唐春安通过利用 RFPA2D 软件分析了岩石在孔隙水压力下的影响规律，再现了该方法的裂纹萌生、扩展过程，研究结果表明岩石本身自有的非均匀性对内部应力场及渗流场具有重要的影响，且当存在孔隙水压力梯度的时候，孔隙水压力梯度会对裂纹尖端起到引导作用，可以利用该原理对水压裂缝进行导向[81]。卢义玉等运用多孔弹性力学、热弹性力学理论等建立了包含孔隙压力因素的水压裂缝尖端应力强度因子计算模型，并采用数值分析和室内物理实验对该计算模型进行了分析，验证了非均匀孔隙水压力场的导向作用机制，结果表明孔隙压力越大，水压裂缝尖端的应力强度因子也会随着增大，此时裂纹的偏转角度也会变大[82]。宋晨鹏提出了煤矿井下多孔联合压裂裂缝控制方法研究，在分析不同结构煤体起裂机理的同时，对水压裂缝位于孔隙压力梯度下的扩展控制模型进行了研究，同时研究了相关的压裂工艺，主要包括布孔、封孔及压裂孔的工艺，并开发出适合井下多孔联合压裂裂缝控制的设备，现场实验表明采用该方法压裂后的单孔瓦斯抽采纯量比常规压裂方法提高了 4.1 倍[83, 84]。

4. 割缝复合压裂导向方法研究现状

Mizuta 等在 1994 年首先对混凝土砂浆制成的试样进行了钻孔内割缝后再压裂的实验，该实验采用的是双向加载应力装置对试样加载模拟地应力，并通过数值计算对割缝复合压裂的起裂及传播进行了验证[85]。Yan 等将多个水力割缝布置在压裂孔周围，阐明了水力割缝可以使煤体局部卸压，并产生微裂隙，从而使水压裂缝导向至割缝区域；利用数值分析得到了复合压裂过程中的裂缝导向过程，并分析了声发射事件数、能量及煤体内的应力场变化。该计算模型中加载的最大主应力与割缝方向一致，因此裂缝在割缝方向得到了较好的扩展效果[86]。Liu 等对含不同角度裂纹的试样进行了单轴抗压实验，得到了 0°~90°时的不同裂纹倾角条件下的应力场-裂隙场演化规律[87]。He 等从理论角度分析了多条预置缝槽之间的应力阴影效应，研究结论表明水力压裂形成的裂缝是可以通过应力场阴影、岩石的同性问题及远场地应力这些条件强迫改变的，从理论上为割缝复合压裂导向方法提供了一定的指导[88]。Silva 等假设裂缝尖端是半圆形，并开展了对双裂缝内的孔隙水压力与地应力比值对裂缝起裂角度的分析，结果发现随着缝内水压与垂直应力增加，水压裂缝起始拉伸破坏的位置从裂缝面上端转向缝的尖端，而剪切破坏的位置则刚好相反，该研究提出了缝内水压对裂缝起裂及扩展影响的重要性[89]。Deng 等基于真三轴压裂实验及有限元的方法对导向压裂进行了研究，试样采用预置的铁片模拟了不同割缝半径，从而分析了不同注入速度、割缝角度及割缝长度对起裂的影响。另外，Deng 等采用数值分析软件对裂缝尖端的应力矢量进行了分析。实验表明缝槽角度、长度对导向压裂的起裂及扩展均有明显影响。当缝槽布置角度与最小主应力方向不垂直时，裂缝优先沿缝槽边缘起裂，而后沿最大主应力方向转向扩展。割缝长度越长，起裂压力越低，注入速率越快，起裂越快，裂缝扩展速度也更快[90]。Mao 等对 1000mm×1000mm×1000mm 的大型花岗岩试样进行了割缝复合导向压裂实验，采用机械切割法在试样内部预置了缝槽，实验主要研究了压裂过程中的声发射事件数变化规律，以及水平应力差值对裂纹扩展路径的影响规律。结果表明，裂纹总是会优先沿预置裂缝尖端起裂。水平应力差越大，裂纹后期转向弧度也越大。在导向压裂过程中，造成花岗岩破坏的主要原因是拉伸破坏[91]。

　　通过目前的一些导向压裂的研究现状可以发现，学者们针对常规水力压裂裂缝容易形成单一主裂缝且扩展方向受地应力控制的问题，提出了不同的方法来突破传统水压裂缝扩展。但是，径向射孔导向压裂方法控制的裂缝距离较短，导向范围有限。控制孔导向压裂法则需要大量的钻孔首先对煤层进行卸压后再进行导向压裂，依然需要巨大的工程量。非均匀孔隙压力对裂缝的导向控制作用不太明显，而割缝导向压裂相对以上三种方法具有易于实施且操作性、控制性强的优点，因此该方法逐渐成为学者们关注的热点。

参 考 文 献

[1] 毕彩芹. 中国煤层气资源量及分布[N/OL]. 中国矿业报, [2017-12-7]. http://www.zgkyb.com/zcjd/20171207_46663.htm.

[2] 国家发展和改革委员会, 国家能源局. 能源发展 "十三五" 规划[OL]. http://www.ndrc.gov.cn/zcfb/zcfbtz/201701/t20170117_835278.html.

[3] 申宝宏, 刘见中, 雷毅. 我国煤矿区煤层气开发利用技术现状及展望[J]. 煤炭科学技术, 2015, 43 (2): 1-4.

[4] 谢和平, 高峰, 鞠杨. 深部岩体力学研究与探索[J]. 岩石力学与工程学报, 2015, 34 (11): 2161-2178.

[5] 钱伯章, 朱建芳. 世界非常规天然气资源和利用进展[J]. 天然气与石油, 2007, 25 (2): 28-32.

[6] US Energy Information Administration. US Coalbed methane production [OL].[2016-12-14]. https://www.eia.gov/dnav/ng/hist/rngr52nus_1a.htm.

[7] 李登华, 高煖, 刘卓亚, 等. 中美煤层气资源分布特征和开发现状对比及启示[J]. 煤炭科学技术, 2018, 46 (1): 252-261.

[8] 吕玉民，王红岩，汤达祯，等. 俄罗斯三大煤盆地煤层气地质特征及开发条件分析[J]. 资源与产业，2012，14（1）：86-91.

[9] 孙永祥. 煤层气成为俄罗斯发展能源工业的新方向[J]. 当代石油石化，2010，11：38-41.

[10] 李鸿业. 世界主要产煤国煤层气资源开发前景[J]. 中国煤层气，1995，2：35-38.

[11] 李海峰. 中德煤层气开发利用之比较和借鉴[J]. 山西煤炭，2007，27（1）：1-4.

[12] 中华人民共和国自然资源部. 中国矿产资源报告[M]. 北京：地质出版社，2018.

[13] 孙杰，王佟，赵欣，等. 我国煤层气地质特征与研究方向思考[J]. 中国煤炭地质，2018，30（6）：30-34.

[14] 张群，冯三利，杨锡禄，等. 试论我国煤层气的基本储层特点及开发策略[J]. 煤炭学报，2001，26（3）：230-235.

[15] Ii C M B，Bai Q. Methodology of coalbed methane resource assessment[J]. International Journal of Coal Geology，1998，35（1-4）：349-368.

[16] Bustin R M，Clarkson C R. Geological controls on coalbed methane reservoir capacity and gas content[J]. International Journal of Coal Geology，1998，38（1-2）：3-26.

[17] Scott A R. Hydrogeologic factors affecting gas content distribution in coal beds[J]. International Journal of Coal Geology，2002，50（1-4）：363-387.

[18] Scott A R. Thermogenic and secondary biogenic gases，San Juan Basin，Colorado and New Mexico-implications for coalbed gas producibility[J]. American Association of Petroleum Geologists Bulletin，1994，78（8）：1186-1209.

[19] Flores R M. Coalbed methane：From hazard to resource[J]. International Journal of Coal Geology，1998，35（1-4）：3-26.

[20] Fischer P A. Unconventional gas resources fill the gap in future supplies[J]. World Oil，2004，225（8）：41-44.

[21] Rightmire C T，Eddy G E，Kirr J N. Coalbed Methane Resources of the United States[M]. Tulsa：American Association of Petroleum Geologists，1984：1-14.

[22] Gentzis T. Economic coalbed methane production in the Canadian Foothills：Solving the puzzle[J]. International Journal of Coal Geology，2006，65（1-2）：79-92.

[23] 赵兴龙，汤达祯，陶树，等. 澳大利亚煤层气开发工艺技术[J]. 中国煤炭地质，2010，22（9）：26-31.

[24] Lu Y，Yang Z，Li X，et al. Problems and methods for optimization of hydraulic fracturing of deep coal beds in China[J]. Chemistry & Technology of Fuels & Oils，2015，51（1）：41-48.

[25] 倪小明，苏现波，李玉魁. 多煤层合层水力压裂关键技术研究[J]. 中国矿业大学学报，2010，39（5）：728-732.

[26] 王魁军，富向，曹垚林，等. 穿层钻孔水力压裂疏松煤体瓦斯抽放方法，CN101581231[P]. 2009.

[27] 马耕，苏现波，张明杰，等. 煤层顺层水力压裂抽放瓦斯的方法，CN101963066A[P]. 2011.

[28] Fan T，Zhang G，Cui J. The impact of cleats on hydraulic fracture initiation and propagation in coal seams[J].石油科学，2014，11（4）：532-539.

[29] Hubbert M K，Willis D G. Mechanics of hydraulic fracturing[J]. Developments in Petroleum Science，1972，210（7）：369-390.

[30] Dunlap I R. Factors controlling the orientation and direction of hydraulic fractures[J]. Society of Petroleum Engineers，1962，49：282-288.

[31] Kehle R O. The determination of tectonic stresses through analysis of hydraulic well fracturing[J]. Journal of Geophysical Research，1964，69（2）：259-273.

[32] Zhou L，Hou M Z. A new numerical 3D-model for simulation of hydraulic fracturing in consideration of hydro-mechanical coupling effects[J]. International Journal of Rock Mechanics & Mining Sciences，2013，60（2）：370-380.

[33] Huang J，Griffiths D V，Wong S. Initiation pressure，location and orientation of hydraulic fracture[J]. International Journal of Rock Mechanics and Mining Sciences，2012，49（1）：59-67.

[34] Li D Q，Zhang S C，Zhang S A. Experimental and numerical simulation study on fracturing through interlayer to coal seam[J]. Journal of Natural Gas Science & Engineering，2014，21：386-396.

[35] Guo T，Zhang S，Qu Z，et al. Experimental study of hydraulic fracturing for shale by stimulated reservoir volume[J].Fuel，2014，128（14）：373-380.

[36] Zhao H，Chen M. Extending behavior of hydraulic fracture when reaching formation interface[J]. Journal of Petroleum Science

& Engineering，2010，74（1）：26-30.

[37] Zhai C，Yu X，Xiang X，et al. Experimental study of pulsating water pressure propagation in CBM reservoirs during pulse hydraulic fracturing[J]. Journal of Natural Gas Science & Engineering，2015，25：15-22.

[38] Lu P，Li G，Huang Z，et al. Simulation and analysis of coal seam conditions on the stress disturbance effects of pulsating hydro-fracturing[J]. Journal of Natural Gas Science & Engineering，2014，21：649-658.

[39] Li Q，Lin B，Zhai C，et al. Variable frequency of pulse hydraulic fracturing for improving permeability in coal seam[J]. International Journal of Mining Science and Technology，2013，23（6）：847-853.

[40] 黄荣樽.水力压裂裂缝的起裂和扩展[J].石油勘探与开发，1981（5）.

[41] 张国华.本煤层水力压裂致裂机理及裂隙发展过程研究[D]. 阜新：辽宁工程技术大学，2003.

[42] 张国华，魏光平，侯凤才. 穿层钻孔起裂注水压力与起裂位置理论[J]. 煤炭学报，2007，32（1）：52-55.

[43] 冯彦军，康红普.水力压裂起裂与扩展分析[J]. 岩石力学与工程学报，2013（s2）：3169-3179.

[44] 冯彦军，康红普. 受压脆性岩石Ⅰ-Ⅱ型复合裂纹水力压裂研究[J]. 煤炭学报，2013，38（2）：226-232.

[45] 陈勉，庞飞，金衍. 大尺寸真三轴水力压裂模拟与分析[J]. 岩石力学与工程学报，2000，19（z1）：868-872.

[46] 邓广哲，王世斌，黄炳香.煤岩水压裂缝扩展行为特性研究[J]. 岩石力学与工程学报，2004，23（20）：3489-3493.

[47] 蔺海晓，杜春志. 煤岩拟三轴水力压裂实验研究[J]. 煤炭学报，2011，36（11）：1801-1805.

[48] 杨焦生，王一兵，李安启，等. 煤岩水力裂缝扩展规律试验研究[J]. 煤炭学报，2012，37（1）：73-77.

[49] 程远方，徐太双，吴百烈，等. 煤岩水力压裂裂缝形态实验研究[J]. 天然气地球科学，2013，24（1）：134-137.

[50] 黄炳香.煤岩体水力致裂弱化的理论与应用研究[D]. 徐州：中国矿业大学，2009.

[51] 李全贵，林柏泉，翟成，等. 煤层脉动水力压裂中脉动参量作用特性的实验研究[J]. 煤炭学报，2013，38（7）：1185-1190.

[52] 李玉伟. 割理煤岩力学特性与压裂起裂机理研究[D]. 大庆：东北石油大学，2014.

[53] 朱宝存，唐书恒，颜志丰，等. 地应力与天然裂缝对煤储层破裂压力的影响[J]. 煤炭学报，2009（9）：1199-1202.

[54] 唐书恒，朱宝存，颜志丰. 地应力对煤层气井水力压裂裂缝发育的影响[J]. 煤炭学报，2011，36（1）：65-69.

[55] 郭印同，杨春和，贾长贵，等. 页岩水力压裂物理模拟与裂缝表征方法研究[J]. 岩石力学与工程学报，2014，33（1）：52-59.

[56] 李成成，潘一山. 不同地应力作用下煤体水力压裂起裂压力与裂缝扩展数值模拟[Z]. 全国防治煤矿冲击地压高端论坛，2013.

[57] 梁正召. 三维条件下的岩石破裂过程分析及其数值试验方法研究[D]. 沈阳：东北大学，2005.

[58] 梁正召，唐春安，张永彬，等. 岩石三维破裂过程的数值模拟研究[J]. 岩石力学与工程学报，2006，25（5）：931-936.

[59] 李连崇，梁正召，李根，等.水力压裂裂缝穿层及扭转扩展的三维模拟分析[J]. 岩石力学与工程学报，2010，29（a01）：3208-3215.

[60] 李连崇，杨天鸿，唐春安，等. 岩石水压致裂过程的耦合分析[J]. 岩石力学与工程学报，2003，22（7）：1060-1066.

[61] 李根，唐春安，李连崇，等. 水压致裂过程的三维数值模拟研究[J]. 岩土工程学报，2010，32（12）：1875-1881.

[62] 倪小明，王延斌，接铭训，等. 不同构造部位地应力对压裂裂缝形态的控制[J]. 煤炭学报，2008，33（5）：505-508.

[63] 袁志刚. 煤岩体水力压裂裂缝扩展及对瓦斯运移影响研究[D]. 重庆：重庆大学，2014.

[64] 袁志刚，王宏图，胡国忠，等. 穿层钻孔水力压裂数值模拟及工程应用[J]. 煤炭学报，2012，37（s1）：109-114.

[65] 王晓锋. 煤储层水力压裂裂缝展布特征数值模拟[D]. 北京：中国地质大学（北京），2011.

[66] 王涛，高岳，柳占立，等. 基于扩展有限元法的水力压裂大物模实验的数值模拟[J]. 清华大学学报（自然科学版），2014（10）：1304-1309.

[67] 林柏泉，孟杰，宁俊，等. 含瓦斯煤体水力压裂动态变化特征研究[J]. 采矿与安全工程学报，2012，29（1）：106-110.

[68] 付江伟. 井下水力压裂煤层应力场与瓦斯流场模拟研究[D]. 徐州：中国矿业大学，2013.

[69] Liu Y，Xia B，Liu X. A novel method of orienting hydraulic fractures in coal mines and its mechanism of intensified conduction[J]. Journal of Natural Gas Science & Engineering，2015，27：190-199.

[70] 刘勇. 煤矿井下导向压裂裂缝扩展及增透机理[D]. 重庆：重庆大学，2012.

[71] Fu X，Li G，Huang Z，et al. Experimental and numerical study of radial lateral fracturing for coalbed methane[J]. Journal of

Geophysics & Engineering，2015，12（5）.

[72] 张广清，陈勉，赵艳波. 新井定向射孔转向压裂裂缝起裂与延伸机理研究[J]. 石油学报，2008，29（1）：116-119.

[73] 姜浒，陈勉，张广清，等. 定向射孔对水力裂缝起裂与延伸的影响[J]. 岩石力学与工程学报，2009，28（7）：1321-1326.

[74] 李根生，黄中伟，牛继磊，等. 地应力及射孔参数对水力压裂影响的研究进展[J]. 中国石油大学学报（自然科学版），2005，29（4）：136-142.

[75] 朱海燕，邓金根，刘书杰，等. 定向射孔水力压裂起裂压力的预测模型[J]. 石油学报，2013，34（3）：556-562.

[76] 富向，刘洪磊，杨天鸿，等. 穿煤层钻孔定向水压致裂的数值仿真[J]. 东北大学学报（自然科学版），2011，32（10）：1480-1483.

[77] Liu H，Yang T，Xu T，et al. A comparative study of hydraulic fracturing with various boreholes in coal seam[J]. Geosciences Journal，2015，19（3）：489-502.

[78] Zhai C，Li M，Sun C，et al. Guiding-controlling technology of coal seam hydraulic fracturing fractures extension[J]. International Journal of Mining Science and Technology，2012，22（6）：822-827.

[79] 李全贵，翟成，林柏泉，等. 定向水力压裂技术研究与应用[J].西安科技大学学报，2011，31（6）：735-739.

[80] Bruno M S，Nakagawa F M. Pore pressure influence on tensile fracture propagation in sedimentary rock[J]. International Journal of Rock Mechanics & Mining Sciences & Geomechanics Abstracts，1991，28（4）：261-273.

[81] 唐春安，杨天鸿，李连崇，等. 孔隙水压力对岩石裂纹扩展影响的数值模拟[J]. 岩土力学，2003（s2）：17-20.

[82] 卢义玉，贾云中，汤积仁，等. 非均匀孔隙压力场导向水压裂纹扩展机制[J]. 东北大学学报（自然科学版）.2016，37（7）：1028-1033.

[83] 宋晨鹏. 煤矿井下多孔联合压裂裂缝控制方法研究[D]. 重庆：重庆大学，2015.

[84] Song C，Lu Y，Tang H，et al. A method for hydrofracture propagation control based on non-uniform pore pressure field[J]. Journal of Natural Gas Science and Engineering，2016，33：287-295.

[85] Mizuta Y，Kikuchi S，Tokunage K. Studies on hydraulic fracturing stress measurement assisted by water jet borehole slotting[J]. International Journal of Rock Mechanics & Mining Sciences & Geomechanics Abstracts，1994，30（7）：981-984.

[86] Yan F，Lin B，Zhu C，et al. A novel ECBM extraction technology based on the integration of hydraulic slotting and hydraulic fracturing[J]. Journal of Natural Gas Science & Engineering，2015，22：571-579.

[87] Liu T，Lin B，Yang W，et al. Cracking process and stress field evolution in specimen containing combined flaw under uniaxial compression[J]. Rock Mechanics and Rock Engineering，2016，49（8）：3095-3113.

[88] He Q，Suorineni F T，Ma T，et al. Effect of discontinuity stress shadows on hydraulic fracture re-orientation[J]. International Journal of Rock Mechanics and Mining Sciences，2017，91：179-194.

[89] Silva B G D，Einstein H I H. Finite Element study of fracture initiation in flaws subject to internal fluid pressure and vertical stress[J]. International Journal of Solids and Structures，2014，51（23-24）：4122-4136.

[90] Deng J Q，Lin C，Yang Q，et al. Investigation of directional hydraulic fracturing based on true tri-axial experiment and finite element modeling[J]. Computers and Geotechnics.，2016，75：28-47.

[91] Mao R B，Feng Z J，Liu Z H，et al. Laboratory hydraulic fracturing test on large-scale pre-cracked granite specimens[J]. Journal of Natural Gas Science & Engineering，2017，44.

第2章 水压作用下煤岩微观损伤及破坏模型

在水力化煤层增透技术施工过程中，组成宏观裂缝的煤体也必将受到持续注液的影响，这些煤体也储存着煤层气。煤体裂隙孔隙影响煤层的透气性，因此，持续注液对水力化煤层增透技术施工中的煤体裂隙孔隙的影响将直接关系煤层气的抽采。研究发现，水在煤体中的运移受煤体的裂隙孔隙及水的注入流量的影响，同时煤体裂隙孔隙受持续注液影响也将发生变化，持续注液条件下的煤体裂隙孔隙的演化将进一步影响煤岩物理力学性质。

本章通过加载围压条件下的注水实验，对注水过程的煤体裂隙孔隙演化进行分析，阐述注水过程中煤体裂隙孔隙的动态演化规律；并进行原煤试件的持续注入蒸馏水实验，对持续注水过程中的原煤试件进行核磁共振（nuclear magnetic resonance，NMR）扫描，以获取煤体裂隙孔隙数据，分析原煤试件在注水过程中的裂隙孔隙动态演化规律；然后以球形孔理论为基础，揭示煤体裂隙孔隙的动态演化机理；接着以压缩模型为基础，建立煤体注水过程中裂隙孔隙动态演化模型。

2.1 煤体注气与注液的裂隙孔隙研究

2.1.1 煤体注气与注液的裂隙孔隙研究现状

煤体的孔隙、微裂缝影响煤层气的吸附与解吸，并影响煤层气的抽采。目前，煤矿行业多采用增加煤体孔隙与裂缝的方法来增加煤层的透气性，从而提高煤层气的抽采效果。水力化煤层增透技术是煤矿井下应用广泛的煤层增透技术，下面以水力压裂技术为代表进行分析。

水力压裂技术是向煤层持续注入液体，贯通煤体的裂隙孔隙，形成宏观裂缝，从而提高煤层透气性。向煤层中注液是一个持续的过程，因而，煤体裂隙孔隙也将受到持续注液的影响。学者们已开展石油储层的裂隙孔隙受持续注液影响的研究，而对持续注液过程中煤体裂隙孔隙的研究较少。宋广寿发现，岩心存在裂缝，增加了岩心的微观孔隙结构的非均质性，注入的液体容易沿微裂缝排出，注液量随注入压力（注压）增大而直线上升，围压增加使微裂缝闭合，导致渗透率下降[1]。高辉等发现以粒间孔为主的储层，注入的液体会绕过小孔隙沿着较大孔隙形成渗流通道，储层中黏土矿物的胶结，使注水难以形成孔隙与裂隙，原始微孔成为主要渗流通道[2]。宋付权等发现页岩在常规的饱水状态注水浸泡24h后，水溶解页岩中的胶结物，形成裂缝，造成页岩的抗压强度降低，无机盐离子可抑制黏土矿物的膨胀[3]。胡箫发现当孔径为14.5μm和6.42μm时，水的流动表现出线性流动特征，当孔径降低到纳米级别时，水的流动表现出非线性流动特征[4]。大量学者通过渗透率间接计算出裂隙孔隙变化趋势，得出孔隙度随围压的增大而减小，随气体孔隙压力的增大而增大的结论。Wu 等提出包含吸附引起变形的 New 模型，对比 P-M（无基质吸附变形的模型）和 S-D（无基质吸附变形的模型），发现 New 模型在恒定围压条件下，随着孔隙压力的增大，煤的孔隙度增量小于 P-M 和 S-D；吸附气体（CO_2）使基质变形的量随着孔隙压力的增大而增大，弱吸附气体（N_2）引起的变形量很小[5]。张先萌研究煤体在加卸载过程中的裂隙孔隙与渗透率变化，裂隙孔隙与渗透率有三个阶段特征：第一阶段，煤体内的孔隙被基质充填，渗透率减小；第二阶段，产生新裂隙，总裂隙趋近于不变，渗透率不变；第三阶段，形成宏观裂缝，渗透率增大，并且渗透率相对于应力-应变的变化具有滞后性[6]。Feng 等建立了 Cam-Clay 模型，模拟煤层气储层应力变化对裂隙孔隙及渗透率的影响，发现 He 耗尽，平均有效应力的增加，He 渗透性下降。在 CH_4 测试期间，平均有效应力增加，煤的孔隙度也降低；但根据实验，因为 CH_4 压力的降低会导致基质收缩，造成煤体的孔隙度增加，CH_4 渗透性增加[7]。Wang 等在加载-卸载循环实验中发现，孔隙度随围压增大而减小，加载过程中的孔隙值总是高于卸载过程中的值，加载循环次数增加，孔隙变化灵敏度变小，当围压逐渐减小，有些弹性的变形的孔和微裂纹会逐渐回到它们的原始状态，导致孔隙度因围压降低而增加[8]。Geng 等进行型煤渗流实验，得出型煤的孔隙度与有效应力呈负指数关系，渗透性和有效应力也呈负指数关系，型煤颗粒之间的空间是主要的渗透路径[9]。Zhou 等经过推算，发现煤的孔隙度随孔隙压力的增大而递增[10]。Li 等在未注液条件下实时监测煤的孔隙度随围压的变化，同样得出孔隙度随着围压的增大而递减的结论[11]。以上学者基于有效应力对裂隙孔隙的影响的角度，得出在持续注气的条件下，试件的孔隙度随有效应力与围压的增大而减小，随孔隙压力的增大而增大，然而对持续注液作用下的煤体裂隙孔隙的研究较少，为研究煤体裂隙孔隙在持续注液作用下的演化规律及揭示演化机理，需开展持续注液条件下的煤体裂隙孔隙动态演化研究。

2.1.2　实验设备研究现状

目前，研究煤体孔隙结构的技术有低压气体吸附法（low-pressure gas adsorption，L-PGA）、压汞法（mercury intrusion porosimetry，MIP）、小角 X 衍射法（small angle X-ray scattering，SAXS）、电镜扫描（scanning electron microscope，SEM）、核磁共振（NMR）与计算机断层扫描（computed tomography，CT）[12-17]。但 L-PGA、SAXS、MIP 需要颗粒状的试件，无法施加应力，并且不能避免试件的加卸载对测量结果的影响，且试件的破碎处理会对原始裂隙孔隙造成影响。NMR 与 CT 技术均可以在不破碎试件的条件下，对处于应力加载状态下的试件进行实时监测研究。如图 2.1 所示，即使是 Nano-CT、Micro-CT，其分辨率限制了它们对裂隙孔隙变化的研究，孔隙分类根据国际纯粹与应用化学联合会（International Union of Pure and Applied Chemistry，IUPAC）与 Ходот 的定义[18, 19]。NMR 是一种通过检测样本中裂隙孔隙内含有氢元素的物质（油、气、水）的分布，从而实现无损检测样本的孔隙率、渗透率等物性参数的目的。NMR 技术已经广泛应用于石油、天然气领域，近年来 NMR 应用范围不断扩大，已被用于分析砂岩、煤、页岩等岩样的孔隙度、孔隙分布及渗透率。大量学者通过 NMR 技术，可以更容易的研究孔径分布范围更广的试件的裂隙孔隙[15, 20-27]，Liu 等一批学者使用 NMR 技术，实现了在加载围压条件下的试件的实时监测[28-31]。

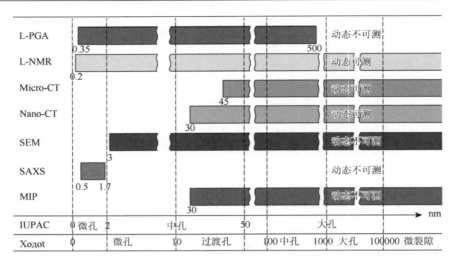

图 2.1　测试技术对比图

　　然而仅依靠 NMR 技术也无法实现加载围压与持续注液条件下的裂隙孔隙演化研究，需要为样品提供加载围压与注液环境，加载注入-核磁共振（loading-injection nuclear magnefic resonance，LI-NMR）技术是研究加载围压与持续注液条件下的裂隙孔隙演化的重要技术。重庆大学煤矿灾害动力学与控制国家重点实验室研制的 LI-NMR 装置，成功将加载技术、注入技术与 NMR 技术融为一体。LI-NMR 对样品进行加载围压，在持续注液或注气的条件下，利用 NMR 监测样品裂隙孔隙的动态演化，如图 2.2 所示。LI-NMR 由两部分组成：加载注入系统和 NMR 系统。加载注入系统与 NMR 系统同时工作。加载注入系统可装载直径为 25.4mm、长度最大为 60mm 的岩心试件，加载注入系统通过不含 H 元素的氟油在岩心径向施加围压，可实现加载围压≤25MPa，压力精度为 0.25%，耐温≤150℃；

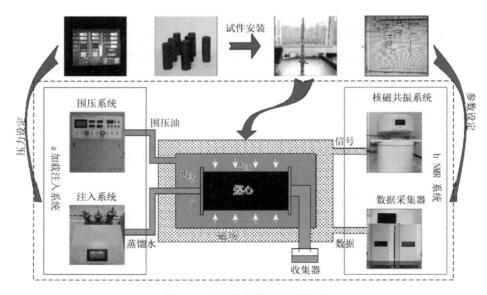

图 2.2　加载注入核磁共振装置

注入的液体与气体沿岩心的轴向施加，注液流量精度为±0.25%（1mL/min）。NMR 系统是由苏州（上海）纽迈电子科技有限公司制造的 MacroMR12-150H-I 型设备，磁场强度为 0.3T±0.05T，磁场稳定性≤250Hz/h。脉冲频率范围为 2～30MHz。

　　以往学者研究发现，样品在气体介质作用的条件下，有效应力与围压增加，将使孔隙度降低。然而，液体的密度、黏度、分子间作用力等物理化学性质与气体不同，不能直接以气体介质的研究结果分析煤体注水过程中裂隙孔隙动态演化。因此，本章将开展基于核磁共振的持续注水条件下的煤体裂隙孔隙动态演化监测实验。本章先对原煤样品的物理力学性质进行分析，包括工业分析、物相分析、孔隙度等，确定煤样的基础物理参数，再使用加载注入核磁共振系统（LI-NMR）在实验室内开展加载围压条件下的原煤试件持续注水实验，并实时监测原煤试件的裂隙孔隙演化。

2.2　基于核磁共振的煤体裂隙孔隙动态演化监测实验

2.2.1　原煤样品物理参数测定

　　原煤样品取自重庆南川区东胜煤矿，埋深为 400～700m，垂直应力为 10.84～18.97MPa。使用实验室的取心机，取出岩心轴长为 50±50mm、直径为 25±0.1mm 的原煤岩心。使用磨床打磨岩心两端，使其平行性和光滑性达到国际岩石力学学会标准[32, 33]。然后选择没有明显的天然裂隙或未受到取心破坏的样品进行实验。将所有用于实验的岩心放入高压浸泡装置中浸泡，控制浸泡压力为 0.5MPa，浸泡 48h[11]备用。在进行实验前，需对煤样的基本参数进行测量，以便分析煤样的物理性质对实验的影响。

　　1. 工业分析

　　收集制作原煤试件的残留煤粉，用于原煤样品的工业分析。对原煤样品进行工业分析使用的仪器为 E-MACIII红外快速煤质分析（图 2.3）。E-MACIII红外快速煤质分析仪通过热重分析原理，在特定的气体环境中，以不同的温度，对样品进行加热，分次测量样品的

图 2.3　E-MACIII红外快速煤质分析

挥发分质量与灰分质量，分别计算出样品的水分质量分数 M_{ad}（%）、分析基灰分质量分数 A_{ad}（%）、分析基挥发分质量分数 V_{ad}（%）、分析基固定碳质量分数 FC_{ad}（%）。E-MACIII红外快速煤质分析技术参数如下。

分析仪：200V，50Hz。

氧气：纯度为99.5%。

氮气：纯度为99.5%。

样品质量：0.5～1.2g。

炉温：100～1000℃。

操作方法如下。

（1）打开仪器，进入测试界面，输入试件的质量等参数，以及自动校准清零。

（2）放入试件，仪器记录试件质量，点击运行，仪器开始加热试件。

（3）当温度在135℃持续10min后，仪器测定试件所蒸发水分质量。水分测定结束，关闭坩埚，点击开始运行，仪器继续加热试件，并持续通入氮气。

（4）待温度达到挥发分所设定的温度，持续加热，仪器开始测量挥发分质量。

（5）待挥发分质量测量完毕，点击确定，仪器继续运行，打开坩埚盖，仪器自动测定灰分质量。

测定结果如表2.1所示，本实验所使用的煤样为烟煤；煤样中固定碳的质量分数 FC_{ad} 为89.23%，煤样中灰分的质量分数 A_{ad} 为1.32%，煤样中水分的质量分数 M_{ad} 为16.20%。

表 2.1　煤样工业分析参数

M_{ad}/%	A_{ad}/%	FC_{ad}/%
16.20	1.32	89.23

2. 物理力学性质分析

在同一批煤样品中钻取50mm×100mm的试件进行物理力学性质分析，对试件进行伪三轴加载实验，获得样品的弹性模量与泊松比等参数。伪三轴实验使用的仪器为WSD-500型微机控制电液伺服空化声震试验台（图2.4），本系统由三轴液压加载系统、伺服液压站、计算机伺服控制与数据采集单元组成。本系统实现计算机控制加载试验、计算机数据记录和计算机数据处理。

技术参数如下。轴向最大试验力（压力）为500kN；试验力为5～500kN；试样尺寸为100mm×200mm、50mm×100mm（直径×长）；轴向工作活塞最大行程为50mm；位移示值分辨率为0.04mm；瓦斯气体压力为0～15MPa，测量精度为示值的±1%；瓦斯气体流量为0～5L/min；测量精度为±2%；空化水压力（入口与出口）为0～35MPa，出口为15MPa；测量精度为示值的±2%；空化水流量为0～50L/min；测量精度为±2%；试件温度为0～100℃，温度波动范围为±3℃；围压控制范围为0～30MPa±1%。

WSD-500型微机控制电液伺服空化声震试验台主要特点如下：对100mm×200mm试件进行不同水射流压力、瓦斯压力、围压等条件下的空化声震模拟实验，对50mm×100mm试件进行超临界二氧化碳实验。

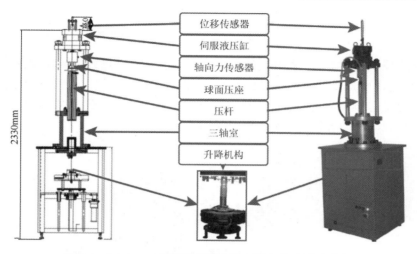

图 2.4　WSD-500 型微机控制电液伺服空化声震试验台

操作方法如下。

（1）按试件的尺寸选择合适的压杆、压头，按用户手册上规定准备 O 形圈、试件外密封件。

（2）安装好压杆、空化室等。

（3）用电热工具（如电吹风）收缩试件外密封件，使之与试件密实接触。

（4）用卡子固定试件外密封件。

（5）安装固定三轴室下盖的螺钉。

（6）按操作规程开启试验机的计算机，进入试验软件，软件的轴向控制与压力容器控制均处于停止状态。

（7）启动液压站轴向控制电机；软件中用位移控制方式，移动活塞杆，软件中位移值是 0mm；软件中用力控制方式。

（8）启动液压站围压控制电机；选择软件中"容器压力控制"，选择"直接加压"，输出大小选择 100%，使三轴室注满油。

（9）按试验压力设定的要求，选择轴压与围压保持目标值与速度，单击软件上的"开始"。

实验结果如表 2.2 所示，使用空化声震试验台进行伪三轴压缩试验，得出煤体物理力学性质（泊松比、弹模）。煤样的泊松比为 0.28～0.31，弹性模量为 0.75～0.98GPa。

表 2.2　煤体物理力学性质

煤样	泊松比	弹性模量/GPa	轴压/MPa	围压/MPa
1	0.29	0.85	8	8
2	0.30	0.75	10	8
3	0.31	0.98	12	8
4	0.28	0.79	14	8
5	0.31	0.95	16	8
6	0.30	0.90	10	0

3. 物相分析

收集制作原煤试件残留的煤粉，烘干后，使用小角 X 衍射仪对残留煤粉进行物相分析（图 2.5），可获得原煤试件中物相组成，并可以对主要组成物质的量进行定性分析与定量分析（图 2.6）。物相分析包含无标样与非晶相的定量分析，根据 X 衍射值，可计算出样品中的晶粒尺寸、微观应变、结晶度及晶胞参数等。

图 2.5　小角 X 衍射仪

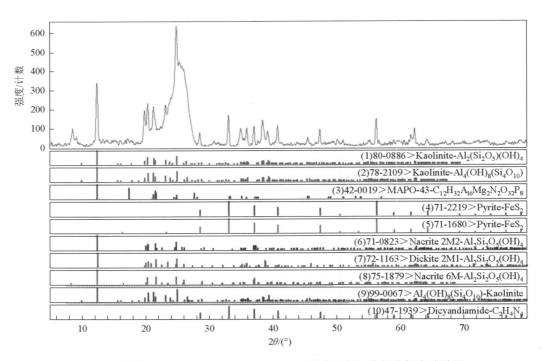

图 2.6　煤粉 XRD（diffraction of X-rays，X 射线衍射）物相分析卡片结果

XRD 物相分析能够确定原煤中矿物的成分与种类，最终获得原煤中的黏土矿物含量。将原煤试样研磨成粉末，使用 200～325 目筛子筛选原煤样品粉末，使用 X 射线对样品进行照射，收集样品的 X 射线衍射图谱，并与数据库中的标准 X 射线衍射图谱进行比对，以获取样品中的物相。小角 X 衍射仪参数：射线发生器最大输出功率为 3kW；最大电压为 60kV；最大电流为 60mA；X 射线光管为 Cu 靶；最大功率为 2.2kW；细焦斑为 4mm×12mm。

经分析可知，煤样中高岭石质量分数最大，达 50.6%，其次是方沸石，其余矿物占比均小于 10%，煤样参数如表 2.3 所示。

表 2.3　煤样物相组成

物相名称	化学式	质量分数/%
高岭石（kaolinite）	$Al_4(OH)_8(Si_4O_{10})$	50.6
黑云母（biotite）	$K(Mg, Fe)_3Al[Si_3O_{10}]F_2$	3.3
锐钛矿（anatase）	TiO_2	7
石英（quartz）	SiO_2	3.8
方沸石（analcime）	$Na(AlSi_2O_6)(H_2O)$	17.2
白铅矿（cerusite）	$PbCO_3$	2.4
霰石（aragonite）	$CaCO_3$	0
蓝晶石（kyanite）	Al_2SiO_5	0
白云母（muscovite）	$KAl_2[Si_3Al]O_{10}(OH)_2$	10
水锰矿（manganite）	$MnO(OH)$	5.8

4. 孔隙度测定

目前常用的孔隙度测定方法有液氮吸附法与压汞法。将制作试件残留的煤粉收集，分别采用液氮吸附法与压汞法测定样品的孔隙度。

图 2.7　ASAP2020C＋M 比表面及孔隙度分析仪

（1）液氮吸附法。实验室内使用液氮吸附法测定孔隙度，需要将煤体破碎，筛选粒径为 18～20 目的煤粉颗粒，取煤样 2g 放入脱气试管中，抽取煤粉内空气，达到真空状态后，充入液氮，使煤粉吸附液氮，采用静态容量法测定吸附的微观孔隙结构，计算出煤体的裂隙孔隙参数（比表面积、微孔体积和孔面积、中孔体积和面积、总孔体积等）。

液氮吸附实验的仪器型号为 ASAP2020C＋M 比表面及孔隙度分析仪（图 2.7）。技术参数如下。分析气体为 N_2、O_2、Ar、Kr、CO_2、CH_4 等非腐蚀性气体。适用材料为沸石、碳材料、分子筛、二氧化硅、氧化铝、土壤、黏土、有机金属化合物骨架结构等各种材料。比表面分析从

0.0005m²/g（Kr 测量）至无上限。孔径分析范围为 3.5～5000Å（氮气吸附），微孔区段的分辨率为 0.2Å。最小孔体积检测分辨率为 0.0001cm³。

实验原理：等温物理吸附的静态容量法。假定试件对气体的吸附与解吸过程都是处于理想的平衡状态，在密闭的空间中，放入样品，同时注入气体。根据相同温度条件下，不同体积的气体在不同压力下的凝固点不同，依次降低或升高压力，使气体在试件的裂隙孔隙中凝固，通过监测不同压力点，计算样品释放或样品凝结的气体值，获得该压力点对应的裂隙孔隙的体积量，进而算出样品的孔隙度及比表面积等参数（表 2.4）。

表 2.4　煤孔隙度及比表面积数据

分类/Å	孔体积/(cm³/g)	比例/%	比表面积/(m²/g)	比例/%
微孔＜20	0.02622308	78.44	1.633429593	67.35
中孔（20～500）	0.007205923	21.56	0.792024726	32.65
大孔＞500	0	0	0	0
总量	0.033429003	100.00	2.425454319	100.00

根据表 2.4 可得：煤的孔体积约为 0.033cm³/g，孔隙主要为微孔和中孔，微孔占比达 78.44%，比表面积约为 1.633m²/g，微孔占比达 67.35%。孔隙比表面积决定了气体吸附能力。煤层中微孔的比表面积最大，瓦斯主要吸附在微孔中。

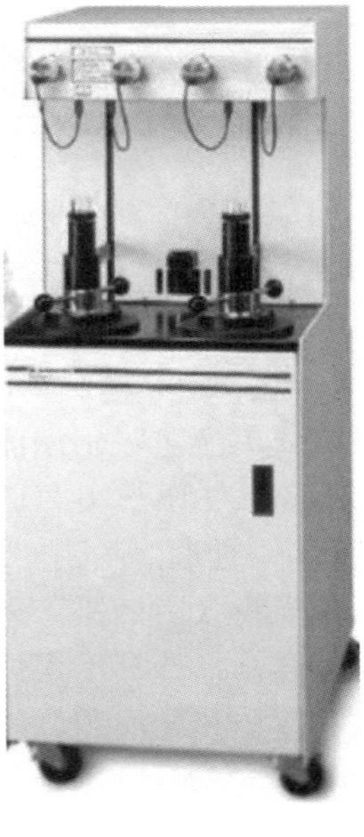

（2）压汞法。压汞仪是用来测量试件的裂隙孔隙（孔径分布、孔体积、孔表面积、试件真密度、堆密度）的测量仪器。实验室破碎筛选粒径为 18～20 目的煤粉颗粒，分别取煤样 2g 放入压汞仪中测定煤样的大孔（孔径大于 50nm）及中孔（孔径为 2～50nm）孔径分布。实验所用的压汞仪装配有两个压力系统：低压系统与高压系统，低压系统与高压系统可独立测量，也可同时测量，低压系统主要应用于测量大孔，高压系统主要应用于测量微孔与中孔（图 2.8）。技术参数：压汞仪的孔径监测范围为 0.003～1100μm，可提供的压力值范围为 0.02～50psi[①]，样品孔隙结构监测的过程中可提供 0.05psi 的压力增量。

操作方法如下。

（1）打开储气瓶，调节输出压力为 0.3MPa，开窗，并打开通风机；启动软件。

（2）称取所测量试件质量（精度为 0.01g）。

（3）将待测试件放入样品管，并密封，检查密封的样品管是否松动。

图 2.8　AutoPore IV 系列压汞仪

（4）将密封好的样品管放入低压系统，点击"开始"，运行低压系统。

（5）待低压系统运行结束后，根据需要进行下一步高压测量。

---

① 1psi＝6.895kPa。

（6）将样品管放入高压系统，点击"开始"，运行高压系统，待高压系统运行结束后，导出测试数据。

注意事项：压汞仪使用的测量介质为汞，汞是具有剧毒的化学试剂，因此必须按照实验室管理规定进行操作。因汞易挥发，开始实验前必须保持实验所处环境的空气流通，并且不能将汞直接放置于空气中。实验剩余的汞不能直接倒入下水道或垃圾堆中。实验所用的汞应放置于结实的容器内，并且容器应放置于瓷器盘上。实验中应保持盛有汞的容器与仪器远离热源。若出现少量汞滴落，应尽快使用吸管将汞收集，再用能形成汞齐的金属片在滴落处来回清扫，并用硫黄粉覆盖。身体有伤口，应保证伤口远离汞，实验过程中必须穿戴必要的防护装备（护目镜等），做好实验防护。

实验数据由表 2.5 所示，煤样的原始孔隙度较低，为 1.542%～2.457%，属于较致密煤样。

表 2.5　原煤试件基本参数表

原煤试件编号	质量/g	原始孔隙度/%
1	2.10	1.618
2	1.80	1.816
3	1.62	2.457
4	2.43	2.051
5	2.40	1.169
6	1.84	1.542
7	2.28	1.682

5. 坚固性系数测量

煤的坚固性系数是评价煤的力学性质的一种指标，坚固性系数越大，表明煤的结构越稳定，越不容易受外力的作用而破碎（图 2.9）。

图 2.9　煤的坚固性系数测量仪

实验原理：落锤法测定坚固性系数。所使用的落锤质量为 2.4kg，将落锤提升至高于试件 600mm 的垂直高度。使落锤进行自由落体运动对试件进行冲击。筛选冲击破碎的试件，使用 0.5mm 分样筛。通过下列公式计算煤的坚固性系数：$f = 20n/l$，n 为冲击次数，次；l 为计量筒读数，L/mm。煤样粒径为 20～30mm。

实验数据如表 2.6 所示，本实验原煤样品坚固性系数 f 为 1.263～1.348，平均值为 1.305。

表 2.6　煤的坚固性系数

煤样编号	n/次	l/(L/mm)	f
I	3	46.0	1.304
III	3	44.5	1.348
V	3	47.5	1.263

2.2.2　煤体裂隙孔隙动态监测实验

获得煤样品的物理力学参数后，本节将进行持续注水条件下的原煤试件裂隙孔隙演化监测实验，所使用的装置为重庆大学煤矿灾害与动力学控制国家重点实验室研制的加载注入核磁共振装置（LI-NMR）。

1. 实验原理

LI-NMR 装置由加载系统、注入系统与核磁共振系统组成。原煤试件放置于加载系统中，围压与注压由加载系统提供，注液所用的液体为蒸馏水，在施加围压与注压的同时，使用核磁共振系统扫描原煤试件的裂隙孔隙。核磁共振技术主要用于测量岩石样品的孔隙度、孔径分布、岩石样品内的流体流动性及分布，以及对煤心试件中含有的多种含氢元素流体的比例进行分析，并可以用于样品的渗流实验分析（可实现动态的含氢元素的油与水的饱和度分析，以及样品的孔隙变化）。LI-NMR 系统作用的原理是：氢原子在磁场中受到射频能量作用而运动，氢原子运动释放的信号可以反映氢原子的数量，从而用来表征所含流体的分布情况与试件的孔隙结构。

横向弛豫时间的公式如下[10]：

$$\frac{1}{T_2} \approx \rho_2 \frac{S}{V} = F_S \frac{\rho_2}{r} \tag{2.1}$$

式中，T_2 表示横向弛豫时间，ms；S 表示孔隙表面积，nm²；V 为孔隙体积，nm³；ρ_2 表示横向表面弛豫系数，nm/ms；r 为孔半径，nm；F_S 表示几何因子。由式（2.1）可知 T_2 与孔隙的半径一一对应。因此，T_2 的分布可以反映试件的裂隙孔隙分布。

2. 实验步骤

加载围压与持续注水条件下的煤体裂隙孔隙动态监测实验步骤主要分为试件安装、加载注液实验系统操作、核磁共振软件操作及实验结束后操作。

试件安装如下。

（1）拆除夹持器的压杆上端进气或进水的钢管，以及排液管与温度传感器，拉出承载台，将夹持器撤出磁场线圈，并将夹持器放置于水平桌面上，缓慢旋出压杆锁紧螺丝，抽出压头，避免 O 形圈掉落，使用毛巾将压杆、压头上残留的氟油擦干（图 2.10）。

图 2.10　煤心试件安装

（2）先在压杆上套上热缩管，将试件安放至上、下压头之间，上压头与试件之间应安装渗流板，同时上、下压头与试件接触的一端以及上、下压头的外侧面应分别装上相应的 O 形密封圈，否则无法密封围压油液与试件。保持试件上、下端面与上、下压头端面对齐。随即用电热工具（如电吹风）从热缩管中部开始加热，热缩管收缩，排出试件与热缩管之间的空气，确保热缩管与试件之间紧密接触。

（3）紧固夹持器上压杆的锁紧螺丝，将夹持器放回承载台，把承载台推回磁体线圈中，重新安装夹持器的压杆上端进气或进水的钢管、排液管及温度传感器。

（4）试件安装完成，下一步进行围压与注压控制。

加载注液实验系统操作步骤如下。

（1）围压控制：按操作顺序打开围压控制系统电源，打开围压油进液杯与溢流口，将进液杯内加满氟油，同时启动围压泵电机，给夹持器充油，观察溢流口，当溢流口观察到出油后，继续充油一段时间，排出夹持器及管路内的空气，流出油不含气泡时，关闭溢流口，停止充油。

（2）注压控制：按操作顺序打开注液或注气控制系统电源，将注液杯充满所需液体，打开压头上的溢流口，启动注液泵电机，向注入管路持续注入液体，观察溢流口，当溢流口观察到溢出液后，继续注液一段时间，排出管路内的空气，当溢出液不含气泡时，关闭溢流口，停止注液。

（3）回到围压控制参数界面，根据实验所需值设定围压，依据围压值，选择围压控制速度，点击软件开始加载围压。

（4）回到注压控制参数界面，根据实验所需值设定注入压力，依据注压值，选择注压控制速度，点击软件开始注入液体。

（5）加载注入系统开始工作。

核磁共振软件操作如下。

（1）打开核磁共振软件，进入参数设置界面，根据测试样品，创建测试项目，根据实际情况选择直径为 25mm 的磁体线圈。

（2）放入标准油样，寻找中心频率。选择硬脉冲 FID 序列的队列，建议参数：TD = 1024，

TW = 1000ms，SW = 100KHz，RG1 = 10，PRG = 3。进入相应参数设置对话框，自动寻找 90°脉宽和 180°脉宽。

（3）新建样品参数设置（CPMG 序列），放入待测岩心或孔隙度定标样，设置 TW（FID 基本参数设置中记录的 TW），SW = 100kHz，RG1 = 10，DRG1 = 3，PRG = 3，RFD = 0.1ms，NS = 32，DR = 1。

（4）建立孔隙度标准曲线，点击测试项目展开菜单中的样品名称，完善右侧界面的样品信息，如油田信息、样品类型、测试员等。

（5）单击该样品名下的测量项目，如点击样品饱水测量，在右侧界面出现测量参数设置，需要选择岩样类型、岩样状态、标样名称，输入体积（或计算体积）等。

（6）样品输入结束后，进行样品信号采集，采集结束后，给出样品采集信号及反演结果。

（7）单击该样品名下的计算项目，点击计算，得到样品参数，如孔隙度、T_2 截止值、束缚流体饱和度、自由流体饱和度以及渗透率等。

（8）测量结果输出，单击输出按钮，选择输出的路径，输出数据格式。

试验结束后操作如下。

（1）注入压力卸载，选择注压控制，更改注入压力目标值为 0，点击运行；接通气源，打开溢流口，将系统内的蒸馏水排出，停止注压控制电源。

（2）围压卸压。选择围压控制，更改围压值为 0，点击"运行"，停止围压控制电源，打开溢流口，同时接入外部气源，反向注气，加速油液回流，将夹持器与管路内的氟油全部排出。注意：应该先控制注入压力卸载至 0，然后控制围压卸载至 0。

（3）氟油完全排出后，按安装试件相反顺序拆除试件。

在正式实验前，进行检测性试验，每 10min 扫描岩心一次，发现经过 120min 后，T_2 曲线变化不明显，对应的裂隙孔变化也就不明显，因而围压、注压变化时间的间隔为 120min。更换新岩心，开始实验，使用收集器收集流经每个煤心的蒸馏水，将收集到的液体放在室温下静置，待蒸馏水蒸发后，观察残余物质。

3. 实验参数设置

为研究持续注水条件下的煤体裂隙孔隙的动态演化规律，本书开展了恒定围压与恒定注压、恒定围压与变化注压、恒定注压与变化围压三种条件下的煤心试件持续注水实验，每种条件选取两个煤心进行实验，以分析围压与注压对煤体裂隙孔隙的影响，加载方式如表 2.7 所示。

表 2.7　煤心原始渗透率与孔隙度及加载有效应力表

煤心试件	孔隙度/%	渗透率/mD	围压(p_c)/MPa	注压(p_i)/MPa
I	1.618	0.0077	10	0
II	1.816	0.0090	10	8
III	2.457	0.0100	10	3→5→7→9→7→5→3（间隔 120min）

续表

煤心试件	孔隙度/%	渗透率/mD	围压(p_c)/MPa	注压(p_i)/MPa
IV	2.051	0.0093	10	9→8→7→6→5→4（间隔 120min）
V	1.542	0.0080	10→12→14→16（间隔 120min）	8
VI	1.682	0.0085	4→5→6→8→10→12→14（间隔 120min）	3

在实验前，先使用核磁共振装置测定煤心试件的原始孔隙度与原始渗透率，选择孔隙度与渗透率值相近的两个煤心试件作为一组，实验前将每个煤心试件分别标号，以便实验观察。

4. 实验试件及液体变化

煤心经过注水的作用后，煤心破碎产生煤粉。实验使用的注入液体为蒸馏水，实验过程中收集流经煤心试件Ⅰ、煤心试件Ⅱ、煤心试件Ⅲ、煤心试件Ⅳ、煤心试件Ⅴ和煤心试件Ⅵ共 6 个煤心试件的蒸馏水。实验收集到的是含有杂质的蒸馏水，将有杂质的蒸馏水放置于常温下保存，并避免外部物体混入。待蒸馏水蒸发后，观察收集器中的残留物，发现残留物呈黑色粉末状。因实验中未有蒸馏水以外的物质注入煤心试件，因此，该黑色粉末状残留物来自煤心试件。

煤心试件经注入水作用后发生断裂破坏。实验结束，取出试件，经观察发现，煤心试件表面无明显裂缝，也未出现断裂等破坏现象。将煤心试件放置于常温下密封保存，放置一天后，煤心试件发生断裂破坏，因煤心试件保存期间未受到外部条件的影响，因此煤心在注入水的作用下，内部受到破坏，如图 2.11 所示。

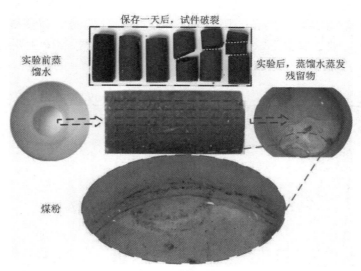

图 2.11　实验后的煤心试件与注入液体

由上述分析可知，在注入水的作用下，煤心试件内部受到破坏，并且注入水将煤心试件内部的部分物质带出。

5. LI-NMR 实验方法验证

LI-NMR 装置对煤体裂隙孔隙的测量结果与自动压汞仪（mercury intrusion porosimetry，MIP）和低压气体吸附仪（low-pressure gas adsorption，L-PGA）联合监测结果的偏差为0.3%～2.8%，LI-NMR 装置可用于煤岩微观孔隙分析试验。为了验证 LI-NMR 装置对煤体裂隙孔隙测量的准确性，从煤体裂隙孔隙演化监测实验的三种加载方式（恒定围压与恒定注压、恒定围压与变化注压、恒定注压与变化围压）中各选择一个原煤试件，分别采用LI-NMR 监测，MIP 和 L-PGA 联合监测，并将 LI-NMR 监测的结果与 MIP 和 L-PGA 联合监测的结果进行对比。

因 LI-NMR 可以进行无损检测，而 MIP 与 L-PGA 所需的样品类型为颗粒状试件，因此，先进行 LI-NMR 实验，再使用同一个试件进行 MIP 与 L-PGA 实验。

首先，在恒定围压与恒定注压条件下选取 $p_c = 10\text{MPa}$、$p_i = 0\text{MPa}$ 的煤心试件 I；恒定围压与变化注压条件下选取 $p_c = 10\text{MPa}$、$p_i = 3\text{ MPa}$、$p_i = 5\text{ MPa}$、$p_i = 7\text{ MPa}$、$p_i = 9\text{ MPa}$、$p_i = 7\text{ MPa}$、$p_i = 5\text{ MPa}$、$p_i = 3\text{MPa}$ 的煤心试件 III；恒定注压与变化围压条件下选取 $p_c = 10\text{ MPa}$、$p_c = 12\text{ MPa}$、$p_c = 14\text{ MPa}$、$p_c = 16\text{MPa}$、$p_i = 3\text{MPa}$ 的煤心试件 V。将选取的 3 个煤心试件进行 LI-NMR、MIP 与 L-PGA 监测。在无围压和注压条件下用 LI-NMR 扫描煤心试件 I、煤心试件 III 和煤心试件 V，获得煤心试件 I、煤心试件 III 和煤心试件 V 的裂隙孔隙数据。

三个煤心试件完成 LI-NMR 监测后，将试件破碎成颗粒状，再进行 MIP 与 L-PGA 监测。使用 MIP 和型号为 ASAP2020 的 L-PGA 分别扫描已经完成 LI-NMR 实验的煤心试件 I、煤心试件 III 和煤心试件 V，获得煤心试件 I、煤心试件 III 和煤心试件 V 的裂隙孔隙数据。先将煤心试件 I、煤心试件 III 和煤心试件 V 破碎，获得煤粉颗粒，对每个煤心试件的煤粉颗粒分别进行 MIP 和 L-PGA 测试，因 L-PGA 获得的裂隙孔隙数据为 0.35～500nm，MIP 获得裂隙孔隙数据大于 30nm，因此将两种监测的数据组合，以获得更全面的裂隙孔隙数据。L-PGA 主要选取微孔与过渡孔（0～<100nm）的数据，MIP 主要选取中孔（100～<1000nm）、大孔（1000～100000nm）及裂隙（>100000nm）的数据，如图 2.12 所示。

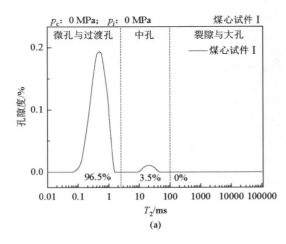
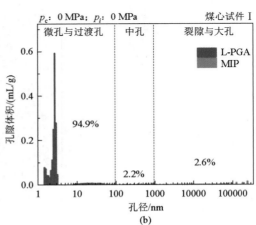

(a)　　　　　　　　　　　　　　　　　　(b)

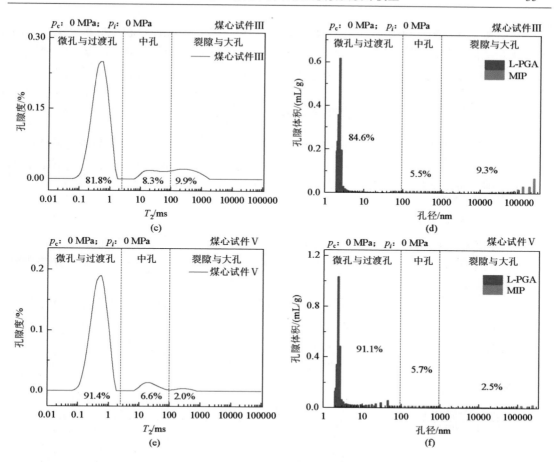

图 2.12　无围压与无注压条件下的裂隙孔隙分布

在无围压与无注压条件下，煤心试件Ⅰ、煤心试件Ⅲ、煤心试件Ⅴ主要为微孔与过渡孔。其中，LI-NMR 的监测结果如图 2.12（a）、（c）和（e）所示，煤心试件Ⅰ主要为微孔与过渡孔，占总孔隙量的 96.5%；煤心试件Ⅲ主要为微孔与过渡孔，占总孔隙量的 81.8%；煤心试件Ⅴ主要为微孔与过渡孔，占总孔隙量的 91.4%。L-PGA 与 MIP 的联合监测结果如图 2.12（b）、（d）和（f）所示，煤心试件Ⅰ主要为微孔与过渡孔，占总孔隙量的 94.9%；煤心试件Ⅲ主要为微孔与过渡孔，占总孔隙量的 84.6%；煤心试件Ⅴ主要为微孔与过渡孔，占总孔隙量的 91.1%。

在无围压与无注压条件下，L-PGA 与 MIP 的联合监测结果中的裂隙与大孔的数量大于 LI-NMR 的监测结果。其中，L-PGA 与 MIP 的联合监测结果如图 2.12（b）、（d）和（f）所示，煤心试件Ⅰ的裂隙与大孔占总孔隙量的 2.6%；煤心试件Ⅲ的裂隙大孔占总孔隙量的 9.3%；煤心试件Ⅴ的裂隙与大孔占总孔隙量的 2.5%。LI-NMR 监测结果如图 2.12（a）、（c）和（e）所示，煤心试件Ⅰ的裂隙与大孔占总孔隙量的 0%；煤心试件Ⅲ的裂隙与大孔占总孔隙量的 9.9%；煤心试件Ⅴ的裂隙与大孔占总孔隙量的 2.0%。高压汞的注入会破坏煤体裂隙孔隙，因此 MIP 监测的裂隙与大孔的量大于 LI-NMR 的结果。

经分析发现，在无围压与无注压条件下，LI-NMR 所测的微孔与过渡孔与 L-PGA 和 MIP 联合测量的微孔与过渡孔的偏差为 0.3%～2.8%，裂隙与大孔的偏差为 0.5%～2.6%。因此，采用 LI-NMR 监测处于加载围压与持续注水条件下的煤体裂隙孔隙动态演化是可行的。

2.2.3 恒定围压与恒定注压条件下裂隙孔隙动态演化

在实验室开展加载围压条件下的原煤试件持续注水实验，同时实时监测原煤试件的裂隙孔隙演化。本节主要分析在恒定围压与恒定注压条件下，煤体裂隙孔隙的动态演化，得出煤体裂隙孔隙在恒定围压与恒定注压条件下的动态演化规律。

1. T_2 曲线分布

实验获得围压恒定与注压恒定条件下的煤心试件曲线，依据微孔和过渡孔（＜2.5ms），中孔（2.5～100ms），裂隙大孔（＞100ms）分类方法[25]，对本实验所获得裂隙孔隙进行分类。

在持续注水条件下，T_2 曲线高于未注入水的 T_2 曲线。不同时间的 T_2 曲线不重合。如图 2.13（a）所示，在围压为 10MPa、注压为 0MPa 条件下，峰 2、峰 3 很小，可忽略。0min 时的峰 1 高于其他时刻的峰 1。如图 2.13（b）所示，注压为 8MPa 时峰 2、峰 3 不可忽略，并且 0min 时的峰 1、峰 2 和峰 3 均低于其他时刻的峰 1、峰 2 和峰 3，表明注水使煤体孔隙度增大。

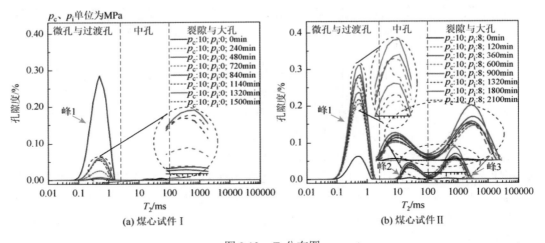

图 2.13 T_2 分布图

恒定围压与恒定注压条件下，不同试件的 T_2 曲线随时间的变化也不同。在围压为 10MPa、注压为 8MPa 条件下，峰 1、峰 2 和峰 3 发生变化的时间与围压为 10MPa、注压为 0MPa 条件下的不同。

2. 恒定围压与注压条件下煤体裂隙孔隙动态演化

因中孔、裂隙与大孔的数量少，为了更好体现煤体裂隙孔隙的数量与类型的动态变化，

将 T_2 曲线的峰 1、峰 2 和峰 3 峰值面积按＜2.5ms、≥2.5ms 分别累加，即可分为两类：微孔与过渡孔（MP-TP）、中孔（MEP）、裂隙及大孔（MP-F），如式（2.2）所示。根据微孔与过渡孔、中孔、裂隙与大孔及总孔隙度（Total-P）绘制三条曲线，因 T_2 与孔隙的孔径呈一一对应关系，因此分析三条曲线变化规律，可以研究煤体裂隙孔隙的变化规律。

$$Total\text{-}P=MP\text{-}TP+(MEP+MP\text{-}F) \tag{2.2}$$

实验中总孔隙度因注水而大量增加，在注压恒定与围压恒定条件下，总孔隙度先减小，再增大。如图 2.14（a）所示，在围压为 10MPa、注压为 0MPa 条件下，60min 内总孔隙度比初始 0min 的总孔隙度衰减 84.9%，但 960min 的总孔隙度比 840min 的总孔隙度增加 85.1%。如图 2.14（b）所示，在围压为 10MPa、注压为 8MPa 条件下，120min 的总孔隙度比初始 0min 的总孔隙度增加 84.0%，收集器开始收集到液体，整个实验阶段的总孔隙度均高于初始 0min 的总孔隙度；600min 时，总孔隙度衰减 30.2%，但 1620min 的总孔隙度比 1320min 的总孔隙度增加 30.6%，总孔隙度呈先增大，后减小，再增大的变化趋势。

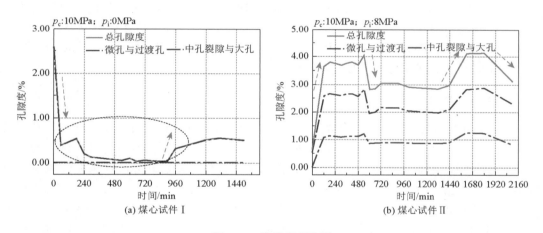

图 2.14　孔隙度变化图

2.2.4　注压对裂隙孔隙动态演化的影响

在实验室开展加载围压条件下的原煤试件持续注水实验，并实时监测原煤试件的裂隙孔隙演化。本节主要分析在恒定围压条件下，注压对煤体裂隙孔隙动态演化的影响，然后分析煤体裂隙孔隙随注压的演化规律。

1. T_2 曲线分布

煤体裂隙孔隙随注压呈规律性变化。在围压恒定与注压变化条件下，峰 1、峰 2 和峰 3 随注压出现递增的规律性变化，并且峰 1、峰 2 和峰 3 随注压出现递减的规律性变化，如图 2.15 所示，煤体裂隙孔隙随注压出现规律性变化。因此，注压的变化将影响煤体裂隙孔隙。

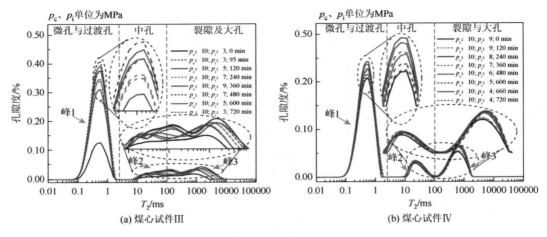

图 2.15　T_2 分布图

在恒定围压、变化注压条件下，不同试件的 T_2 曲线随时间的变化也不同。在围压为 10MPa、注压分别为 3MPa、3MPa、5MPa、7MPa、9MPa、7MPa、5MPa、3MPa 条件下，峰1、峰2和峰3发生变化的时间与围压为10MPa、注压分别为9MPa、9MPa、8MPa、7MPa、6MPa、5MPa、4MPa、4MPa 条件下的不同，表明在变化注压条件下试件的 T_2 曲线随时间的变化因试件的不同而有差异性。

2. 注压对裂隙孔隙影响分析

根据微孔与过渡孔、中孔、裂隙与大孔及总孔隙度数据绘制三条曲线，因 T_2 与孔隙的孔径呈一一对应关系，因此分析三条曲线变化规律，可以研究煤体裂隙孔隙的变化规律。

实验中，总孔隙度因注水而增大，在注压递减条件下，总孔隙度并未随注压下降而减小。如图2.16（a）所示，15min 内总孔隙度比初始 0min 的总孔隙度增加51.6%，收集器开始收集到液体，整个实验阶段的总孔隙度均高于初始 0min 的总孔隙度；在注压7MPa、5MPa、3MPa 的递减阶段，中孔、裂隙与大孔的数量随注压的减小呈递减趋势，

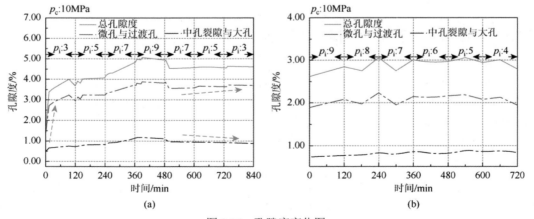

图 2.16　孔隙度变化图

微孔与过渡孔的数量随注压的减小呈递增趋势，然而，总孔隙度的方差为 0.010，总孔隙度近似不变。如 2.16（b）所示，在注压为 9MPa、8MPa、7MPa、6MPa、5MPa、4MPa 的递减段，总孔隙度的方差为 0.015，总孔隙度近似不变。

2.2.5　围压对裂隙孔隙动态演化的影响

在实验室开展加载围压条件下的原煤试件的持续注入水实验，同时实时监测原煤试件的裂隙孔隙演化。本节主要分析在恒定注压条件下，围压对煤体裂隙孔隙动态演化的影响。然后分析煤体裂隙孔隙随围压的演化规律。

1. T_2 曲线分布

煤体裂隙孔隙随围压呈规律性变化。在恒定注压条件下，峰 1、峰 2 和峰 3 随围压出现递增的规律性变化，并且峰 1、峰 2 和峰 3 随围压出现递减的规律性变化，如图 2.17 所示，煤体裂隙孔隙随围压出现规律性变化。因此，围压的变化将影响煤体裂隙孔隙的演化。

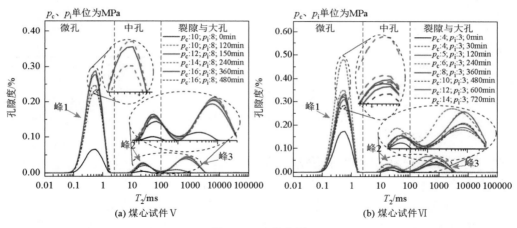

图 2.17　T_2 分布图

在恒定注压、变化围压条件下，不同试件的 T_2 曲线随时间的变化也不同。在围压为 10MPa、12MPa、14MPa、16MPa，注压为 8MPa 条件下，峰 1、峰 2 和峰 3 变化时间与围压 4MPa、5MPa、6MPa、8MPa、10MPa、12MPa、14MPa，注压为 3MPa 条件下的不同，表明变化围压条件下 T_2 曲线随时间的变化因试件的不同具有差异性。

2. 围压对裂隙孔隙影响分析

根据微孔与过渡孔、中孔、裂隙与大孔及总孔隙度数据绘制三条曲线，因 T_2 与孔隙的孔径呈一一对应关系，因此分析三条曲线变化规律，可以研究煤体裂隙孔隙的变化规律。

实验中总孔隙度因注水而增大。在注压恒定与围压递增条件下，总孔隙度先减小，再呈递增趋势缓慢增大，其中微孔与过渡孔呈递增趋势，中孔、裂隙与大孔呈递减趋势。如图 2.18（a）所示，10min 时，总孔隙度比初始 0min 的总孔隙度增加 79.9%，收集器开始收集到液体，整个实验阶段的总孔隙度均高于初始 0min 的总孔隙度；围压为 12MPa 时的总孔隙度比围压为 10MPa 时的总孔隙度衰减 17.5%，随着围压的增加，总孔隙度呈递增趋势缓慢增加；其中微孔与过渡孔的数量呈递增趋势，中孔、裂隙与大孔的数量呈递减趋势。如图 2.18（b）所示，在 30min 内，总孔隙度比初始 0min 的总孔隙度增加 62.7%，收集器开始收集到液体，整个实验阶段的总孔隙度均高于初始 0min 的总孔隙度；围压为 8MPa 时的总孔隙度比围压为 6MPa 时的总孔隙度衰减 17.0%，然而随着围压的增大，总孔隙度呈递增趋势缓慢增加；其中，微孔与过渡孔的数量呈递增趋势，中孔、裂隙与大孔的数量呈递减趋势。

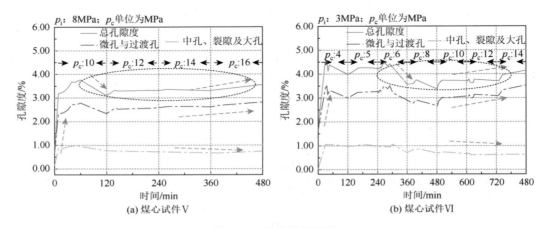

图 2.18　孔隙度变化图

2.2.6　煤体注水过程中裂隙孔隙动态演化规律

由 2.2.5 节可知，煤体裂隙孔隙在围压与持续注水的作用下，呈现一个动态的变化过程。开始注水后，总孔隙度在 10～120min 转换时期时快速增大，收集器收集到液体。然而，在注压的递减阶段，中孔、裂隙与大孔的数量随注压减小呈递减趋势，微孔与过渡孔的数量随注压的减小呈递增趋势，总孔隙度并未随注压下降而减小；在注压恒定与围压恒定条件下，总孔隙度先减小、再增大；在注压恒定与围压递增条件下，总孔隙度先减小，后随围压的增加呈递增趋势；实验结果与 Wang 等[8]、Geng 等[9] 和 Li 等[11] 气体介质的研究结果不同，他们的研究结果为孔隙度随围压的增大而减小。因此，不能以气体实验的规律分析液体作用下煤心试件裂隙孔隙的变化规律，为研究持续注液条件下煤体裂隙孔隙的演化，需对实验结果做进一步分析。对煤体注水过程中裂隙孔隙演化的分析将有利于研究水力化煤层增透过程中的煤体裂隙孔隙演化。

如图 2.19（a）所示，在围压为 10MPa、注压为 0MPa 条件下，0～240min 时，T_2 曲线降低，表明总孔隙减少，煤体压缩；如图 2.19（b）所示，840～1140min 时，T_2 曲线增高，表明总孔隙递增。上述现象表明，煤体裂隙孔隙在围压的作用下减少，但有裂隙孔隙突增现象，为进一步分析突增原因，需对煤体裂隙孔隙的演化机理进行分析。

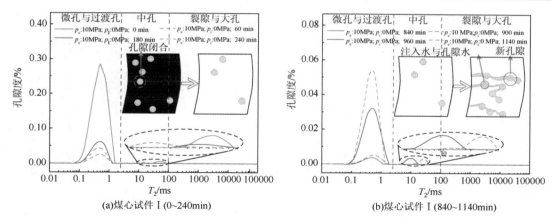

(a)煤心试件 I (0~240min)　　　　　　　(b)煤心试件 I (840~1140min)

图 2.19　煤体裂隙孔隙变化图

如图 2.20 所示，注水起始阶段，任意时刻的 T_2 曲线终高于初始 0min 的 T_2 曲线，蒸馏水持续流过煤心，流入收集器。在 120min 内，T_2 曲线增高，表明注入水可以使孔隙度提高，并且形成了可供液体流动的孔隙通道。

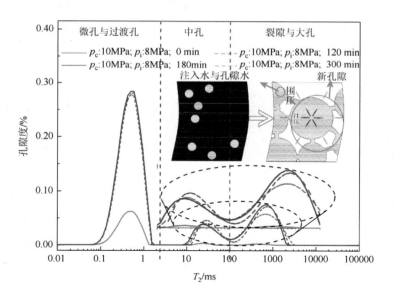

图 2.20　煤体裂隙孔隙变化图（煤心试件Ⅲ）

如图 2.21（a）所示，T_2 曲线的峰 2 与峰 3 随围压增加而降低，峰 1 随围压升高而增高，表明中孔、裂隙与大孔随围压升高而降低，微孔与过渡孔随围压升高而增高。如图 2.21（b）所示，T_2 曲线的峰 2 与峰 3 随注压降低而降低，峰 1 随注压降低而增高，表明存在中孔、裂隙与大孔随注压降低而降低，微孔与过渡孔随注压降低而增高。因此注压与围压的变化都将影响煤体裂隙孔隙结构的演化，围压的升高、注压的降低都将使中孔、裂隙与大孔减少，并使微孔与过渡孔增多。

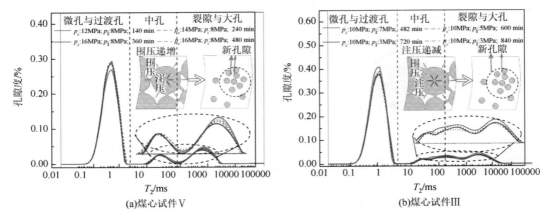

图 2.21 煤体裂隙孔隙变化图

　　根据上述分析可知煤体注水过程中裂隙孔隙动态演化规律：①起始注水阶段，总孔隙度为 10～120min 时大量增加，形成孔隙通道，注入的水经通道持续排出煤体，将该现象称为流动演化；②在注压恒定与围压递增或围压恒定与注压递减条件下，中孔、裂隙与大孔的数量呈递减趋势，微孔与过渡孔的数量呈递增趋势，将该现象称为重组演化；③在注压恒定与围压恒定或注压恒定与围压递增条件下，总孔隙度呈先减小后增大趋势，为 U 形演化，当围压恒定时，总孔隙度先减小，随后增大，当围压递增时，总孔隙度先减小，随后呈递增趋势。

2.3　煤体注水过程中裂隙孔隙动态演化机理分析

2.3.1　裂隙孔隙应力理论

1. 球形孔理论

　　本次实验煤心试件形状为圆柱形，试件在轴向受注压作用，径向受围压作用。煤体中的孔隙主要为球孔、椭圆孔[11]，为研究孔隙演化的形成原因，假设煤体中的孔隙均为球形，且孔壁不存在渗流情况，孔隙周围的煤颗粒各向均质。依据球形孔理论[11]，本实验中煤体在围压与注水的相互作用下，围绕着孔隙的球形区将成为塑性区域，塑性区域的外部仍是弹性区域，忽略塑性区域的体积力。实验中，煤体受到的围压由孔隙骨架及孔隙中的水分担，水分担应力称为孔隙压力，骨架分担的应力称为有效应力[33]。孔隙受力状态如图 2.22 所示。球形孔隙孔壁上所有研究点的应力状态相同，任意一点的径向应力都是主应力 σ_r，切向应力为 σ_θ，根据球形孔的理论得

$$\sigma_r = p_c - (p_c - p_p)(r/b)^3 \tag{2.3}$$

$$\sigma_\theta = p_c + (p_c - p_p)/2(r/b)^3 \tag{2.4}$$

$$u_r = [(p_c - p_p)/4G](r^3/b^2) \tag{2.5}$$

式中，r 为孔径；p_p 为孔隙压力；p_c 为基质承受的围压；b 为研究点与圆心的径向距离；σ_r 为与圆心径向距离为 b 的径向应力；σ_θ 为切向应力；u_r 为径向应变；G 为剪切模量。

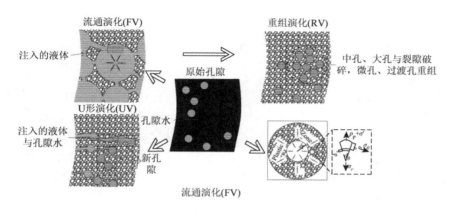

图 2.22　煤体裂隙孔隙的三种动态演化模型及孔隙受力分析

当围压由 p_{com} 增至 p_{con} 时，孔隙压力 p_p 保持不变，则有

$$\Delta\sigma_r = \sigma_{ron} - \sigma_{rom} = (p_{\text{con}} - p_{\text{com}})[1 - (r/b)^3] \tag{2.6}$$

$$\Delta\sigma_\theta = \sigma_{\theta on} - \sigma_{\theta om} = (p_{\text{con}} - p_{\text{com}})[1 + (1/2)(r/b)^3] \tag{2.7}$$

$$\Delta u_r = [(p_{\text{con}} - p_{\text{com}})/4G](r^3/b^2) \tag{2.8}$$

式中，$\Delta\sigma_r$ 为径向应力变化量；$\Delta\sigma_\theta$ 为切向应力变化量；Δu_r 为径向应变的变化量；r 为初始孔半径；p_{com} 为最小围压；p_{con} 为最大围压；σ_{rom} 为最小围压下径向应力；σ_{ron} 为最大围压下径向应力；$\sigma_{\theta om}$ 为最小围压下切向应力；$\sigma_{\theta on}$ 为最大围压下切向应力。

假设有存在孔径为 r_1 与 r_2 的孔隙，且 $r_1 < r_2$，由式（2.8）可知，$\Delta u_{r_1} < \Delta u_{r_2}$，可知半径较大的孔隙，其径向应变量也较大。因而，在相同应力条件下，半径越大的孔隙越容易被压缩。

2. 圆柱形孔的稳定性理论

根据实验分析，假设煤心试件中的孔隙均为圆柱形孔隙，孔隙周围煤颗粒各向均质，且均为线弹性材料。孔壁不存在渗流情况，孔隙受力分析如下所示[34]：

$$\sigma_r = \frac{\sigma_V + \sigma_H}{2}\left(1 - \frac{r^2}{b^2}\right) + \frac{\sigma_V - \sigma_H}{2}\left(1 - 4\frac{r^2}{b^2} + 3\frac{r^4}{b^4}\right)\cos 2\theta + \frac{r^2}{b^2}p_m - \alpha p(r)$$
$$+ \delta\left[\frac{\xi}{2}\left(1 - \frac{r^2}{b^2}\right) - f\right](p_m - p_p) \tag{2.9}$$

$$\sigma_r = \frac{\sigma_V + \sigma_H}{2}\left(1 - \frac{r^2}{b^2}\right) - \frac{\sigma_V - \sigma_H}{2}\left(1 + 3\frac{r^4}{b^4}\right)\cos 2\theta - \frac{r^2}{b^2}p_m - \alpha p(r)$$

$$+ \delta\left[\frac{\xi}{2}\left(1 - \frac{r^2}{b^2}\right) - f\right](p_m - p_p) \tag{2.10}$$

$$\xi = \alpha(1 - 2\mu)/2(1 - \mu) \tag{2.11}$$

$$\alpha = 1 - \frac{C_r}{C_B} \tag{2.12}$$

式中，σ_H 为水平最大主应力，MPa；σ_V 为垂直地应力，MPa；p_p 为煤岩试件初始孔隙水压力，MPa；p_m 为煤岩孔隙维持稳定所需要的最小壁面支持压力，MPa；f 为煤岩试件孔隙度；μ 为煤岩试件泊松比；δ 在孔壁有渗流时为 1，孔壁无渗流时为 0；θ 为孔壁上点的矢径与最大地应力的夹角；$p(r)$ 为距孔隙中心线 r 处的孔隙压力，MPa；r 为孔隙半径，m；煤心试件中流体符合达西平面径向渗流，C_r、C_B 分别为岩石的容积压缩率和骨架压缩率。当孔壁周围煤颗粒所受到的应力超过自身强度，产生剪切破坏，孔壁破裂、闭合。

假设微孔隙壁面不可渗流，$\delta = 0$，$\sigma_V = \sigma_H = p_i$，$C_r = C_B$，假设有存在孔径为 r_1 与 r_2 的孔隙，且 $r_1 < r_2$：

$$\Delta\sigma_r = (p_m - p_c)\left(\frac{r^2}{r_2^2} - \frac{r^2}{r_1^2}\right) \tag{2.13}$$

$$\Delta\sigma_\theta = (p_m - p_c)\left(\frac{r^2}{r_1^2} - \frac{r^2}{r_2^2}\right) \tag{2.14}$$

由式（2.13）和式（2.14）可知，$\Delta\sigma_r$ 为正，$\Delta\sigma_\theta$ 为负，可以推出当孔隙压力不变，最大主应力为切向应力，最小主应力为径向应力，可知半径较大的孔径向拉伸较明显，径向应变较大。因此在围压与注压的作用下，不同孔径的孔的压缩性因孔径不同而存在差异，越大的孔隙越容易被压缩。

由两种孔隙应力理论得出孔隙的压缩性与孔径呈正比。由球形孔理论与圆柱形孔稳定理论可知，裂隙孔隙稳定性与孔径尺寸有关，孔径越大的孔隙，越容易被压缩。上述现象与 2.2 节得出的孔隙变化与孔径的有关结论相似。因此，为揭示煤体裂隙孔隙的动态演化规律，使用球形孔理论分析裂隙孔隙动态演化规律，并揭示其演化机理。

2.3.2　煤体注水过程中裂隙孔隙动态演化机理

煤体含有丰富的裂隙与孔隙，水力化煤层增透技术是向煤层中注入液体，连通煤体的裂隙与孔隙，使得这些煤层气可以沿连通的路径排出。由前文分析可知，煤体裂隙孔隙的演化受围压与注压的影响。由 2.3.1 节可知，不同孔径的裂隙孔隙对围压与注压的敏感性也不同。因此，本节根据球形孔理论分析煤体注水过程中裂隙孔隙动态演化机理，由式（2.13）可知，σ_r 与 r 呈正比，即裂隙孔隙的压缩性与孔径呈正比。由孔隙受力分析可得式（2.15）。根据式（2.15）分析加载围压与持续注液条件下的煤体裂隙孔隙动态演化机理：

$$\sigma_r = p_p + \sigma' \tag{2.15}$$

流动演化：在转换时期内，注入的水贯通煤体，形成孔隙通道，孔隙水与注入的水汇合，p_p 增加到 p_{i1}，孔隙稳定，注入的水经孔隙通道排出煤体。

重组演化：①在围压恒定、注压递减条件下，p_i 逐渐减小至 p_{i2}，孔隙水与注入的水相汇，p_p 增加到 p_{i2}，中孔、裂隙与大孔不断破碎、缩小，随着孔径 r 逐渐减小，σ_r 减小至 σ_{r_2}，孔隙稳定，孔隙不再破碎；②在注压恒定、围压递增条件下，孔隙水与注入的水相汇，p_p 增加到 p_{i3}，p_c 逐渐增大至 p_{c3}，中孔、裂隙与大孔不断破碎、缩小，随着孔径 r 逐渐减小，σ_r 减小至 σ_{r_3}，孔隙稳定，孔隙不再破碎。

U 形演化：①未注水，煤体压缩，孔隙大量破碎，各个孔隙中的水被挤压出，这些孔隙水分在破碎的孔隙壁之间流动，当这些任意流动的孔隙水再次聚集在一起时，支撑孔隙碎片，形成半径为 r_4 的孔隙，σ_r 减小至 σ_{r_4}，则组成了新孔隙；②在注压恒定、围压递增条件下，围压逐渐增大 p_{c3}，孔隙大量破碎，外部注入的水与流动于孔隙壁碎片之间的孔隙水相汇，p_p 增加到 p_{i5}，支撑孔隙碎片，形成半径为 r_3 的孔隙，σ_r 增大至 σ_{r_5}，则组成了新孔隙，随着围压继续增加，更多的孔隙破碎，更多的孔隙碎片被支撑，形成更多的孔隙，孔隙度逐渐增加。

本章对煤体裂隙孔隙的动态演化机理进行研究，在围压与持续注液的作用下，因孔隙的有效应力与孔隙压力不断改变，煤的裂隙孔隙不断破碎，发生闭合和重组，煤体裂隙结构呈现动态演化。流通演化是由注水在转换时期内贯通孔隙所致。重组演化是由中孔、裂隙与大孔破碎，重组成微孔与过渡孔所致。U 形演化是由注入的水与孔隙水支撑闭合的孔隙成为新孔隙所致。在围压递增条件下，有重组演化，也有 U 形演化，因此总孔隙度呈递增趋势。煤体裂隙孔隙关于围压及注压演化规律如图 2.23 所示。

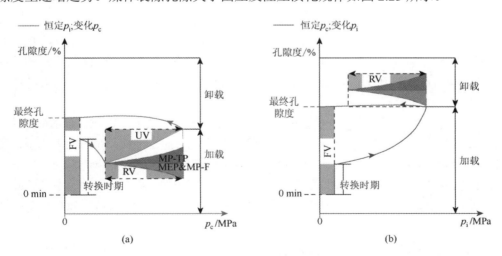

图 2.23　裂隙孔隙变化图

FV. 流通演化；UV. U 形演化；RV. 重组演化；MP-TP. 微孔与过渡孔；MEP&MP-F. 中孔、裂隙与大孔

2.3.3　煤体裂隙孔隙动态演化模型

1. 煤体裂隙孔隙压缩模型

2.3.1 节的研究表明了孔隙的应力敏感性与孔径有关，并得出孔径越大、越易被压缩的结论。煤体的微孔与过渡孔为体吸附孔，裂隙与大孔为气体流通的主要通道，而围压与持续注液将影响煤体的裂隙孔隙。对煤体裂隙孔隙动态演化的研究，将有利于分析在围压与持续注液条件下的煤体裂隙孔隙对气体运移的影响。目前应用较广泛的孔隙压缩模型有 Mckee 模型与 NMR 模型[35]，后文将对两种模型进行分析，并利用孔隙压缩模型建立煤体裂隙孔隙的动态演化模型。

（1）Mckee 模型。Mckee 等[35]提出了一个有效应力与渗透率的模型，如式 2.16 所示，采用该模型对煤体的裂隙发育进行研究，可得煤体裂隙孔隙的压缩性、渗透性及有效应力之间的关系：

$$k = k_0 \mathrm{e}^{-\lambda \Delta \sigma_e} \tag{2.16}$$

$$\lambda = \theta C_p \tag{2.17}$$

$$C_p = \frac{-\ln(k / k_0)}{\theta(\sigma' - \sigma_0')} \tag{2.18}$$

式中，λ 为压力敏感系数；θ 为孔隙度敏感指数；σ_0' 为初始条件下的有效应力；σ' 为变化后的有效应力；k_0 为初始的渗透率；k 为变化后的渗透率；C_p 为压缩系数。

（2）NMR 压缩模型。使用 NMR 技术分别测试微孔与过渡孔、中孔、裂隙与大孔的孔隙量，再计算孔隙压缩性：

$$C_p = -\frac{1}{v_{\sigma',0}}\left(\frac{v_{\sigma'} - v_{\sigma',0}}{p_c - p_{c,0}}\right)p_p = -\left(\frac{S_4 / S_{4-0} - 1}{p_c}\right) \tag{2.19}$$

式中，C_p 为孔隙压缩系数，MPa^{-1}；$V_{\sigma'}$ 为有效应力为 σ' 时的孔隙体积，cm^3/g；$V_{\sigma',0}$ 为有效应力为 0 时的孔隙体积，cm^3/g；S_4 / S_{4-0} 为全孔径段无量纲的 T_2 面积比，初始孔压 $p_{c,0} = 0\mathrm{MPa}$（初始围压）。该公式可分别计算微孔与过渡孔、中孔、裂隙与大孔的孔隙压缩系数。

Mckee 模型基于理想的几何模型，考虑了有效应力对渗透率的影响。而 NMR 模型则可以计算各类孔隙（微孔与过渡孔、中孔、裂隙与大孔）的压缩性，但 NMR 模型需要基于 NMR 的测量才能计算裂隙孔隙的压缩性。Mckee 模型可以在测得渗透率的条件下，计算裂隙的压缩性。因此在未使用NMR测量的条件下，为研究煤体注水过程中裂隙孔隙演化，需使用 Mckee 模型，基于 Mckee 模型建立关于围压与注压的煤体裂隙孔隙动态演化模型更加合适。

2. 煤体注水过程中裂隙孔隙动态演化模型建立

基于球形孔理论与孔隙压缩模型，可建立裂隙孔隙动态演化模型。裂隙孔隙动态演化模型的推导过程基于以下假设：①水在煤体中单向流动，不存在逆流；②水在煤体中的流动产生塑性区，并符合达西定律；③水在煤体中的流动不受毛细效应影响；④孔壁不存在渗流；⑤煤体各向均质。David 等[36]推导出渗透率与孔隙度之间的联系，如式（2.20）所示，基于式（2.17），可以推导出裂隙孔隙压缩性与孔隙度及有效应力之间的关系，如式（2.21）所示。

$$\frac{k}{k_0} = \left(\frac{\varphi}{\varphi_0}\right)^{\theta} \tag{2.20}$$

$$C_p = -\frac{\ln\frac{\varphi}{\varphi_0}}{\Delta\sigma_\theta} \tag{2.21}$$

$$\varphi = n\pi\frac{4}{3}r^3 \tag{2.22}$$

式中，φ、φ_0 分别为渗透率 k 和 k_0 对应的孔隙度；n 为球体个数。

联立式（2.21）和式（2.22），可得煤体裂隙孔隙的压缩系数 C_p 与孔径 r、围压 p_c 及孔隙压力 p_p 之间的函数关系：

$$C_p = \frac{\theta}{p_c - p_p}\frac{r^3(\ln nr^3 - \ln n_0 R_i^3)}{r^3 - R_i^3} \tag{2.23}$$

式中，R_i 为初始半径。当试件在注水条件下，有 $p_p = p_i$，可得

$$C_p = \frac{\theta}{p_c - p_i}\frac{r^3(\ln nr^3 - \ln n_0 R_i^3)}{r^3 - R_i^3} \tag{2.24}$$

由上述公式可知煤体裂隙孔隙动态演化模型的主要参数有：围压、注压及孔径，并可以用关于围压、注压及孔径的方程式表示 $C_p = f(CP, IP, r)$。由式（2.24）可得，在恒定围压与恒定注压条件下，裂隙孔隙的压缩性与孔径 r 呈正相关，即随着孔径 r 的增大，煤体裂隙孔隙的压缩性呈递增趋势；在恒定围压条件下，相同孔径 r 的裂隙孔隙的压缩性与注压呈负相关，即随着注压的升高，煤体裂隙孔隙的压缩性呈递减趋势；在恒定注压条件下，相同孔径 r 的裂隙孔隙的压缩性与围压呈正相关，即随着围压的升高，煤体裂隙孔隙的压缩性呈递增趋势。

2.3.4　裂隙孔隙动态演化规律在水力压裂中的应用

在加载围压条件下对原煤样品进行持续注水实验，得到煤体注水过程中裂隙孔隙的动态演化规律，煤体注水过程中裂隙孔隙的三种动态演化规律可为水力化煤层增透的施工提供参照。

（1）在水力压裂起裂阶段：起始注水出现流通演化，水力压裂区煤体的孔隙度在一段时间内大量增大，并形成孔隙通道。

（2）在水力压裂保压阶段：注压不变，有流通演化，并有大量孔隙通道，表明水

力压裂的保压措施可使煤层存在较高的孔隙度与较多孔隙通路，维持煤层水力化的增透效果。

（3）卸压排水阶段：注压减小，重组演化出现，总孔隙度基本不变，可缓解煤层透气性的损失。

（4）水力压裂施工结束阶段：压裂液体完全排出，孔隙在地应力作用下逐渐闭合，但U形演化的出现使孔隙度短暂增大。

（5）随着注压的变化，煤层中参与注入的压裂液流动的裂隙孔隙的孔径类型和数量均在变化。

2.4　含水-瓦斯煤岩力学性质及破坏准则

煤矿在进行水力化增透过程中，大量水进入煤体，形成由水、瓦斯、煤体三相介质组成的含水瓦斯煤岩。为研究煤岩在水、瓦斯共同作用下的强度特性，本节基于非饱和多孔介质混合物理论及有效应力原理，建立了含水瓦斯煤岩破坏准则。通过引入基质吸力应力因子，并利用实验得到基质吸力与煤岩含水率的拟合曲线，得出水-瓦斯-煤三相耦合作用下煤岩强度与瓦斯压力及含水率的关系式。在实验室进行三轴压缩强度实验，对含水-瓦斯煤岩强度理论进行了验证。结果表明：基质吸力是含水-瓦斯煤岩强度的重要影响因素，在水与瓦斯共同作用下，煤岩峰值强度随瓦斯压力增加线性减小，而随含水率增加呈指数降低。对含水-瓦斯煤岩强度特性的研究为煤岩多相渗流-应力-损伤耦合模型的建立奠定了基础。

2.4.1　水-瓦斯-煤三相耦合理论

目前，水力措施在煤矿、煤层气开采中应用广泛，煤层注水、水力割缝、水力压裂等水力措施，对于瓦斯抽采和煤层防突有良好的工程效果[37-40]。在进行水力措施过程中，大量水进入煤体孔隙，形成水、瓦斯、煤体三相介质，煤体物理力学性质发生显著变化。

国内外学者针对含瓦斯煤岩或含水煤岩两相介质的强度特性做了大量的研究，如George 等[41]研究了煤体吸附瓦斯后的有效应力计算模型；姚宇平等[42]采用自制的可做含瓦斯煤样的三轴实验装置，分析了煤强度与弹性模量在瓦斯介质中的变化规律；许江等[43]利用特制的气-固两相三轴仪对含瓦斯煤岩在三轴应力状态下的变形特性及其强度特性进行了系统的实验研究；梁冰等[44]通过不同围压、不同孔隙瓦斯压力下煤的三轴压缩实验结果，阐述了瓦斯对煤体的力学变形性质及力学响应的影响；尹光志等[45]对型煤煤样和原煤煤样进行含瓦斯三轴实验，系统地研究了两种含瓦斯煤样在三轴应力条件下的变形特性和抗压强度。另一方面，张开智等[46]进行了煤体软化机理及实验研究；刘忠锋等[47]进行煤体注水实验，研究含水率对煤体单轴抗压强度的影响。从国内外学者研究现状来看，以往学者仅研究了水或瓦斯单独作用下的煤体强度，而未考虑两者的共同作用，不能完全模拟水力措施现场及煤体强度受各因素综合作用的实际情况。

2.4 节基于多相孔隙介质理论及有效应力原理，对水-瓦斯-煤三相耦合作用下煤岩强度特性进行理论分析，并通过常规三轴压缩强度实验，对含水-瓦斯煤岩强度理论进行验证。

1. 水-瓦斯-煤三相耦合有效应力分析

煤是一种具有孔隙裂隙结构的多孔介质，实施水力措施治理后，煤粒内的微孔隙和煤体的裂隙被水、瓦斯所充满，并与煤粒本身构成统一的整体，如图 2.24 所示。含水-瓦斯煤岩单元可视作由水、瓦斯、煤粒三相构成，属于典型的非饱和多孔介质。

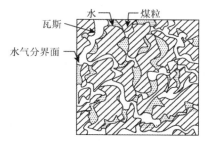

图 2.24　含水瓦斯煤岩三相结构

以往普遍将煤岩看作孔隙中充满瓦斯的两相介质，运用经典 Biot 饱和多孔介质模型表述含瓦斯煤岩的强度特性。但水力作用下的含瓦斯煤岩具有三相结构，经典 Biot 饱和多孔介质模型不再适用。近年来，随着混合物理论的发展，应用经典混合物理论建立非饱和多孔介质三相场方程的非饱和多孔介质混合物理论，为含水瓦斯煤岩三相介质强度特性的研究创造了条件。

含水瓦斯煤岩受力破坏是一种突变过程，可假设：①含水瓦斯煤岩三种组分物质之间不互相转化；②含水瓦斯煤岩三种组分有相同的温度，把含水瓦斯煤岩作为单一温度混合物进行处理；③煤粒和水组分均不可压缩，瓦斯气体可压缩。根据非饱和多孔介质混合物理论[48]，其三种组分运动的场方程分别为

$$\rho_g \boldsymbol{v}'_g = -\rho_g \mathrm{grad}\left(\frac{\partial \Psi_I}{\partial \rho_g}\right) + \mathrm{div}\left[\frac{\partial \Theta_0}{\partial \boldsymbol{d}_g} + \frac{\partial \Theta_0}{\partial (\boldsymbol{w}_g - \boldsymbol{w}_s)}\right] + \rho_g \boldsymbol{b}_g + \left(P + \frac{\partial \Psi_I}{\partial \phi_g}\right)\mathrm{grad}\phi_g \\ - \rho_g \eta_g \boldsymbol{g} - \frac{\partial \Theta_0}{\partial (\boldsymbol{v}_g - \boldsymbol{v}_s)}$$ （2.25）

$$\rho_l \boldsymbol{v}'_l = -\phi_l \mathrm{grad}\left(\frac{\partial \Psi_I}{\partial \phi_l}\right) + \mathrm{div}\left[\frac{\partial \Theta_0}{\partial \boldsymbol{d}_l} + \frac{\partial \Theta_0}{\partial (\boldsymbol{w}_l - \boldsymbol{w}_s)}\right] + \rho_l \boldsymbol{b}_l \\ - \phi_l \mathrm{grad}P - \rho_l \eta_l \boldsymbol{g} - \frac{\partial \Theta_0}{\partial (\boldsymbol{v}_l - \boldsymbol{v}_s)}$$ （2.26）

$$\rho_s \boldsymbol{v}'_s = \mathrm{div}\left\{2\boldsymbol{F}_s\left(\frac{\partial \Psi_I}{\partial (\boldsymbol{F}_s^T \boldsymbol{F}_s)}\right)\boldsymbol{F}_s^T + \frac{\partial \Theta_0}{\partial \boldsymbol{d}_s} - \sum_f \frac{\partial \Theta_0}{\partial (\boldsymbol{w}_f - \boldsymbol{w}_s)}\right\} + \rho_s \boldsymbol{b}_s \\ - \phi_s \mathrm{grad}P + \frac{\partial \Psi_I}{\partial (\boldsymbol{F}_s^T \boldsymbol{F}_s)}[\mathrm{grad}\boldsymbol{C}_s] - \rho_s \eta_s \boldsymbol{g} + \sum_f \frac{\partial \Theta_0}{\partial (\boldsymbol{v}_f - \boldsymbol{v}_s)}$$ （2.27）

式中，ρ 为体密度；$\boldsymbol{v}$ 为质点运动速度；Ψ_I 为单位体积混合物总自由能；Θ_0 为混合物耗散势；$\boldsymbol{d}$ 为形变率张量；$\boldsymbol{w}$ 为自旋张量；$\boldsymbol{b}$ 为外体力密度；P 为 Lagrange 乘子；ϕ 为体积分数；η 为熵密度；$\boldsymbol{g}$ 为混合物温度分布梯度；$\boldsymbol{F}$ 为形变梯度；$(\ )^T$ 表示张量的转置张量，且 $\boldsymbol{C}_s = \boldsymbol{F}_s^T \boldsymbol{F}_s$，$f$ 为 l 或 g；下标 g、l、s 分别表示瓦斯、水以及煤粒。

由于含水瓦斯煤岩各组分处于平衡状态，可以忽略其各组分体积分数空间梯度 $\mathrm{grad}\phi_a$（$a=s$、l、g）和瓦斯气体组分体密度空间梯度 $\mathrm{grad}\rho_g$ 的影响，并且把流体组分

体积分数 ϕ_f 不再作为状态变量而只作为状态参数。式（2.25）～式（2.27）可简化为

$$\rho_g \boldsymbol{v}_g' = -\phi_g \mathrm{grad}(p_g) - \frac{\partial \Theta_0}{\partial(\boldsymbol{v}_g - \boldsymbol{v}_s)} + \rho_g \boldsymbol{b}_g \tag{2.28}$$

$$\rho_l \boldsymbol{v}_l' = -\phi_l \mathrm{grad} p_l - \frac{\partial \Theta_0}{\partial(\boldsymbol{v}_l - \boldsymbol{v}_s)} + \rho_l \boldsymbol{b}_l \tag{2.29}$$

$$\rho_s \boldsymbol{v}_s' = 2\mathrm{div}\left[\boldsymbol{F}_s \left(\frac{\partial \Psi_I}{\partial(\boldsymbol{F}_s^T \boldsymbol{F}_s)}\right)\boldsymbol{F}_s^T\right] - \phi_s \mathrm{grad}\left(p_l - \frac{\partial \Psi_I}{\partial \phi_l}\right) + \sum_f \frac{\partial \Theta_0}{\partial(\boldsymbol{v}_f - \boldsymbol{v}_s)} + \rho_s \boldsymbol{b}_s \tag{2.30}$$

其中，

$$p_g = \gamma_g \frac{\partial \Psi_I}{\partial \rho_g}, \quad p_l = P + \frac{\partial \Psi_I}{\partial \phi_l} \tag{2.31}$$

p_g 和 p_l 分别是瓦斯和水组分的真压力，压应力为正。对式（2.28）～式（2.30）求和得

$$\sum_a \rho_a \boldsymbol{v}_a' = \mathrm{div} \boldsymbol{t}_T + \rho \boldsymbol{b} \tag{2.32}$$

其中，

$$\boldsymbol{t}_T = 2\boldsymbol{F}_s\left(\frac{\partial \Psi_I}{\partial(\boldsymbol{F}_s^T \boldsymbol{F}_s)}\right)\boldsymbol{F}_s^T - \left[\phi_g p_g + (\phi_l + \phi_s)p_l - \phi_s \frac{\partial \Psi_I}{\partial \phi_l}\right]\boldsymbol{I} \tag{2.33}$$

式中，$\boldsymbol{t}_T$ 是含水瓦斯煤岩的总应力；$\boldsymbol{I}$ 为单位张量。

从式（2.30）可以看出，与煤粒固体组分变形有关的应力项为

$$\boldsymbol{t}^E = 2\boldsymbol{F}_s\left(\frac{\partial \Psi_I}{\partial(\boldsymbol{F}_s^T \boldsymbol{F}_s)}\right)\boldsymbol{F}_s^T \tag{2.34}$$

于是式（2.33）可变为

$$(-\boldsymbol{t}^E) = [(-\boldsymbol{t}_T) - p_g \boldsymbol{I}] + (1 - \phi_g)(p_g - p_l)\boldsymbol{I} + \phi_s \frac{\partial \Psi_I}{\partial \phi_l}\boldsymbol{I} \tag{2.35}$$

其中，$\phi_l = nS$（n 和 S 分别为含水瓦斯煤岩的孔隙度和水饱和度）只是含水瓦斯煤岩状态参数，而不是状态变量，因此 $\dfrac{\partial \Psi_I}{\partial \phi_l} = 0$，这样式（2.35）可写为

$$(-\boldsymbol{t}^E) = [(-\boldsymbol{t}_T) - p_g \boldsymbol{I}] + (1 - \phi_g)(p_g - p_l)\boldsymbol{I} \tag{2.36}$$

式中，$-\boldsymbol{t}^E$ 即为含水瓦斯煤岩的有效应力；$-\boldsymbol{t}_T$ 即为含水瓦斯煤岩总应力。由于岩石力学与混合物理论对张量表述的不同，含水瓦斯煤岩的有效应力可表述为

$$\sigma' = \sigma - p_g + (1 - \phi_g)(p_g - p_l) \tag{2.37}$$

式中，σ 为含水瓦斯煤岩总应力。

2. 含水瓦斯煤岩破坏准则

利用 Mohr-Coulomb 破坏准则和有效应力概念，可表达含水瓦斯煤岩的抗剪强度为

$$\tau = c + \sigma' \tan\phi \tag{2.38}$$

式中，c 为黏聚力；ϕ 为内摩擦角。

将式（2.37）代入式（2.38）可得

$$\tau = c + (\sigma - p_g)\tan\phi + (p_g - p_1)(1 - \phi_g)\tan\phi \qquad (2.39)$$

令 $(1 - \phi_g)\tan\phi = \tan\phi'$，并定义式中 ϕ' 为有效内摩擦角，其值与煤岩孔隙度 n、水饱和度 S 及内摩擦角 ϕ 有关，则式（2.39）可写作

$$\tau = c + (\sigma - p_g)\tan\phi + (p_g - p_1)\tan\phi' \qquad (2.40)$$

从式（2.40）可知，含水-瓦斯煤岩的抗剪强度由黏聚力 c、应力变量 $\sigma - p_g$ 引起的强度，以及另一应力变量 $p_g - p_1$ 引起的强度所组成。应力变量 $\sigma - p_g$ 引起的强度与内摩擦角 ϕ 有关，而应力变量 $p_g - p_1$ 引起的抗剪强度则与有效内摩擦角 ϕ' 有关。

2.4.2　煤体基质吸力与含水率的关系

式（2.40）中，$p_g - p_1$ 为瓦斯与水的压力差值，在多相孔隙介质里，气相与液相压力的差值是由气液两相交界面收缩膜引起的，称为基质吸力。基质吸力为多相孔隙介质中水自由能的毛细部分，是通过测量与介质中水处于平衡的部分蒸汽压而确定的等值吸力，其大小与平衡相对湿度和介质孔隙半径有关。对于同一煤样，其孔隙度及孔径分布相同，基质吸力仅与含水率相关。

若多孔介质中含有小于 10nm 的孔径，理论上就有可能存在高于 14.56MPa 的吸力[49]，而煤岩介质孔隙分布大多为小于 10nm 的微孔，因此基质吸力将会对含水-瓦斯煤岩强度造成重要影响。

1. 测试原理

基质吸力的测试方法很多，主要有张力计法、滤纸法、渗析法、压力板仪法、离心机法和三轴仪法，这些方法各具优缺点。结合煤样特点，采用滤纸法对实验煤样的基质吸力进行测量。现有的研究表明，滤纸法是一种既能测试煤体总吸力又能测试基质吸力的间接测试方法，该方法具有价格低廉、操作简单、量程大和精度高等优点[50]。

滤纸法最早由 Gardner[51]于 1937 年提出，该方法遵循热力学平衡原理，当滤纸与煤样接触时，水分将在两者间迁移，直至最终平衡。因此，可通过量测滤纸平衡时的含水率并借助该型号滤纸的率定曲线间接获取煤样的基质吸力。

2. 实验煤样制备

煤样取自打通一矿 7#煤层，由于该煤层属松软突出煤层，很难在现场取到大块原煤进行实验，根据周世宁等[52]的实验结论，实验室的型煤可以代替原煤，因此选用型煤进行实验。

将煤样磨碎分选，取 40~80 目的煤粉颗粒，加入适量清水，拌均匀后置于成型模具中，在 200t 刚性实验机上以 100MPa 的压力制成尺寸为 50mm×100mm 的标准型煤试件。所加清水体积大于成型煤样孔隙体积，以保证成型煤样饱和，又由于制作方法相同，所有煤样均具有相同孔隙度。将饱和煤样称重后放入烤箱中，每隔一段时间取出一组煤样称重，

根据烘干 24h 煤样的含水率为 0%，计算各组煤样的含水率，通过控制烘干时间，即可制作出不同含水率的型煤试件，含水率具体控制方法如表 2.8 所示。

表 2.8　含水率控制方法

序号	烘干时间/min	含水率/%
1	20	6.11
2	70	5.62
3	120	4.7
4	160	3.93
5	290	3.19
6	405	1.87
7	1440	1.13

3. 测试过程

根据上述控制方法，取不同含水量煤样 7 组，每组包含两个煤样，在两个煤样中间水平放置"双圈"No.203 型滤纸（滤纸分三层：中间直径为 4cm，用于测试；上下层直径为 5cm，起保护作用），而后用绝缘胶带粘贴接缝处，将试样放入密封罐，并置于恒温箱中静置平衡 10d，静置期间恒温箱温度保持在 25～27℃。待煤样静置平衡 10d 后，测试各密封罐内测试滤纸的平衡含水率，如图 2.25 所示。

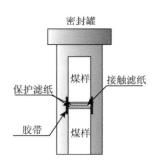

图 2.25　滤纸法测试煤样基质吸力实验示意图

考虑到滤纸具有质量轻、水分敏感性高等特点，要求实验过程中操作细致，称量迅速，避免用手直接触碰测试滤纸，尽可能避免滤纸在取样和称取过程水分发生变化。

4. 结果分析

测得各组滤纸含水率 w_{fp} 均小于 41%，故将各组煤样对应的滤纸含水率代入"双圈"No.203 型滤纸率定曲线（$w_{fp} \leqslant 41\%$）的拟合公式[53]：

$$\lg(p_g - p_1) = -0.0767w_{fp} + 5.493 \tag{2.41}$$

即可得到煤样在不同含水率下的基质吸力 $p_g - p_1$。

图 2.26 为含水-瓦斯煤岩基质吸力与含水率 w 之间的关系，可用指数函数拟合：

$$(p_g - p_1) = a\mathrm{e}^{-bw} \tag{2.42}$$

式中，$a = 448.07$，$b = 0.496$。

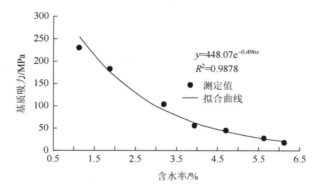

图 2.26　含水瓦斯煤岩基质吸力与含水率的关系拟合曲线

将式（2.42）代入式（2.40），可得到水与瓦斯共同作用下煤体破坏准则的表达式为

$$\tau = c + (\sigma - p_g)\tan\phi + a\mathrm{e}^{-bw}\tan\phi' \qquad (2.43)$$

令 $c' = c + a\mathrm{e}^{-bw}\tan\phi'$，当含水率不变时，$c'$ 为定值，可称为有效黏聚力，破坏准则可写为

$$\tau = c' + (\sigma - P_g)\tan\phi \qquad (2.44)$$

这与含瓦斯煤岩的破坏准则相同[54]，因此含瓦斯煤岩的破坏准则是本节建立的含水瓦斯煤岩破坏准则的特殊情况。

2.4.3　含水-瓦斯煤岩三轴压缩强度实验

为验证含水-瓦斯煤岩破坏准则，并得到煤样峰值强度与含水率、瓦斯压力的关系，在实验室进行了含水-瓦斯煤岩三轴压缩强度实验。

1. 实验方案及步骤

实验在 RLW-2000M 微机控制煤岩流变仪上进行。该设备可加载轴向最大载荷 2000kN，测力分辨率为 20N；最大气渗透压力为 20MPa，气压精度为 2%，轴向应变和横向应变由轴向引伸计和环向链条附件测得。

实验气体均采用纯浓度达到 99.99%的甲烷。为排除围压对实验结果分析的干扰，且根据围压大于瓦斯压力的原则，围压设定为 2MPa。实验设计瓦斯压力因素 5 水平，含水率因素 7 水平，共 35 组实验，具体实验方案如表 2.9 所示。

表 2.9　含水瓦斯煤岩三轴压缩强度实验方案

含水率/%	瓦斯压力/MPa				
	0.5	0.8	1.0	1.2	1.5
1.13	a_1	a_2	a_3	a_4	a_5
1.87	a_6	a_7	a_8	a_9	a_{10}
3.19	a_{11}	a_{12}	a_{13}	a_{14}	a_{15}

续表

含水率/%	瓦斯压力/MPa				
	0.5	0.8	1.0	1.2	1.5
3.93	a_{16}	a_{17}	a_{18}	a_{19}	a_{20}
4.70	a_{21}	a_{22}	a_{23}	a_{24}	a_{25}
5.62	a_{26}	a_{27}	a_{28}	a_{29}	a_{30}
6.11	a_{31}	a_{32}	a_{33}	a_{34}	a_{35}

注：a_i 为实验编号，i 为 1～35。

　　将密封的煤样置于三轴压力室的金属底座上（试样两端加透气板），用金属细管将上、下垫块的连接孔，分别与金属底座上的进、出气孔连接，并装上轴向引伸计和纵向引伸计，实验时先对煤样略加轴压 σ_1，将试件压住，然后分级由低至高施加围压 σ_3 和瓦斯压力至设定值，保持围压及瓦斯压力 8h，使煤样充分吸附瓦斯后，以 0.02mm/s 的速度加载轴压，直至试件破坏，试件受力情况如图 2.27 所示。

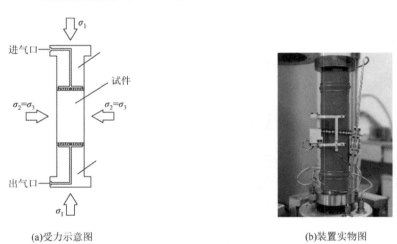

(a)受力示意图　　　　　　　　　　　　　　　(b)装置实物图

图 2.27　试件受力示意图及装置实物

2. 实验结果与分析

　　2.4.2 节推导的含水-瓦斯煤岩破坏准则，可以用莫尔极限应力圆直观地图解表示。如图 2.28 所示，式（2.44）确定的准则由直线 L 表示，其斜率为 $f = \tan\phi$，且在 τ 轴上的截距为 c'。

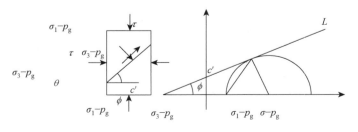

图 2.28　（$\sigma - p_g$）-τ 坐标下强度准则

在图 2.28 所示应力状态下，平面上的应力 $\sigma - p_g$ 和 τ 由主应力 $\sigma_1 - p_g$ 和 $\sigma_3 - p_g$ 确定的应力圆所决定，可得

$$\sin\phi = \frac{\sigma_1 - \sigma_3}{2c'\cot\phi + \sigma_1 + \sigma_3 - 2p_g} \tag{2.45}$$

并可改写为

$$\sigma_1 - p_g = \frac{1+\sin\phi}{1-\sin\phi}(\sigma_3 - p_g) + \frac{2[c + ae^{-bw}\tan\phi']\cos\phi}{1-\sin\varphi} \tag{2.46}$$

以围压与瓦斯压力之差 $\sigma_3 - p_g$ 为横坐标，峰值强度与瓦斯压力之差 $\sigma_1 - p_g$ 为纵坐标，并将同一含水率数据用直线拟合，处理后结果如图 2.29 所示。

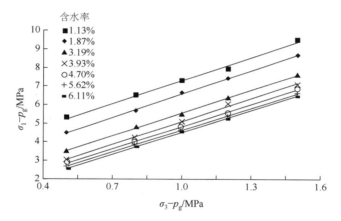

图 2.29　$\sigma_1 - p_g$ 与 $\sigma_3 - p_g$ 的关系

根据式（2.46）可知，同一含水率煤样内摩擦角 ϕ 和有效黏聚力 c' 可由直线斜率 m 及截距 l 计算得出：

$$\begin{aligned} \phi &= \sin^{-1}\left(\frac{m-1}{m+1}\right) \\ c' &= \frac{l(1-\sin\phi)}{2\cos\phi} \end{aligned} \tag{2.47}$$

比较不同含水率煤样，其内摩擦角 ϕ 与含水率的关系如图 2.30 所示，其大小几乎不变，为 36.8°。

比较不同含水率煤样，其有效黏聚力 c' 与基质吸力 $p_g - p_1$ 的关系如图 2.31 所示，可进行线性拟合，并根据有效黏聚力 $c' = c + (p_g - p_1)\tan\phi'$，得到黏聚力 c 为 0.0737MPa，有效内摩擦角 ϕ' 可看作常数，为 0.172°。

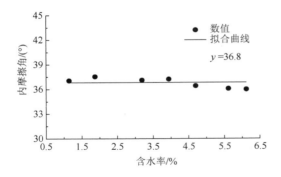

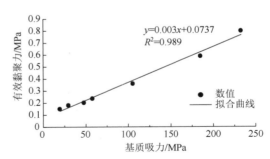

图 2.30　内摩擦角与含水率关系　　　　　　图 2.31　有效黏聚力与基质吸力关系

为直观反映煤岩峰值强度与各因素的关系，式（2.46）可写成

$$\sigma_1 = \frac{2c\cos\phi}{1-\sin\phi} + \frac{1+\sin\phi}{1-\sin\phi}\sigma_3 - \frac{2\sin\phi}{1-\sin\phi}p_g + \frac{2a\cos\phi\tan\phi'}{1-\sin\phi}e^{-bw} \qquad (2.48)$$

由式（2.48）可知，煤岩峰值强度 σ_1 与瓦斯压力 p_g 线性相关，与含水率 w 呈负指数相关。将实验所得参数值代入式（2.48），可以计算出煤岩峰值强度随瓦斯压力及含水率的变化曲线，如图 2.32、图 2.33 所示，图中点为实验实测值，实线为理论曲线。

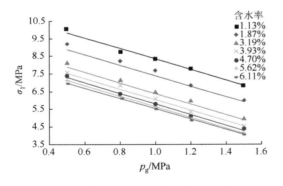

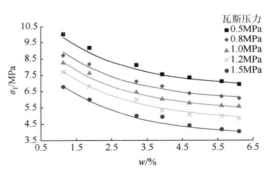

图 2.32　煤样峰值强度与瓦斯压力关系　　　　图 2.33　煤样峰值强度与含水率关系

由图 2.32、图 2.33 可知，实验结果与理论推导基本吻合，煤样峰值强度受到瓦斯压力与含水率的共同影响。在水与瓦斯共同作用下，煤样峰值强度随瓦斯压力升高线性降低，而随含水率升高呈指数降低。所建立的含水-瓦斯煤岩强度理论，作为多相介质损伤理论的重要组成部分，可为煤岩多相渗流-应力-损伤耦合模型的建立奠定理论基础。

参 考 文 献

[1]　宋广寿. 西峰油田长 8 储层微观孔隙结构非均质性与渗流机理实验[J]. 吉林大学学报（地球科学版），2009，39（1）：53-59.

[2]　高辉，宋广寿，高静乐，等. 西峰油田微观孔隙结构对注水开发效果的影响[J]. 西北大学学报（自然科学版），2008. 38（1）：121-126.

[3]　宋付权，胡箫，纪凯，等. 考虑流固耦合影响的页岩力学性质和渗流规律[J].天然气工业，37（7）：69-75.

[4]　胡箫. 微纳米尺度下单相和两相流体流动特征研究[D]. 舟山：浙江海洋大学，2017.

[5]　Wu H，Zhang C L，Ji Y L，et al. An improved method of characterizing the pore structure in tight oil reservoirs: Integrated Nmr

and constant-rate-controlled porosimetry data[J]. Journal of Petroleum Science and Engineering，2018（166）：778-796.

[6]　张先萌. 裂隙煤岩体损伤演化与渗流耦合试验研究[D]. 重庆：重庆大学，2017.

[7]　Feng R M，Satya H，Suman S. Exprimental investigation of in situ stress relaxation on deformation beharior and permeability variation of coalbed methane reservoirs during primary depletion[J]. Journal of Natural Gas Science and Engineering，2018（53）：1-11.

[8]　Wang H L，Xu W Y，Cai M，et al. Gas permeability and porosity evolution of a porous sandstone under repeated loading and unloading conditions[J]. Rock Mechanics and Rock Engineering，2017（50）：2071-2083.

[9]　Geng Y G，Tang D Z，Xu H，et al. Experimental study on permeability stress sensitivity of reconstituted granular coal with different lithotypes[J]. Fuel，2017（202）：12-22.

[10]　Zhou Y B，Li Z H，Yang Y L，et al. Improved porosity and permeability models with coal matrix block deformation effect[J]. Rock Mechanics and Rock Engineering，2016（49）：3687-3697.

[11]　Li X，Fu X H，Ranjith P G，et al. Stress sensitivity of medium-and high volatile bituminous coal：an experimental study based on nuclear magnetic resonance and permeability-porosity tests[J]. Journal of Petroleum Science and Engineering，2019（172）：889-910.

[12]　Nie B S，Liu X F，Yang L L，et al. Pore structure characterization of different rank coals using gas adsorption and scanning electron microscopy[J]. Fuel，2015（158）：908-917.

[13]　Gregory N O，Raymond C E，Hein W J P，et al. Comparing the porosity and surface areas of coal as measured by gas adsorption，mercury intrusion and saxs techniques[J]. Fuel，2015（141）：293-304.

[14]　Tang Z Q，Zhai C，Zou Q L，et al. Changes to coal pores and fracture development by ultrasonic wave excitation using nuclear magnetic resonance[J]. Fuel，2016，186：571-578.

[15]　Yao Y B，Liu D M. Comparison of low-field Nmr and mercury intrusion porosimetry in characterizing pore size distributions of coals[J]. Fuel，2012（95）：152-158.

[16]　Zhao Y X，Sun Y F，Liu S M，et al. Pore structure characterization of coal by NMR cryoporometry[J]. Fuel，2017（190）：359-369.

[17]　Hou S H，Wang X M，Wang X J，et al. Pore structure characterization of low volatile bituminous coals with different particle size and tectonic deformation using low pressure gas adsorption[J]. International Journal of Coal Geology，2017（183）：1-13.

[18]　Vincent L，Minassian-Saraga T，Adler M，et al. Terminology in relation to their preparation and characterization iupac recommendations 1994[J]. Thin Solid Films，1996，277：7-78.

[19]　Zhou S D，Liu D M，Cai Y D，et al. Fractal characterization of pore–fracture in low-rank coals using a low-field Nmr relaxation method[J]. Fuel，2016（181）：218-226.

[20]　Cai Y D，Liu D M，Jonathan P M，et al. Permeability evolution in fractured coal：combining triaxial confinement with X-Ray computed tomography，acoustic emission and ultrasonic techniques[J]. International Journal of Coal Geology，2014（122）：91-104.

[21]　Greg H F，Scott J，Simcha L S. Pore-resolving simulation of char particle gasification using micro-ct[J]. Fuel，2018（224）：752-763.

[22]　Karen M S，Robin E D，David R J，et al. Use of rheometry and micro-ct analysis to understand pore structure development in coke[J]. Fuel Processing Technology，2017（155）：106-113.

[23]　Tiwari P，Deo M，Lin C L，et al. Characterization of oil shale pore structure before and after pyrolysis by using X-ray Micro CT[J]. Fuel，2013（107）：547-554.

[24]　Yao Y B，Liu D M，Che Y，et al. Petrophysical characterization of coals by low-field nuclear magnetic resonance（Nmr）[J]. Fuel，2010（89）：1371-1380.

[25]　Zhao Y X，Sun Y F，Liu S M，et al. Pore structure characterization of coal by synchrotron radiation Nano-CT[J]. Fuel，2018（215）：102-110.

[26]　Zhao Y X，Zhu G P，Dong Y H，et al. Comparison of low-field Nmr and microfocus X-ray computed tomography in fractal characterization of pores in artificial cores[J]. Fuel，2017（210）：217-226.

[27] Li X C，Kang Y L，Manouchehr H. Investigation of pore size distributions of coals with different structures by nuclear magnetic resonance（NMR）and mercury intrusion porosimetry（MIP）[J]. Measurement，2018（116）：122-128.

[28] Liu Y，Teng Y，Jiang L，et al. Displacement front behavior of near miscible CO₂ flooding in decane saturated synthetic sandstone cores revealed by magnetic resonance imaging[J]. Magn Reson Imaging，2017（37）：171-178.

[29] Tang J P，Pan Y S，Li C Q. NMRI test on two-phase transport of gas-water in coal seam[J]. Chinese Journal of Geophysics，2008，51（5）：1620-1626.

[30] Zhang S F，James J S. Effect of water imbition on hydration induced fracture and permeability of shale cores[J]. Journal of Natural Gas Science and Engineering，2017（45）：726-737.

[31] Liang M L，Wang Z X，Li G，et al. Evolution of pore structure in gas shale related to structural deformation[J]. Fuel，2017（197）：310-319.

[32] Hudson J A，Christiansson R. ISRM suggested methods for rock stress estimation—part 4：quality control of rock stress estimation[J]. International Journal of Rock Mechanics and Mining Sciences，2003，40（7-8）：1021-1025.

[33] Liu S M，Satya H. Determination of the effective stress law for deformation in coalbed methane reservoirs[J]. Rock Mechanics and Rock Engineering，2013（47）：1809-1820.

[34] 刘春. 松软煤层瓦斯抽采钻孔塌孔失效特性及控制技术基础[D]. 徐州：中国矿业大学，2014.

[35] McKee C R，Bumb A C，Koenig R A. Stress-dependent permeability and porosity of coal and other geologic formations[J]. SPE（Society of Petroleum Engineers）Format. Eval.，1988：81-91.

[36] David C，Wong T F，Zhu W L，et al. Laboratory Measurement of Compaction-Induced Permeability Change in Porous Rocks：Implications for the Generation and Maintenance of Pore Pressure Excess in the Crust[J]. Pure and Applied Geophysics, 1994, 143（1）：425-456.

[37] 郭红玉，苏现波.煤层注水抑制瓦斯涌出机理研究[J].煤炭学报，2010，35（6）：928-931.

[38] 林柏泉，孟凡伟，张海宾.基于区域瓦斯治理的钻割抽一体化技术及应用[J].煤炭学报，2011，36（1）：75-79.

[39] 孙炳兴，王兆丰，伍厚荣.水力压裂增透技术在瓦斯抽采中的应用[J].煤炭科学技术，2010，38（11）：78-80.

[40] Huang B X，Liu C Y，Fu J H，et al.Hydraulic fracturing after water pressure control blasting for increased fracturing [J].International Journal of Rock Mechanics and Mining Sciences，2011，48（6）：976-983.

[41] George J D，Barakat M A.The change in effective stress associated with shrinkage from gas desorption in coal[J].International Journal of Coal Geology，2001，45（2）：105-113.

[42] 姚宇平，周世宁.含瓦斯煤的力学性质[J].中国矿业大学学报，1988，18（1）：1-7.

[43] 许江，鲜学福，杜云贵，等.含瓦斯煤的力学特性的试验分析[J].重庆大学学报，1993，16（9）：42-47.

[44] 梁冰，章梦涛，潘一山，等.瓦斯对煤的力学性质及力学响应影响的试验研究[J].岩土工程学报，1995，17（5）：12-18.

[45] 尹光志，王登科，张东明，等.两种含瓦斯煤样变形特性与抗压强度的试验分析[J].岩石力学与工程学报，2009，28（2）：410-416.

[46] 张开智，刘先贵.煤体软化研究[J].岩石力学与工程学报，1996，15（2）：171-177.

[47] 刘忠峰，康天合，鲁伟，等.煤层注水对煤体力学特性影响的试验[J].煤炭科学技术，2010，38（1）：17-19.

[48] 黄义，张引科.多相孔隙介质理论及其应用[M].北京：科学出版社，2009.

[49] 姚海林.关于基质吸力及几个相关问题的一些思考[J].岩土力学，2005，26（1）：67-70.

[50] Houston S L，Houston W N，Wagner M.Laboratory filter suction measurements[J].Geotechnical Testing Journal，1994，17（2）：1209-1217.

[51] Gardner R. A method of measuring the capillary tension of soil moisture over a wide moisture range[J].Soil Science，1937，43（4）：277-283.

[52] 周世宁，林柏泉.煤层瓦斯赋存与流动理论[M].北京：煤炭工业出版社，1990.

[53] 王钊，杨金鑫，况娟娟，等.滤纸法在现场基质吸力量测中的应用[J].岩土工程学报，2003，25（4）：405-408.

[54] 李小双，尹光志，赵洪宝，等.含瓦斯突出煤三轴压缩下力学性质试验研究[J].岩石力学与工程学报，2010，29（1）：3350-3358.

第3章　煤层水力压裂起裂及瓦斯运移模型

地层在沉积过程中受到地壳运动的影响，通常采用走向、倾向、倾角描述地层起伏不定的赋存状态。在水力压裂过程中，井斜角、井斜方位是影响井壁起裂的重要因素，而煤矿井下水力压裂钻孔布置既受限于巷道分布情况，又受限于煤层赋存状态，特别是薄及中厚煤层产状明显，起伏大。以往针对煤层水力压裂裂缝起裂的研究主要借鉴油气水力压裂理论，未考虑煤层产状对水压裂缝起裂扩展的影响。本章充分考虑煤层赋存状态，在分析真实环境下煤层水力压裂钻孔周围应力状态的基础上，根据最大拉应力理论，建立煤层水力压裂起裂计算模型，并分析地应力状态、煤层产状对水力压裂起裂参数的影响规律，最后采用相似模拟实验验证煤层水力压裂起裂与扩展规律。

3.1　煤层赋存特点及应力状态分析

3.1.1　煤层赋存特点

在煤层沉积形成过程中，由于各种地质因素的影响，在泥炭堆积的整个过程中往往存在不同补偿方式的反复交替，便形成了不同的煤层形态和煤层结构，煤体是一种多孔介质，具有丰富的原生裂隙。薄及中厚软煤层普遍存在的一个共同特点是煤质松软、煤层分层数目较多、煤层产状起伏大。煤层整体表现出 3 个特点[1]：

（1）煤层可能由多个煤分层组成，且相邻分层之间在组成矿物成分及物理力学性质上均具有差异性，特别是煤层与顶底板之间的岩性差异大。

（2）在成煤过程中，由于受自然界各种应力作用，煤分层内部富含原生节理和天然微裂隙。

（3）由于煤层软，分层煤质松软，水力压裂过程中形成的水压裂缝压裂完成后在地应力作用下将更加容易闭合。

西南地区典型的薄及中厚软煤层与顶底板岩层的坚固性系数 f 如表 3.1 所示，煤层顶底板岩性以泥质灰岩、砂质泥岩、细砂岩等为代表，如图 3.1 所示。

表 3.1　煤层与顶底板岩层的 f

煤岩类型	软煤分层	硬煤分层	泥质灰岩	砂质泥岩	细砂岩
范围	0.2～0.5	0.5～1.2	4.9～7.8	1.5～12.1	2.6～13.2

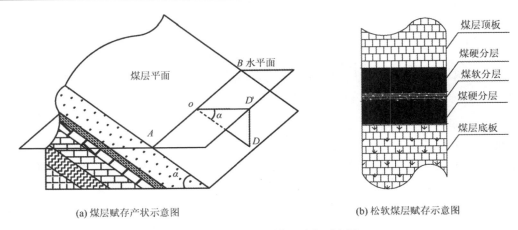

(a) 煤层赋存产状示意图　　　　　　　　(b) 松软煤层赋存示意图

图 3.1　薄及中厚软煤层赋存示意图

3.1.2　煤层地应力状态

地应力一般处于三轴压应力状态,各主应力一般互不相等,铅直方向的应力分量 σ_v 基本等于上覆岩层的重量。最大水平主应力与最小水平主应力与埋深呈线性增长关系。钻孔煤层关系如图 3.2 所示。假设煤层地应力状态满足景锋等和赵德安等归纳出的中国大陆浅层地壳实测地应力分布规律[2, 3],各主地应力分别为

$$\begin{cases} \sigma_v = \rho H \\ \sigma_H = 6.7808 + 0.0216H \\ \sigma_h = 2.2323 + 0.0182H \end{cases} \tag{3.1}$$

式中,σ_v 为铅直方向主应力;MPa;σ_H、σ_h 分别为水平方向最大、最小主应力,MPa;ρ 为上覆岩层平均容重,kN/m^3;H 为煤层埋藏深度,m。

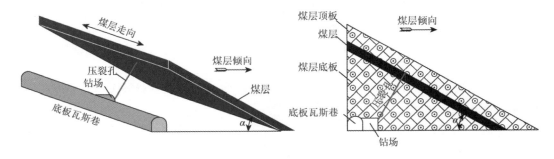

图 3.2　钻孔煤层关系图

3.1.3　水力压裂钻孔孔壁应力状态分析

为了简化分析,在分析薄及中厚软煤层水力压裂钻孔应力状态过程中,拟做如下假设:
(1) 假设水力压裂钻孔始终与煤层垂直,如图 3.2 所示。

（2）以煤层倾向为方位 0°，即图 2.3 中 $O\text{-}x_1$ 方向。

（3）煤层处于如图 3.3 所示地应力状态。

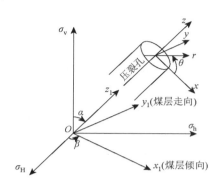

图 3.3　压裂钻孔孔壁应力状态

为了分析地应力作用于水力压裂钻孔孔壁的应力状态，建立直角坐标系（σ_H，σ_h，σ_v）和柱坐标系（x,y,z）。其中，Oz 方向为钻孔轴向，Ox 和 Oy 位于钻孔截面之中。水力压裂钻孔孔壁应力状态可以通过对钻孔周边围岩地应力进行坐标转换得到，转换关系如下：

（1）将主地应力所在坐标系（σ_H，σ_h，σ_v）以 σ_v 为轴，按右手定则旋转角度 β，获得新坐标系（x_1,y_1,z_1），其中 β 为煤层倾向与最大水平主地应力之间的夹角（简称煤层倾向），（°）；

（2）再将新坐标系（x_1,y_1,z_1）以 y_1 为轴，按右手定则旋转角度 α，即可获得坐标系（x,y,z），其中 α 为煤层倾角，（°）。

因此，由主地应力坐标系（σ_H，σ_h，σ_v）变换至柱坐标系（x,y,z）存在如下转换关系[4]：

$$\boldsymbol{A} = \begin{bmatrix} \cos\alpha\cos\beta & \cos\alpha\sin\beta & -\sin\alpha \\ -\sin\beta & \cos\beta & 0 \\ \sin\alpha\cos\beta & \sin\alpha\sin\beta & \cos\alpha \end{bmatrix} \tag{3.2}$$

$$\begin{bmatrix} \sigma_x & \tau_{xy} & \tau_{xz} \\ \tau_{yx} & \sigma_y & \tau_{yz} \\ \tau_{zx} & \tau_{zy} & \sigma_z \end{bmatrix} = \boldsymbol{A} \begin{bmatrix} \sigma_H & & \\ & \sigma_h & \\ & & \sigma_v \end{bmatrix} \boldsymbol{A}^{\mathrm{T}} \tag{3.3}$$

由式（3.2）和式（3.3）可得

$$\begin{cases} \sigma_x = (\sigma_H\cos^2\beta + \sigma_h\sin^2\beta)\cos^2\alpha + \sigma_v\sin^2\alpha \\ \sigma_y = \sigma_H\sin^2\beta + \sigma_h\cos^2\beta \\ \sigma_z = (\sigma_H\cos^2\beta + \sigma_h\sin^2\beta)\sin^2\alpha + \sigma_v\cos^2\alpha \\ \tau_{xy} = (\sigma_h - \sigma_H)\cos\alpha\cos\beta\sin\beta \\ \tau_{yz} = (\sigma_h - \sigma_H)\sin\alpha\cos\beta\sin\beta \\ \tau_{zx} = \dfrac{(\sigma_H\cos^2\beta + \sigma_h\sin^2\beta - \sigma_v)}{2}\sin 2\alpha \end{cases} \tag{3.4}$$

水力压裂钻孔孔壁围岩应力由柱坐标系（x,y,z）转换获得，转换关系如下。

（1）地应力分量 τ_{xy} 作用在水力压裂钻孔孔壁上的应力分布为

$$\begin{cases} \sigma_r = \tau_{xy}\left(1 + \dfrac{3R^4}{r^4} - \dfrac{4R^2}{r^2}\right)\sin 2\theta \\[3mm] \sigma_\theta = -\tau_{xy}\left(1 + \dfrac{3R^4}{r^4}\right)\sin 2\theta \\[3mm] \sigma_{r\theta} = \tau_{xy}\left(1 - \dfrac{3R^4}{r^4} + \dfrac{2R^2}{r^2}\right)\cos 2\theta \end{cases} \tag{3.5}$$

（2）地应力分量 τ_{xz} 作用在水力压裂钻孔孔壁上的应力分布为

$$\begin{cases} \sigma_{rz} = \tau_{xz}\left(1 - \dfrac{R^2}{r^2}\right)\cos\theta \\[3mm] \sigma_{\theta z} = -\tau_{xz}\left(1 + \dfrac{R^2}{r^2}\right)\sin\theta \end{cases} \tag{3.6}$$

（3）地应力分量 τ_{yz} 作用在水力压裂钻孔孔壁上的应力分布为

$$\begin{cases} \sigma_{rz} = \tau_{yz}\left(1 - \dfrac{R^2}{r^2}\right)\sin\theta \\[3mm] \sigma_{\theta z} = \tau_{yz}\left(1 + \dfrac{R^2}{r^2}\right)\cos\theta \end{cases} \tag{3.7}$$

通过将式（3.5）～式（3.7）进行线性叠加，可以获得钻孔孔壁周围应力状态：

$$\begin{cases} \sigma_r = \dfrac{R^2}{r^2}p + \dfrac{\sigma_x + \sigma_y}{2}\left(1 - \dfrac{R^2}{r^2}\right) + \left(1 + \dfrac{3R^4}{r^4} - \dfrac{4R^2}{r^2}\right)\dfrac{\sigma_x - \sigma_y}{2}\cos 2\theta + \tau_{xy}\left(1 + \dfrac{3R^4}{r^4} - \dfrac{4R^2}{r^2}\right)\sin 2\theta \\[3mm] \sigma_\theta = \dfrac{\sigma_x + \sigma_y}{2}\left(1 + \dfrac{R^2}{r^2}\right) - \dfrac{R^2}{r^2}p - \dfrac{\sigma_x - \sigma_y}{2}\left(1 + \dfrac{3R^4}{r^4}\right)\cos 2\theta - \tau_{xy}\left(1 + \dfrac{3R^4}{r^4}\right)\sin 2\theta \\[3mm] \sigma_{zz} = \sigma_z - \nu\left[2(\sigma_x + \sigma_y)\dfrac{R^2}{r^2}\cos 2\theta + 4\tau_{xy}\dfrac{R^2}{r^2}\sin 2\theta\right] \\[3mm] \tau_{r\theta} = \dfrac{\sigma_y - \sigma_x}{2}\left(1 - \dfrac{3R^4}{r^4} + \dfrac{2R^2}{r^2}\right)\sin 2\theta + \tau_{xy}\left(1 - \dfrac{3R^4}{r^4} + \dfrac{2R^2}{r^2}\right)\cos 2\theta \\[3mm] \tau_{\theta z} = \tau_{yz}\left(1 + \dfrac{R^2}{r^2}\right)\cos\theta - \tau_{xz}\left(1 + \dfrac{R^2}{r^2}\right)\sin\theta \\[3mm] \tau_{zr} = \tau_{xz}\left(1 - \dfrac{R^2}{r^2}\right)\cos\theta + \tau_{yz}\left(1 - \dfrac{R^2}{r^2}\right)\sin\theta \end{cases}$$

$$\tag{3.8}$$

式中，σ_r、σ_θ、σ_{zz}、$\tau_{r\theta}$、$\tau_{\theta z}$、τ_{zr} 分别为距离钻孔截面圆心距离为 R 并与 σ_y 方向成 θ 角处的

径向、切向、轴向正应力和剪应力分量，MPa；ν 为泊松比。

当 $R = r$ 时，即可得到水力压裂钻孔孔壁应力状态：

$$\begin{cases} \sigma_r = p \\ \sigma_\theta = (\sigma_x + \sigma_y) - 2(\sigma_x - \sigma_y)\cos 2\theta - 4\tau_{xy}\sin 2\theta - p \\ \sigma_{zz} = \sigma_z - \nu[2(\sigma_x + \sigma_y)\cos 2\theta + 4\tau_{xy}\sin 2\theta] \\ \tau_{\theta z} = 2\tau_{yz}\cos\theta - 2\tau_{xz}\sin\theta \\ \tau_{r\theta} = \tau_{zr} = 0 \end{cases} \tag{3.9}$$

3.2　煤层水力压裂起裂模型

3.2.1　煤层水力压裂起裂计算模型

为简化分析，假设压裂过程可以视为在弹性体中完成，即计算过程中只考虑煤层单独在高压水压力和地应力作用下的应力状态（图 3.4，图中 γ 为偏转角）。

由式（3.9）可以得到钻孔孔壁上的三个主应力：

$$\begin{cases} \sigma_1 = \sigma_r \\ \sigma_2 = \dfrac{1}{2}\left[\sigma_\theta + \sigma_{zz} + \sqrt{(\sigma_\theta - \sigma_{zz})^2 + 4\tau_{\theta z}{}^2}\right] \\ \sigma_3 = \dfrac{1}{2}\left[\sigma_\theta + \sigma_{zz} - \sqrt{(\sigma_\theta - \sigma_{zz})^2 + 4\tau_{\theta z}{}^2}\right] \end{cases} \tag{3.10}$$

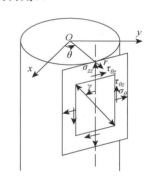

图 3.4　压裂钻孔壁面应力状态

由式（3.10）可以看出，钻孔初始起裂应处于 θ-z 平面内，假设钻孔孔壁发生拉伸破坏[5]，根据最大拉应力理论，孔壁最大拉应力达到煤岩体抗拉强度时，孔壁开始产生裂缝。由式（3.10）可得最大拉应力为

$$\sigma_{\max} = \sigma_3 = \dfrac{1}{2}\left[\sigma_\theta + \sigma_{zz} - \sqrt{(\sigma_\theta - \sigma_{zz})^2 + 4\tau_{\theta z}{}^2}\right] \tag{3.11}$$

在压裂过程中，钻孔孔壁破裂条件为

$$\sigma_{\max} = \sigma_t \tag{3.12}$$

式中，σ_t 为煤的抗拉强度，MPa。

裂缝起裂方向 θ 可由下式获得

$$\begin{cases} \dfrac{\partial \sigma_{\max}}{\partial \theta} = 0 \\ \dfrac{\partial^2 \sigma_{\max}}{\partial \theta^2} = 0 \end{cases} \tag{3.13}$$

Hossain 等[6]研究表明：地层孔隙压力 p_0 增大会减小钻孔起裂压力，煤岩体抗拉强度 σ_t 增大则会增大钻孔起裂压力。那么，假设二者对起裂压力的影响相互抵消，从而获得钻孔起裂条件为

$$p_w = (\sigma_x + \sigma_y) - 2(\sigma_x - \sigma_y)\cos 2\theta - 4\tau_{xy}\sin 2\theta - \frac{(2\tau_{yz}\cos\theta - 2\tau_{xz}\sin\theta)^2}{\sigma_z - \nu\left[2(\sigma_x + \sigma_y)\cos 2\theta + 4\tau_{xy}\sin 2\theta\right]}$$

$$(3.14)$$

Bradley[7]、Aadnoy 等[8]、Tan 等[9]认为在分析水力压裂起裂参数时，可以假设煤岩体的孔隙压力 p_0、抗拉强度 σ_t 为 0。联立式（3.4）、式（3.9）和式（3.14）可得

$$\begin{aligned}
p_w = &(\cos^2\alpha\cos^2\beta + \sin^2\beta)\sigma_H + (\cos^2\alpha\sin^2\beta + \cos^2\beta)\sigma_h \\
&+ \sigma_v\sin^2\alpha - 2(\sigma_h - \sigma_H)\cos\alpha\sin 2\beta\sin 2\theta \\
&- 2[(\cos^2\alpha\cos^2\beta - \sin^2\beta)\sigma_H + (\cos^2\alpha\sin^2\beta - \cos^2\beta)\sigma_h + \sigma_v\sin^2\alpha]\cos 2\theta \\
&- \frac{[(\sigma_h - \sigma_H)\sin\alpha\sin 2\beta\cos\theta - (\sigma_H\cos^2\beta + \sigma_h\sin^2\beta - \sigma_v)\sin 2\alpha\sin\theta]^2}{(\sigma_H\cos^2\beta + \sigma_h\sin^2\beta)\sin^2\alpha + \sigma_v\cos^2\alpha}
\end{aligned}$$

$$(3.15)$$

由式（3.15）可以看出，薄及中厚软煤层水力压裂起裂压力 p_w 与起裂方向 θ 受煤层倾角 α、煤层倾向 β 以及地应力共同影响。

3.2.2　煤层水力压裂起裂规律研究

1. 地应力对裂缝起裂的影响规律

（1）地应力对煤层起裂的影响规律。我国煤矿大多埋深为 1000m 以内，以上覆岩层以泥岩、泥灰岩为主，平均容重为 25kN/m³ 的煤层为例。式（3.15）中的起裂压力与起裂方向受煤层倾角与煤层倾向以及地应力共同影响，起裂压力与起裂方向也存在相互影响的关系。分析过程中，分别令 α、β 为 0°、30°、45°、60° 和 90°，并采用 MATLAB 软件进行计算，以获得起裂压力、起裂方向与埋深之间的相互关系，如图 3.5 所示。

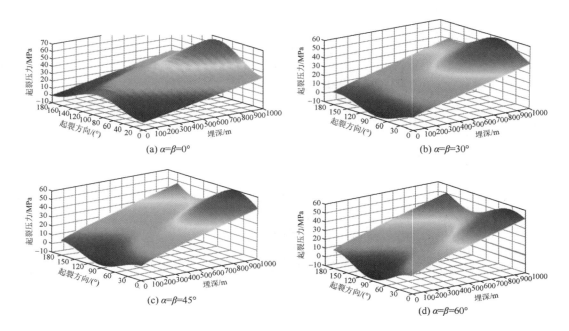

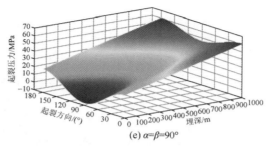

(e) $\alpha=\beta=90°$

图 3.5　起裂压力、起裂方向与埋深的关系

图 3.6 中，煤层起裂压力随煤层埋深增大而增大，起裂压力小于 0MPa 表示钻孔在只受地应力作用时将发生垮孔。图 3.7 中，煤层沿以钻孔截面为极坐标系的第二象限和第四象限起裂，并随埋深增大而向煤层倾向偏转；当 α、β 为 0°和 90°时，裂缝分别沿煤层倾向和煤层走向起裂，且不随埋深变化。

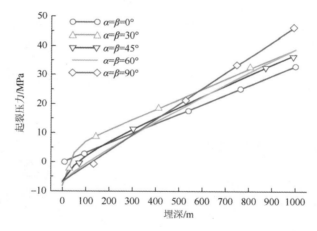

图 3.6　起裂压力随煤层埋深的变化规律

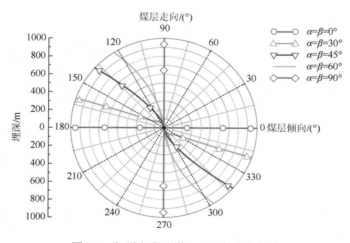

图 3.7　起裂方向随煤层埋深的变化规律

（2）水平地应力差对煤层起裂的影响规律。

①当 $\sigma = \beta = 0°$ 时，式（3.15）可以化简为

$$p = \sigma_H + \sigma_h - 2(\sigma_H - \sigma_h)\cos 2\theta \qquad (3.16)$$

式（3.16）中，由于 $\sigma_H \geqslant \sigma_h$，那么当 $\theta = 0°$ 或 $\theta = 180°$ 时，p 可以取得最小值：

$$p_{\min} = 3\left(\frac{\sigma_h}{\sigma_H} - 1\right)\sigma_H \qquad (3.17)$$

因此，式（3.17）中，煤层起裂压力随水平应力比 $\dfrac{\sigma_h}{\sigma_H}$ 增大而增大，起裂方向始终沿煤层走向起裂，不随水平应力比发生变化。

②当 $\sigma = \beta = 90°$ 时，式（2.15）可以化简为

$$p = \sigma_H + \sigma_v - 2(\sigma_v - \sigma_H)\cos 2\theta \qquad (3.18)$$

式（3.16）中，当 $\sigma_H \geqslant \sigma_v$ 时，$\theta = 90°$ 或 $\theta = 270°$，p 可以取得最小值：

$$p_{\min} = 3\sigma_v - \sigma_H \qquad (3.19)$$

当 $\sigma_H < \sigma_v$ 时，$\theta = 0°$ 或 $\theta = 180°$，p 可以取得最小值：

$$p_{\min} = 3\sigma_H - \sigma_v \qquad (3.20)$$

式（3.19）、式（3.20）中，煤层起裂压力不随水平应力比 $\dfrac{\sigma_h}{\sigma_H}$ 发生变化；当垂直应力小于最大水平地应力时，裂缝沿煤层倾向起裂；当垂直地应力大于最大水平主应力时，裂缝沿煤层走向起裂，如图 3.8 所示，且不随水平应力比发生变化。

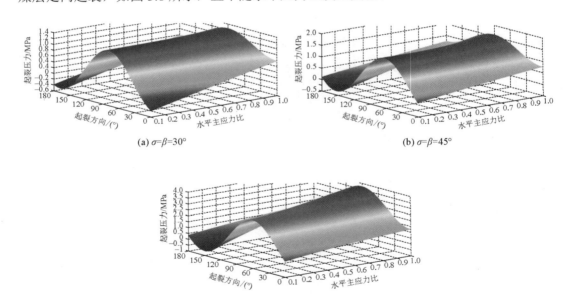

图 3.8　起裂压力、起裂方向与水平主应力比的关系

（3）当 σ、β 不同时为 0° 或 90° 时。图 3.9 中，煤层起裂压力随水平主应力比增大而增大，即水平主应力差越小，起裂压力越大；当 $\sigma = \beta = 90°$ 时，不随水平主应力差发生

变化。图 3.10 中，当 $\alpha = \beta = 90°$ 时，裂缝沿煤层走向起裂，且不随水平主应力差变化；当 $\alpha = \beta = 45°$ 时，煤层沿以钻孔截面为极坐标系的第二象限和第四象限起裂，并随水平主应力差减小，由煤层倾向向走向偏转；当 $\alpha = \beta = 0°$ 时，裂缝沿煤层倾向起裂，且不随水平主应力差变化。

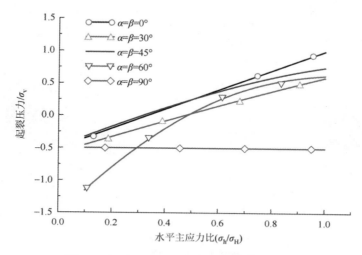

图 3.9　起裂压力随水平主应力比的变化规律

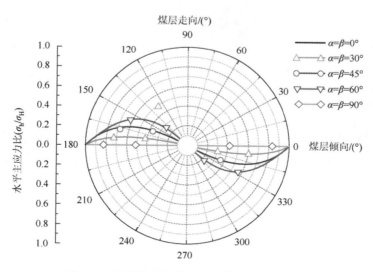

图 3.10　起裂方向随水平主应力比的变化规律

2. 煤层倾角对裂缝起裂的影响规律

以平均埋深为 500m 的煤层为例，根据式（3.1）可以得到煤层地应力状态（即 $\sigma_v = 12.5\text{MPa}$、$\sigma_H = 17.58\text{MPa}$、$\sigma_h = 11.33\text{MPa}$）。因此，当 β 分别为 0°、30°、45°、60° 和 90° 时，对于不同倾角煤层起裂压力、起裂方向有如下规律（图 3.11）。

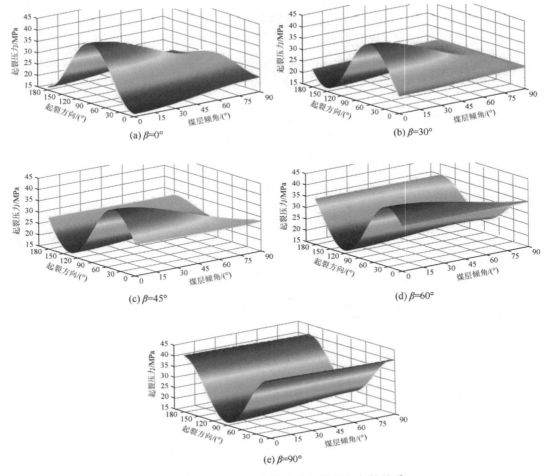

图 3.11　起裂压力、起裂方向与煤层倾角的关系

图 3.12 中煤层起裂压力随煤层倾角增大而增大。图 3.13 中，裂缝起裂方向位于极坐标系中的第二象限和第四象限，随倾角增大而逐渐向煤层走向偏转，且偏转速度随倾角增

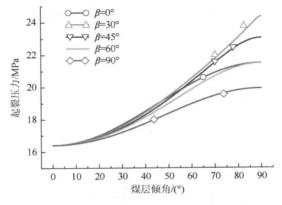

图 3.12　起裂压力随煤层倾角的变化规律

大而加快；而当 $\beta=0°$，即最大主应力方向沿煤层走向时，裂缝沿煤层倾向起裂，且不随倾角变化；当 $\beta=90°$，即最大主应力方向沿煤层倾向时，裂缝沿煤层走向起裂，且不随煤层倾角变化。

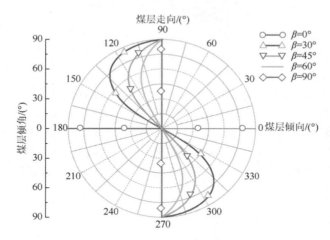

图 3.13　裂缝起裂方向随煤层倾角的变化规律

3. 煤层倾向裂缝起裂的影响规律

以平均埋深为 500m 的煤层为例，当 α 分别为 0°、30°、45°、60° 和 90° 时，对于不同最大主应力方位角与起裂压力、起裂方向有如下规律（图 3.14）。

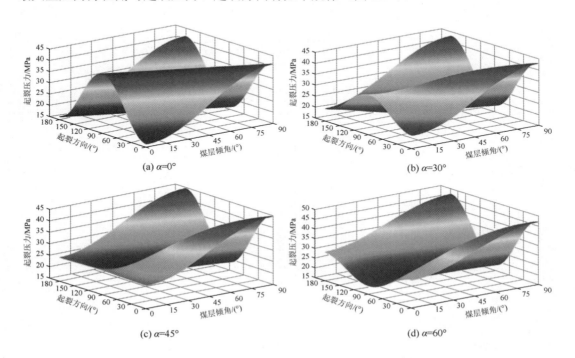

(a) $\alpha=0°$　　(b) $\alpha=30°$

(c) $\alpha=45°$　　(d) $\alpha=60°$

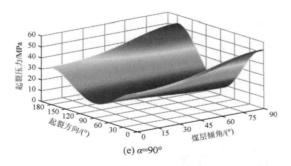

图 3.14　起裂压力、起裂方向与煤层倾向的关系

图 3.15 中，煤层起裂压力随方位角增大呈减小趋势；而当 $\alpha = 0°$ 时，煤层起裂压力不随方位角增大而变化。图 3.16 中，裂缝起裂方向位于极坐标系中的第二象限和第四象限，并且随方位角增大向煤层走向偏转，且偏转速度随方位角增大而减小；当 $\alpha = 90°$ 时，裂缝起裂方向始终沿煤层走向起裂。

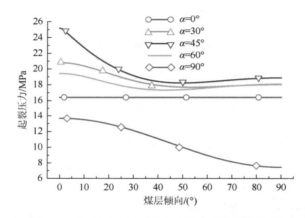

图 3.15　起裂压力与最大主应力方位的变化规律

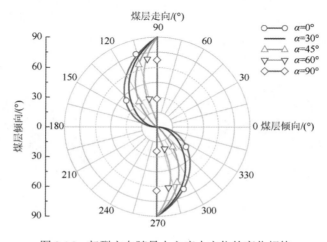

图 3.16　起裂方向随最大主应力方位的变化规律

3.3　煤层水力压裂裂缝起裂扩展相似模拟实验

为验证不同产状薄及中厚软煤层水力压裂起裂与扩展规律,采用真三轴水力压裂实验装置对不同产状的相似模型试件进行水力压裂实验,通过监测水力压裂过程中注水压力及声发射试件变化情况,验证薄及中厚软煤层水力压裂起裂准则及扩展规律。

3.3.1　实验方案设计

1. 相似材料配比

相似模拟实验一般应满足两个条件:①实验中的几何、边界条件与现场相似;②实验与现场的对应物理量相似。本书实验所采用的相似准则如下。

（1）几何相似:

$$\alpha_L = L_H / L_M \tag{3.21}$$

式中,α_L 为几何相似常数;L_H 为煤层厚度;L_M 为模拟煤层厚度。对于岩土工程相似模拟实验,几何相似常数 α_L 一般取 10~50。

（2）容重相似:

$$\alpha_\gamma = \gamma_H / \gamma_M \tag{3.22}$$

式中,α_γ 为容重相似常数;γ_H 为煤层实际容重;γ_M 为模型材料容重。

（3）应力相似:

$$\alpha_\sigma = \frac{\sigma_H}{\sigma_M} = \frac{\gamma_H L_H}{\gamma_M L_M} = \alpha_L \alpha_\gamma \tag{3.23}$$

式中,α_σ 为应力相似常数[10]。实验煤岩层模拟对象为重庆松藻矿区同华煤矿 K_3 煤层,K_3 煤层厚度为 2.06~3.69m,平均厚度为 2.89m,煤体抗压强度约为 4MPa[11],是典型的薄及中厚软煤层。试样加载应力根据 3.1 节中地应力计算方法计算,计算结果如表 3.2 所示。

表 3.2　加载应力条件　　　　　　　　（单位:MPa）

	最大水平应力	垂直应力	最小水平应力
计算地应力值	17.6	12.5	11.3
加载应力值	0.84	0.59	0.54

依据《建筑砂浆基本性能试验方法标准》(JGJ/T70—2009),将 6 组煤粉、水泥及石膏按不同配比切割成 7.07mm×7.07mm×7.07mm 标准试件,如图 3.17 所示。标准试件在保养后 7d 后,将试件端面磨平,采用 AG-I 电子精密材料试验机进行强度测试(250kN),如图 3.18 所示。对比现场所测煤岩层抗压强度,最终选取岩层材料按水泥:河砂 = 1:6.38,煤层按煤粉:水泥:石膏 = 3:1:1 制成(质量比),其基本力学参数测试结果如表 3.3 所示。

图 3.17　相似材料配比试件（质量比）

图 3.18　AG-I 电子精密材料试验机

表 3.3　模拟材料基本力学参数

名称	材料配比（质量比）	抗压强度/MPa	抗拉强度/MPa	容重/(g/cm^3)
岩层	水泥：河砂 = 1：6.38	6.81	0.47	2.13
煤层	煤：水泥：石膏 = 3：1：1	3.62	0.25	1.92

2. 试件制备

根据岩石力学实验模拟技术，试件煤层确定为 100mm，即几何相似比为 30：1。煤层倾角和方位角浇注通过改变模具的倾角和方位实现，模具尺寸为 300mm×300mm×300mm。浇注过程中，预先调整模具 4 个支点的高度来控制煤岩层的角度，然后将相似材料搅拌均匀后，按照底板岩层—煤层—顶板岩层的顺序加入模具内，浇注完成后将模具水平放置，用相似材料补齐因模具倾斜而未浇注的区域，24h 后脱模养护。压裂管在试件浇注过程中预制于试件中央，压裂管下端预置深 100mm、直径为 3mm 的孔洞模拟压裂钻孔，试样一次浇筑成型。由于浇筑模具的限制性，制作煤层倾向与最大主应力夹角为 0°时，煤层倾角分别为 0°、10°、20°、30°、40°的试件；煤层倾角为 20°时，倾向与最大主应力间夹角分别为 0°、30°、45°、60°、90°的试件，试样如图 3.19 所示。

图 3.19　不同煤层产状试样

3. 裂缝起裂扩展规律监测

一般水力压裂相似模拟实验对裂缝起裂扩展监测主要采用声发射法、示踪剂法、工业 CT 扫描等方法。由于本节水力压裂相似模拟实验中采用金属压裂管，工业 CT 扫描难以获得准确的裂纹分布形态。因此，本书实验主要采用声发射法监测裂缝扩展及分布规律，并采用示踪剂对声发射监测结果进行验证。

声发射（acoustic emission）是指材料在形变或受外力作用下，其内部变形或裂纹扩展过程中，由应变能的瞬态释放而产生瞬态应力波的一种非常普遍的物理现象，几乎所有的岩石材料在塑性变形和断裂时都会产生声发射[12]。声发射定位是通过收集声发射探头采集的撞击而形成定位事件的处理过程，并分析一个事件中撞击数的到达时间以产生一个源定位。实验过程中将多通道声发射检测系统八通道传感器分别布置在煤层倾向两侧，监测裂缝形态演化规律，每侧布置 4 个传感器，每个传感器距离试样边缘均为 5cm，传感器粘贴位置如图 3.20 所示。

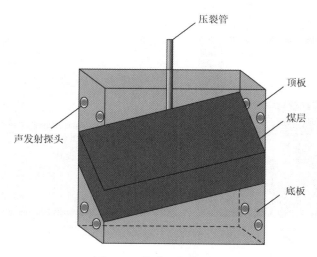

图 3.20　传感器布置方式

3.3.2　试验系统

真三轴水力压裂相似模拟试验系统主要包括泵源系统、压力流量测试系统、应力加载系统、声发射测试系统四个部分。泵源系统采用 31.5MPa、20L/min 规格高压水泵，如图 3.21 所示；声发射测试系统采用美国声学物理公司生产的 PCI-2 型声发射系统、声发射传感器和前置放大器，如图 3.22 所示；压力流量测试系统采用压力传感器（40MPa）、JY-LDE-20 高压电磁流量计（35MPa、50L/min）和 Max TC 计算机组成，实时监测并记录注水时间、压力和流量，如图 3.23 所示；三轴应力加载系统采用自主设计加压装置，系统连接如图 3.24 所示。

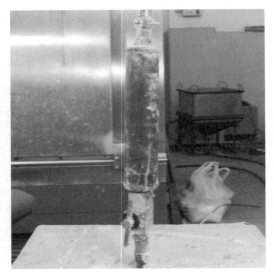

图 3.21　高压水泵和示踪剂添加装置

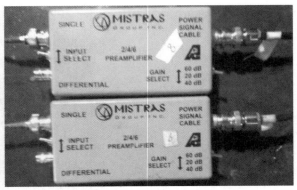

图 3.22　PCI-2 型声发射系统

图 3.23　压力流量测试系统

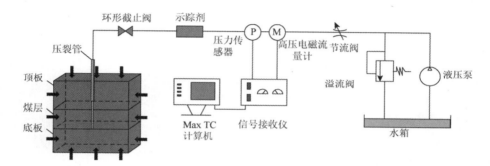

图 3.24　真三轴水力压裂相似模拟试验系统连接图

3.3.3　煤层水力压裂裂缝起裂扩展规律

1. 煤层水力压裂过程分析

在相同应力条件下，不同煤层倾角条件的注水压力随时间变化关系如图 3.25 所示；不同煤层倾向条件的注水压力随时间变化如图 3.26 所示。

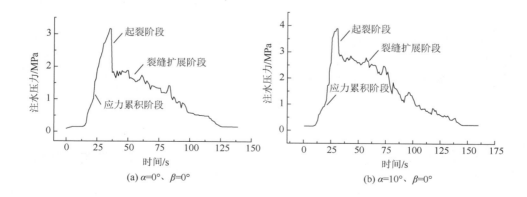

(a) $\alpha=0°$、$\beta=0°$　　　　　　　　(b) $\alpha=10°$、$\beta=0°$

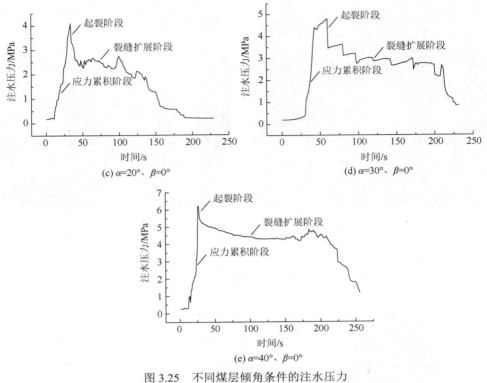

图 3.25　不同煤层倾角条件的注水压力

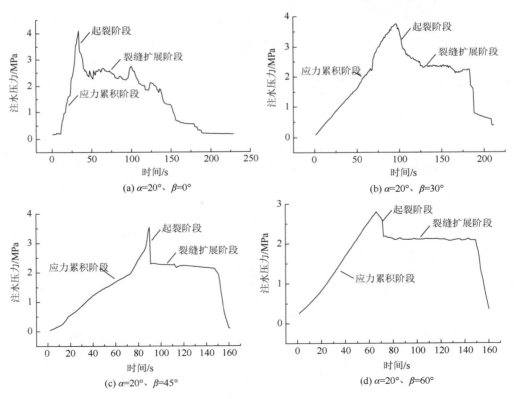

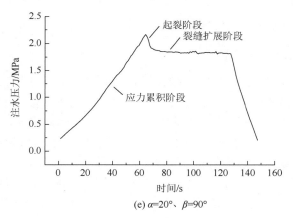

(e) $\alpha=20°$、$\beta=90°$

图 3.26　不同煤层倾向条件的注水压力

从图 3.25 和图 3.26 可以看出，根据注水压裂变化趋势，煤层水力压裂大致可划分为 3 个阶段。

（1）应力累积阶段：水力压裂开始后，高压水注入预制煤层钻孔中，当预制钻孔内充满水后，注水压力迅速升高，从而引起应力积累。

（2）起裂阶段：当预制孔内的高压水压力累积到临界值，注水压力达到峰值，注水压力在孔壁周围形成的周向拉应力大于煤层的抗拉强度，煤体张开并形成初始裂缝，此时注水压力急剧下降。

（3）裂缝扩展阶段：随着煤体起裂，高压水大量注入，再次充满煤层形成的裂缝，裂缝内的水压逐渐升高，煤层裂缝在高压水的作用下逐渐扩展，直至贯通试件。

2. 起裂压力变化规律

煤层水力压裂起裂压力随倾角变化规律如图 3.27（a）所示。煤层水力压裂起裂压力随煤层倾向变化规律如图 3.27（b）所示。

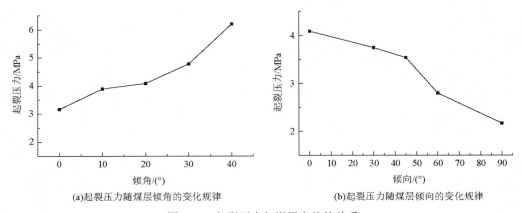

(a)起裂压力随煤层倾角的变化规律　　　　　(b)起裂压力随煤层倾向的变化规律

图 3.27　起裂压力与煤层产状的关系

从图 3.27 可以看出，在相同应力状态下，起裂压力随着煤层倾角的增大而增大，随煤层倾向与最大主应力方位夹角逐渐增大而减小，验证了水力压裂起裂压力与煤层倾角、倾向与最大主应力方位夹角之间的关系。

3. 煤层水力压裂裂缝扩展规律

煤岩体在其微观破裂过程中产生声发射信号的强弱和频率等参数可以反映岩石的变形破坏过程[13-15]。煤岩体在水力压裂作用下会引起应力重新分布，导致煤岩体内部出现裂隙或是原有裂隙的扩展，当积累的变形能释放时，应力波向外传播产生声发射信号，其强弱与煤岩体特性和应力分布有关[16]。因此，通过分析煤层水力压裂过程中声发射信号空间分布形态，可研究水力压裂裂缝扩展形态。

根据声发射事件发生的顺序，可以判断裂缝在试样内部的起裂位置及空间扩展形态。声发射事件组表征裂缝扩展时空演化顺序如图 3.28、图 3.29 所示。

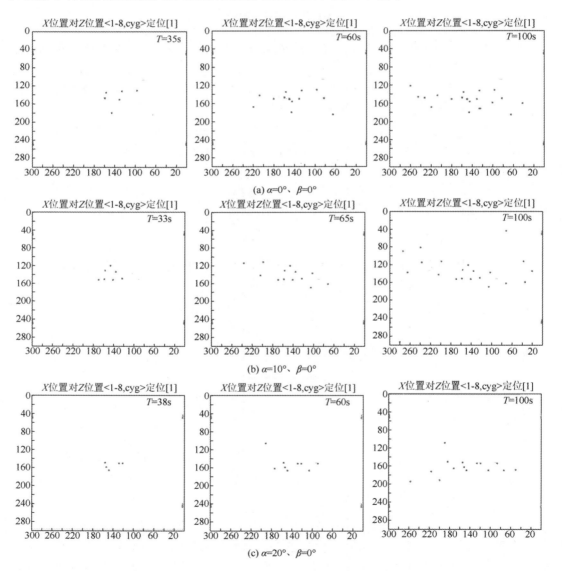

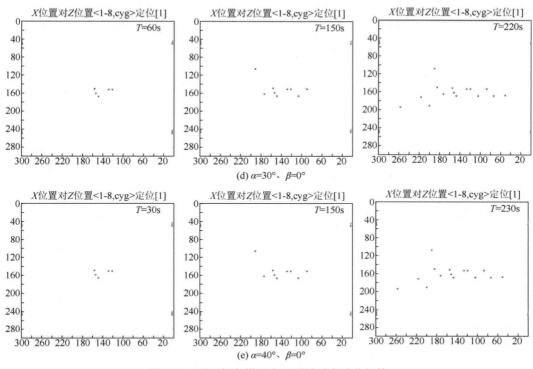

(d) $\alpha=30°$、$\beta=0°$

(e) $\alpha=40°$、$\beta=0°$

图 3.28　不同倾角煤层水压裂缝时空演化规律

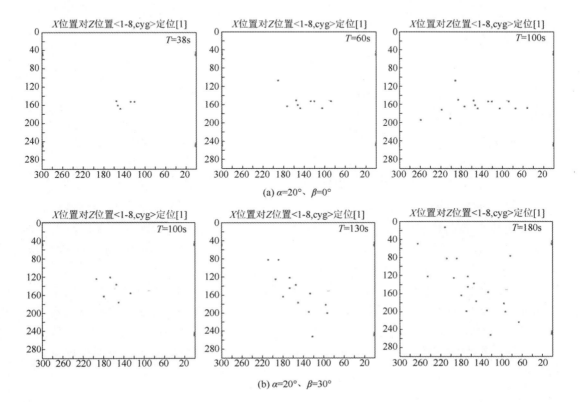

(a) $\alpha=20°$、$\beta=0°$

(b) $\alpha=20°$、$\beta=30°$

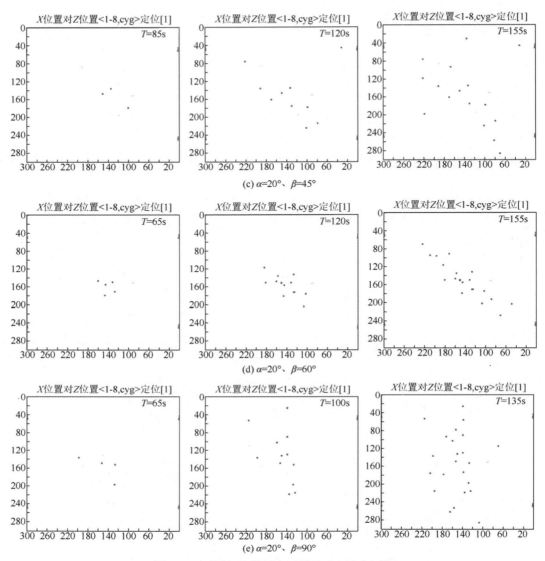

图 3.29　不同倾向煤层水压裂缝时空演化规律

　　由图 3.28 可以看出，煤层倾向与最大主应力夹角为 0°时，煤层水力压裂裂缝扩展方向主要沿煤层倾向扩展，与最大主应力方向一致，且不随煤层倾角发生变化；而由图 3.29 可以看出，当煤层倾角一定时（$\alpha = 20°$），煤层倾向与最大主应力夹角由 0°增加到 90°时，水压裂缝由倾向逐渐向走向偏转。

　　为验证声发射事件空间表示的准确性，分别将煤层倾角为 20°、倾向与最大主应力夹角为 0°，煤层倾角为 20°、倾向与最大主应力方位夹角为 30°的试件沿裂缝面剖开，利用示踪剂对声发射结果进行验证，如图 3.30 所示。图中，试件内部示踪剂分布范围与声发射事件组空间表征基本一致，说明试样声发射事件组群可以有效反映压裂位置和裂缝形态。

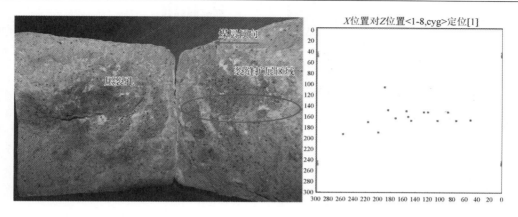

(a) α=20°、β=0°

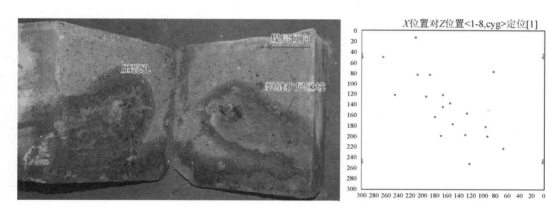

(b) α=20°、β=30°

图 3.30　水压裂缝起裂扩展方向

3.4　煤层水力压裂顶板损伤机理研究

3.4.1　煤层水力压裂顶板变形力学模型

1. 煤层水力压裂顶板受力分析

由于煤体松软，松软煤层水力压裂过程中形成的水压裂缝，在压裂完成后，更容易产生裂缝闭合现象。而对于薄及中厚软煤层，高压水压力将通过压缩煤层后作用于顶板岩层，促使顶板变形破坏，达到对煤体卸压的目的。因此，可以将煤层和顶板假设为在无限大地层中四边固定的简支梁模型，如图 3.31 所示。模型是由不同厚度和弹性模量的煤层和顶板组成的煤岩复合体，周围主要受水平地应力、垂直地应力和高压水压力作用。

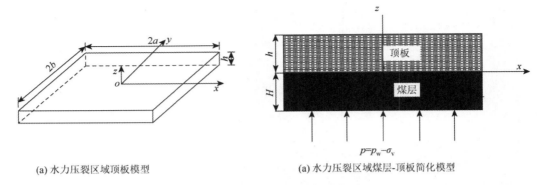

(a) 水力压裂区域顶板模型　　　　　　　　(a) 水力压裂区域煤层-顶板简化模型

图 3.31　煤岩复合体简化模型

由于水平地应力差的作用，假设水力压裂影响范围是一个 $2a \times 2b$ 的矩形区域，长边为水压裂缝扩展方向。图 3.31 中，煤岩层长度均为 $2a$，宽度均为 $2b$，厚度分别为 H、h。

2. 压裂区域顶板损伤力学模型

西原体力学模型作为一种典型的黏弹塑性体，能够反映岩石流变过程中的蠕变变形（图 3.32）。在水力压裂过程中，将压裂区域煤岩复合体简化为满足西原体力学模型的黏弹塑性体需要做如下基本假设[17]。

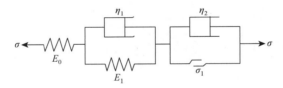

图 3.32　西原体力学模型

①应力较小时，松软煤体表现为黏弹性变形；应力较大时，松软煤体表现为塑性变形。西原体力学模型在应力达到临界值之前主要体现黏弹性变形，超过应力临界值之后产生塑性变形。因此，西原体力学模型能够反映松软煤体变形的特征。

②目前，薄及中厚软煤层水力压裂影响范围大多为 60～120m，远远大于顶板关键层厚度的 3 倍以上，因此压裂影响范围内顶板可以假设为弹性薄板。

③在水力压裂过程中，压裂区域内顶板为小变形，并且整个过程顶板和煤层始终紧密接触，因此可将煤体变形值近似认为与顶板挠度平均值相等。

西原体模型的本构方程如下。

（1）当 $\sigma < \sigma_s$ 时：

$$\sigma + a_1 \dot{\sigma} = a_2 \varepsilon + a_3 \dot{\varepsilon} \tag{3.24}$$

式中，σ 为煤体内的应力；σ_s 为塑性体的极限摩擦阻力，即煤体的极限摩擦阻力；ε 为水力压裂过程中煤层的应变；$\dot{\sigma}$、$\dot{\varepsilon}$ 分别为应力、应变对时间 t 的一阶导数。

$$\begin{cases} a_1 = \dfrac{\eta_1}{E_0 + E_1} \\[2mm] a_2 = \dfrac{E_0 E_1}{E_0 + E_1} \\[2mm] a_3 = \dfrac{E_0 \eta_1}{E_0 + E_1} \end{cases} \tag{3.25}$$

式中，E_0 为松软煤体的弹性模量；E_1 为松软煤体的黏弹性模量；η_1 为黏性系数。

（2）当 $\sigma \geqslant \sigma_s$ 时：

$$(\sigma - \sigma_s) + b_1\dot{\sigma} + b_2\ddot{\sigma} = b_3\dot{\varepsilon} + b_4\ddot{\varepsilon} \tag{3.26}$$

式中，$\ddot{\sigma}$、$\ddot{\varepsilon}$ 分别为应力、应变对时间 t 的二阶导数。

$$\begin{cases} b_1 = \dfrac{\eta_2}{E_0} + \dfrac{\eta_1}{E_1} + \dfrac{\eta_2}{E_1} \\[2mm] b_2 = \dfrac{\eta_1 \eta_2}{E_0 E_1} \\[2mm] b_3 = \eta_3 \\[2mm] b_4 = \dfrac{\eta_1 \eta_2}{E_0} \end{cases} \tag{3.27}$$

式中，η_2 为黏性系数。

令 $\alpha = 1 - \dfrac{\sigma_s}{\sigma}$，代入式（3.26）可得

$$\alpha\sigma + b_1\dot{\sigma} + b_2\ddot{\sigma} = b_3\dot{\varepsilon} + b_4\ddot{\varepsilon} \tag{3.28}$$

基于弹性板理论，水力压裂区域顶板变形的控制方程为

$$D\nabla^4 w + \sigma = p \tag{3.29}$$

式中，D 为水力压裂区域顶板的抗弯刚度；w 为水力压裂区域顶板的挠度平均值；∇ 为拉普拉斯算子；p 为均匀分布在压裂区域煤层上的压力，即水力压裂高压水压力与地应力作用于顶板岩层面上的正应力的合力。

$$D = \dfrac{Eh^3}{12(1-\nu^2)} \tag{3.30}$$

式中，E 为水力压裂区域顶板的弹性模量；ν 为水力压裂区域顶板的泊松比。由基本假设③可知，对于松软煤层，可认为其煤体变形量为顶板挠度的平均值，则可得煤层变形量和应变关系为

$$w = \dfrac{\varepsilon}{H} \tag{3.31}$$

式中，ε 为水力压裂过程中煤层应变值。式（3.29）对时间 t 求一阶导数，可得

$$D\nabla^4 \dot{w} + \dot{\sigma} = \dot{p} \tag{3.32}$$

式中，$\dot{w}$、$\dot{\sigma}$、$\dot{p}$ 分别为 w 和 p 对时间 t 的一阶导数。p 为顶板岩层面上高压水压力与

地应力的正应力的合力，假设在水力压裂过程中，注水压力保持均衡不变，那么 p 属于常数，即

$$\dot{p} = 0 \tag{3.33}$$

将式（3.33）代入式（3.32）可得

$$D\nabla^4 \dot{w} + \dot{\sigma} = 0 \tag{3.34}$$

将式（3.31）和式（3.34）代入式（3.24），可得

$$D\nabla^4(w + a_1\dot{w}) + \frac{a_2 w + a_3 \dot{w}}{H} = p \tag{3.35}$$

将式（3.31）和式（3.34）代入式（3.26），可得

$$D\nabla^4(\alpha w + b_1\dot{w} + b_2\ddot{w}) + \frac{b_3\dot{w} + b_4\ddot{w}}{H} = \alpha p \tag{3.36}$$

式（3.35）和式（3.36）就是考虑松软煤体黏弹塑性流变变形建立的水力压裂松软煤层-顶板变形的微分方程。

假设水力压裂区域顶板的挠度解析解为

$$w(x, y, t) = w_0(t) f(x, y) \tag{3.37}$$

式中，$w_0(t)$ 为水力压裂区域顶板的最大位移，即压裂钻孔周围顶板位移量。

采用伽辽金法对式（3.35）和式（3.36）进行求解[18]，可得以下结论：

（1）当 $\sigma < \sigma_s$ 时，即水力压裂区域顶板未发生破坏时：

$$a_1 D\dot{w}_0 \int_{-a}^{a}\int_{-b}^{b} \nabla^4 f \cdot f \mathrm{d}x\mathrm{d}y + \frac{a_3\dot{w}_0}{H} \int_{-a}^{a}\int_{-b}^{b} f^2 \mathrm{d}x\mathrm{d}y + Dw_0 \int_{-a}^{a}\int_{-b}^{b} \nabla^4 f \cdot f \mathrm{d}x\mathrm{d}y$$

$$+ \frac{a_2 w_0}{H} \int_{-a}^{a}\int_{-b}^{b} f^2 \mathrm{d}x\mathrm{d}y - p \int_{-a}^{a}\int_{-b}^{b} f \mathrm{d}x\mathrm{d}y = 0 \tag{3.38}$$

令

$$\begin{cases} m_1 = \displaystyle\int_{-a}^{a}\int_{-b}^{b} \nabla^4 f \cdot f \mathrm{d}x\mathrm{d}y \\[2mm] m_2 = \displaystyle\int_{-a}^{a}\int_{-b}^{b} f^2 \mathrm{d}x\mathrm{d}y \\[2mm] m_3 = \displaystyle\int_{-a}^{a}\int_{-b}^{b} f \mathrm{d}x\mathrm{d}y \end{cases} \tag{3.39}$$

则式（3.38）可以简化为

$$a_1 D\dot{w}_0 m_1 + \frac{a_3\dot{w}_0}{H} m_2 + Dw_0 m_1 + \frac{a_2 w_0}{H} m_2 - pm_3 = 0 \tag{3.40}$$

由式（3.40）可以解得

$$w_0 = \frac{pm_3}{m_1 D + \dfrac{a_2 m_2}{H}} + C \exp\left(-\frac{Dm_1 + \dfrac{a_3 m_2}{H}}{a_1 m_1 D + \dfrac{a_3 m_2}{H}}\right) \tag{3.41}$$

式中，C 为积分常数。

（2）当 $\sigma \geqslant \sigma_s$ 时，水力压裂区域顶板发生破坏时

$$\left(b_1 D \int\limits_{-a}^{a} \int\limits_{-b}^{b} \nabla^4 f \cdot f \mathrm{d}x \mathrm{d}y + \frac{b_4}{H} \int\limits_{-a}^{a} \int\limits_{-b}^{b} f^2 \mathrm{d}x \mathrm{d}y\right)\ddot{w}$$
$$+\left(b_1 D \int\limits_{-a}^{a} \int\limits_{-b}^{b} \nabla^4 f \cdot f \mathrm{d}x \mathrm{d}y + \frac{b_3}{H} \int\limits_{-a}^{a} \int\limits_{-b}^{b} f^2 \mathrm{d}x \mathrm{d}y\right)\dot{w}_0 \tag{3.42}$$
$$+\alpha D w_0 \int\limits_{-a}^{a} \int\limits_{-b}^{b} \nabla^4 f \cdot f \mathrm{d}x \mathrm{d}y - \alpha p \int\limits_{-a}^{a} \int\limits_{-b}^{b} f \mathrm{d}x \mathrm{d}y = 0$$

将式（3.39）代入式（3.42）可得

$$\left(b_1 D m_1 + \frac{b_4 m_2}{H}\right)\ddot{w} + \left(b_1 D m_1 + \frac{b_3 m_2}{H}\right)\dot{w}_0 + \alpha D w_0 m_1 - \alpha p m_3 = 0 \tag{3.43}$$

式（3.43）为一元二次非齐次线性微分方程，其通解为

$$w_0 = C_1 \exp(X_1 t) + C_2 \exp(X_2 t) + \frac{H \alpha p m_3}{H b_1 D m_1 + b_3 m_2} \tag{3.44}$$

式中，C_1、C_2 分别为积分常数；$X_{1,2} = \dfrac{1}{2}\left[-\dfrac{b_1 D m_1 + \dfrac{b_3 m_2}{H}}{b_2 D m_1 + \dfrac{b_4 m_2}{H}} \pm \sqrt{\left(\dfrac{b_1 D m_1 + \dfrac{b_3 m_2}{H}}{b_2 D m_1 + \dfrac{b_4 m_2}{H}}\right)^2 - \dfrac{4a D m_1}{b_2 D m_1 + \dfrac{b_4 m_2}{H}}}\right]$。

式（3.41）、式（3.44）即为煤层水力压裂区域顶板损伤力学模型。

3. 模型参数确定

（1）在水力压裂区内，当域内顶板未发生破坏时，其边界条件为

$$\begin{cases} \text{当} x = \pm a \text{时}, & w=0, \dfrac{\partial w}{\partial x}=0; \\ \text{当} y = \pm b \text{时}, & w=0, \dfrac{\partial w}{\partial y}=0 \end{cases} \tag{3.45}$$

假设水力压裂区域内顶板挠度的解析解为[19]

$$f(x,y) = \frac{(x^2 - a^2)(y^2 - b^2)^2}{a^4 b^4} \tag{3.46}$$

显然，式（3.45）中的边界条件适用于式（3.46），于是将式（3.46）代入式（3.38）可得

$$
\begin{cases}
m_1 = 20.81\dfrac{a}{b^3} + 20.81\dfrac{b}{a^3} + 11.89\dfrac{1}{ab} \\[2mm]
m_2 = 0.66ab \\[2mm]
m_3 = 1.14pab
\end{cases}
\tag{3.47}
$$

假设煤体在水力压裂过程初始阶段煤层产生的变形为弹性变形,此时松软煤体的弹性系数为 k_2,则此时顶板中心最大位移为[19]

$$
w_0' = \frac{441p}{129\left[2k_2 + 9D\left(\dfrac{7}{a^7} + \dfrac{4}{a^2b^2} + \dfrac{7}{b^4}\right)\right]}
\tag{3.48}
$$

式中, w_0' 为松软煤层初始状态下的变形值。初始阶段水力压裂区域顶板的变形速度可以根据西原体力学模型的蠕变曲线获得。

$$
\begin{cases}
v_0 = \dfrac{\sigma_0}{\eta_1},\ \sigma < \sigma_0 \\[3mm]
v_0 = \dfrac{(\sigma_0 - \sigma_s)(\eta_1 + \eta_2)}{\eta_1\eta_2},\ \sigma \geqslant \sigma_0
\end{cases}
\tag{3.49}
$$

式中, σ_0 为松软煤体中的初始应力, $\sigma_0 = k_2 w_0'$ 。

随着水力压裂不断进行,压裂区域顶板逐渐变成四边简支的边界,变化条件为[20]

$$
w_0 \geqslant \frac{\sigma_T a^2 h^2}{48D}
\tag{3.50}
$$

式中, σ_T 为水力压裂区域顶板的抗拉强度。

因此,联立式(3.40)、式(3.43)和式(3.50)求得水力压裂过程中压裂区域顶板未发生变形的持续时间。

(2)在水力压裂区域内,当顶板内部发生变形破坏时,其边界条件为

$$
\begin{cases}
当x = \pm a时, \quad w = 0, \dfrac{\partial^2 w}{\partial x^2} = 0 \\[3mm]
当y = \pm b时, \quad w = 0, \dfrac{\partial^2 w}{\partial y^2} = 0
\end{cases}
\tag{3.51}
$$

此时,可以假设水力压裂区域顶板挠度的解析解为[19]

$$
f(x, y) = \cos\frac{\pi x}{2a}\sin\frac{\pi x}{2b}
\tag{3.52}
$$

显然,式(3.51)中的边界条件适用于式(3.52),于是将式(3.52)代入式(3.42)可得

$$\begin{cases} m_1' = \dfrac{\pi^4}{16}\left(\dfrac{a}{b^3} + \dfrac{b}{a^3} + \dfrac{1}{ab}\right) \\ m_2' = ab \\ m_3' = \dfrac{pab}{\pi^2} \end{cases} \tag{3.53}$$

此时，边界条件为

$$\begin{cases} w_0\big|_{t=t_0} = w_1 \\ w_0\big|_{t=t_0} = v_1 \end{cases} \tag{3.54}$$

此时，水力压裂区域顶板发生破坏，其破坏条件为

$$\begin{cases} \sigma_{x\max} = \dfrac{3\pi^2 D}{2h^2}\left(\dfrac{1}{a^2} + \dfrac{v}{b^2}\right)w_0(t_0) \geqslant \sigma_{\mathrm{T}} \\ \sigma_{y\max} = \dfrac{3\pi^2 D}{2h^2}\left(\dfrac{v}{a^2} + \dfrac{1}{b^2}\right)w_0(t_0) \geqslant \sigma_{\mathrm{T}} \end{cases} \tag{3.55}$$

式中，$\sigma_{x\max}$ 为水力压裂区域顶板中点 x 方向最大拉应力；$\sigma_{y\max}$ 为水力压裂区域顶板中点 y 方向最大拉应力。因此，联立式（3.44）、式（3.49）和式（3.55）可以求得水力压裂注水压力与注水时间对压裂区域顶板影响规律。

3.4.2　煤层水力压裂顶板变形数值分析

1. 煤层水力压裂顶板损伤数值分析模型

为了研究水力压裂过程中裂缝剖面周围煤岩体应力场及变形场演化情况，采用 FLAC3D 建立裂缝面受压的数值模型。根据对实际情况的分析，首先建立 40mm×18.5m 的几何模型，对模型边界的设定情况为 x 正负两个方向上约束为 0，y 负方向上约束为 0，对模型上部施加 15MPa 的上覆岩层自重应力。将煤岩体视为理想黏弹塑性体，屈服准则符合莫尔-库伦强度准则，其模型与材料参数如表 3.4 所示。模型共生成 6400 个单元、13122 个节点，其网格划分如图 3.33 所示。

表 3.4　模型参数

分组	顶底板类型	岩层类型	体积模量/Pa	剪切模量/Pa	黏结力/Pa	摩擦角/(°)	密度/(kg/m³)	抗拉强度/Pa	厚度/m
6	老顶	砂质泥岩	4.8E10	9.6E9	5E6	29	2400	6E6	5
5	直接顶	中砂	1.65E10	1.25E10	8E6	30.5	2600	7E6	3
4	伪顶	泥岩	1.97E10	1.14E10	4E6	20.9	2400	4E6	0.5
3	煤层	煤	3.57E9	7.14E8	8E6	30	1400	2E6	1~5

分组	顶底板类型	岩层类型	体积模量/Pa	剪切模量/Pa	黏结力/Pa	摩擦角/(°)	密度/(kg/m³)	抗拉强度/Pa	厚度/m
2	底板	细砂	3.45E10	6.85E9	5E6	24.2	2500	5E6	3
1	底板	砂质泥岩	4.8E10	9.6E9	5E6	29	4500	6E6	5

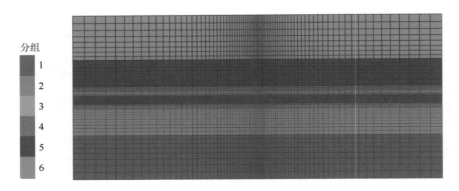

图 3.33　煤层水力压裂顶板损伤数值分析模型

本节通过 FLAC3D 中的空单元网格来模拟水压裂缝，首先在煤层中央预制长度为 10m、缝高为 0.2m 的水压裂缝（图 3.34），然后在裂缝上、下两个面施加线性压力，并增大到 20MPa 压应力来模拟水力压裂过程中泵压通过水对裂缝面的作用情况。

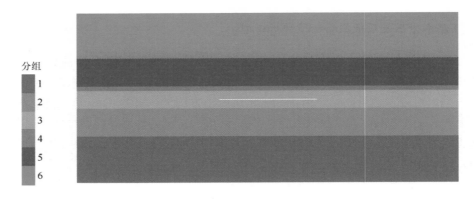

图 3.34　煤层中水压裂缝布置方式

2. 煤层水力压裂顶板损伤数值分析结果

本节分别模拟煤层厚度 H、应力条件（侧向应力系数 λ）和注水压力 p_w 在水力压裂过程中对煤层顶板损伤破坏的影响规律。

（1）煤层厚度对水力压裂顶板损伤的影响规律。图 3.35 中，在注水压力及地应力状态一定的条件下，随着高压水不断注入，水力压裂区域顶板逐渐受压应力作用。随着煤层厚度增加，高压水作用于煤层顶板的面积逐渐减小，作用在煤层顶板的压应力逐渐减小；在压裂区域边缘处，为水压裂缝尖端，煤层处于拉应力状态，并且随煤层厚度增加，拉应力逐渐减小。

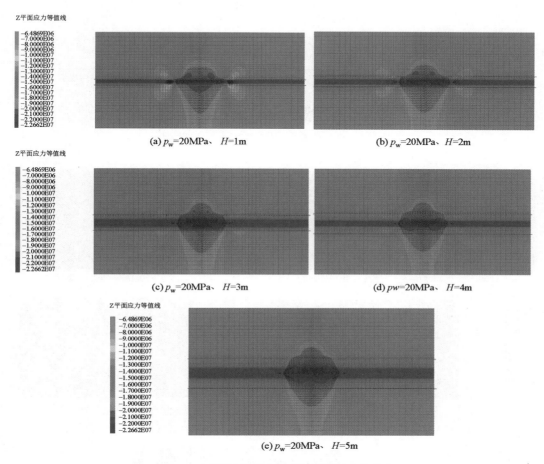

图 3.35　不同煤层厚度水力压裂顶板应力状态

图 3.36（a）中，曲线表示压裂区域中心顶板在水力压裂过程中不同厚度煤层位移变化规律，随着高压水不断注入，顶板位移呈线性增长趋势；相同步数时，煤层越厚，位移量越小。图 3.36（b）中，水力压裂区域顶板最大位移量随煤层厚度增加而减小；距离压裂孔越远，位移量越小，并且随着与压裂孔距离增大，最大位移量衰减越快。

（2）应力差对水力压裂顶板损伤的影响规律。图 3.37 中，在煤层厚度及注水压力不变的条件下，随着地应力侧向应力系数增大，高压水作用于煤层顶板的面积逐渐增大，并且作用于煤层顶板的压应力逐渐增大；压裂区域边缘处的水压裂缝尖端的拉应力随侧向应力系数增加逐渐增大。

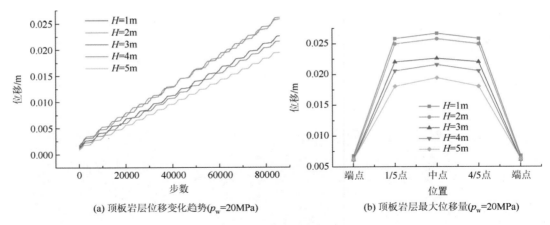

(a) 顶板岩层位移变化趋势(p_w=20MPa)　　(b) 顶板岩层最大位移量(p_w=20MPa)

图 3.36　煤层厚度对顶板岩层位移的影响规律

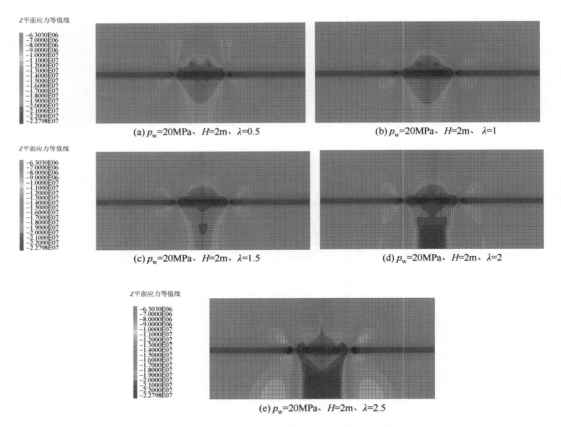

(a) p_w=20MPa、H=2m、λ=0.5　　(b) p_w=20MPa、H=2m、λ=1

(c) p_w=20MPa、H=2m、λ=1.5　　(d) p_w=20MPa、H=2m、λ=2

(e) p_w=20MPa、H=2m、λ=2.5

图 3.37　不同地应力条件水力压裂顶板应力状态

　　图 3.38（a）中，曲线表示压裂区域中心顶板在水力压裂过程中不同地应力条件下位移变化规律，随着高压水不断注入，顶板位移呈线性增长趋势；相同步数时，侧向应力系数越大，位移量越大。图 3.38（b）中，水力压裂区域顶板最大位移量随侧向应力系数增大而逐渐增大。

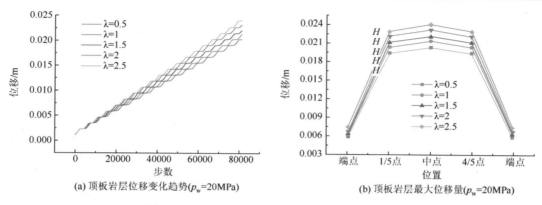

(a) 顶板岩层位移变化趋势(p_w=20MPa)　　　　　(b) 顶板岩层最大位移量(p_w=20MPa)

图 3.38　地应力状态对顶板岩层位移的影响规律

（3）注水压力对水力压裂顶板损伤的影响规律。图 3.39 中，在煤层厚度及地应力状态一定的条件下，随着水力压裂的泵压不断升高，煤层顶板所受的压应力逐渐增大，并且顶板所受压应力面积逐渐增大；压裂区域边缘处的水压裂缝尖端的拉应力随泵压增大而逐渐增大。

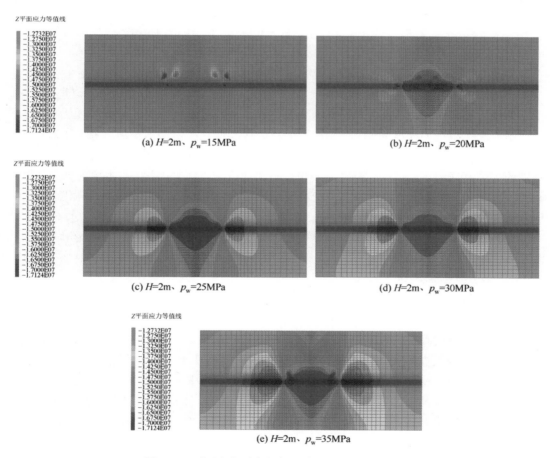

(a) H=2m、p_w=15MPa　　　　　　　　　(b) H=2m、p_w=20MPa

(c) H=2m、p_w=25MPa　　　　　　　　　(d) H=2m、p_w=30MPa

(e) H=2m、p_w=35MPa

图 3.39　不同注水压力水力压裂顶板岩层应力状态

　　图 3.40 中，曲线表示压裂区域中心顶板在水力压裂过程中不同注水压力条件下位移变化规律，随着高压水不断注入，顶板位移呈线性增长趋势；且相同步数时，位移量不随最大注水压力发生变化；水力压裂区域顶板最大位移量随注水压力增大而增大。

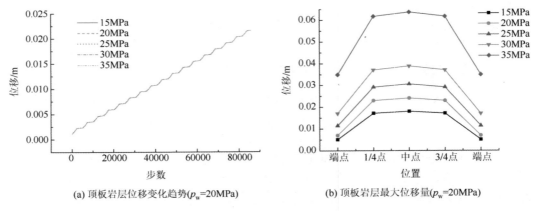

(a) 顶板岩层位移变化趋势(p_w=20MPa)　　　　(b) 顶板岩层最大位移量(p_w=20MPa)

图 3.40　注水压力对顶板岩层位移的影响规律

3.5　煤层水力压裂瓦斯运移富集规律

　　在薄及中厚软煤层水力压裂过程中，水压裂缝在高压水的"水楔"作用下主要在煤层内起裂；同时，由于煤层厚度薄、顶底板岩性差异大，水压裂缝将主要沿着煤层面扩展。由于裂缝内孔隙水压力大于裂隙内的瓦斯压力，孔隙压力的变化将产生孔隙压力梯度。游离瓦斯受到孔隙压力梯度的作用，由高孔隙压力区向低孔隙压力区渗流运移，称为驱赶瓦斯效应。由于驱赶瓦斯效应引起了压裂钻孔周围的煤体瓦斯渗流运移，进而导致压裂钻孔周围的煤体瓦斯将重新分布，游离瓦斯和吸附瓦斯将处于新平衡状态。本章根据游离瓦斯和吸附瓦斯始终处于平衡状态的原理，首先假设煤层瓦斯在运移过程中不可压缩，分析煤层水力压裂过程中水-气驱替基本原理。在此基础上，根据渗流力学理论建立水-气驱替水力压裂瓦斯运移模型，研究煤层瓦斯特性、水力压裂施工参数对瓦斯运移的影响规律，预测瓦斯富集区。

3.5.1　水-气驱替基本原理

　　煤体是典型的孔隙、裂隙双重介质，其中，孔隙包括大孔、中孔、小孔和微孔，而裂隙包括宏观裂隙及微观裂纹。瓦斯在煤体中的赋存状态主要分为吸附态瓦斯和游离态瓦斯，游离态瓦斯主要赋存于煤体的孔隙、裂隙之中，而吸附态瓦斯主要吸附于煤体孔隙、裂隙表面，游离态瓦斯和吸附态瓦斯处于动态平衡状态。瓦斯在煤体中的运移形式主要包括两种：①吸附态瓦斯从孔隙、裂隙表面扩散到孔隙、裂隙空间中，遵循 Fick 扩散定律；②游离态瓦斯在孔隙、裂隙内渗流，遵循达西定律[21]。

　　在进行水力压裂之前，天然煤体的孔隙、裂隙中存在着水、气两种流体：以瓦斯为主的气体占据煤体内部的大部分孔隙、裂隙空间,剩余很小的空间被水占据。水力压裂开始后,高压水由钻孔浸入煤层,由于孔隙压力的变化,压裂钻孔周围煤体孔隙、裂隙中的游离气体将向低孔隙压力区运移,而原来的孔隙、裂隙将被高压水填充,这个过程即为水驱替瓦斯的过程。

　　驱替过程中,若水为湿润相流体,除了被水驱替过后留下的残余气饱和度,该部分的孔隙、裂隙主要被高压水占据。压裂钻孔周围水力压裂开始形成的水和残余气区域与原来气和同生水区域存在着一个过渡区。相对于范围广泛的水力压裂范围,过渡区宽度远远小于水力压裂范围。分析过程中,可将过渡区视为一个突变的界面。该界面可以认为是水和瓦斯的交界面,在水力压裂过程中,该界面将随着高压水注入而不断沿钻孔径向向外扩张。因此,水力压裂过程中高压水和瓦斯在煤层内渗流,实际上就是高压水驱赶瓦斯向远离压裂钻孔的方向运移,即水-气驱替的过程[22]。

　　随着水力压裂的时间变化,水和瓦斯交界面的位置将逐渐发生变化,因此称该界面为动界面。动界面两侧分别为以高压水为主,伴有残余气体的水区;以气为主,伴有同生水的气区。动界面两边的流体在煤层孔隙、裂隙空间运动的过程,涉及水和瓦斯在煤层内的渗流问题。两相流体在多孔介质内渗流涉及的基本概念有四个。

1. 饱和度

　　水力压裂过程中,煤体的孔隙、裂隙往往被水和瓦斯两种流体占据,通常用饱和度来描述两种流体分别占据的孔隙比例。关于某一相流体 α 的饱和度 s_α 定义为:在介质中的任意一点 M 处,该点周围的特征元 ΔV_* 内该相流体所占据的体积分数,即[23]

$$s_\alpha = \frac{\Delta V_* \text{内} \alpha \text{流体的体积}}{\Delta V_* \text{内孔隙的体积}}, \quad \sum_\alpha s_\alpha = 1 \tag{3.56}$$

　　在水力压裂过程中,多孔介质的孔隙被水和瓦斯两种流体占据,则有

$$s_w + s_g = 1 \tag{3.57}$$

　　对于两种不溶混流体同时在多孔介质内的流动,研究结果表明[24]:两种流体将分别形成各自曲折但稳定的渗流通道。假设两种流体中湿润相流体的饱和度为 s_w,非湿润相流体的饱和度为 s_{nw}。在水力压裂过程中,随着 s_w 逐渐增大,则 s_{nw} 逐渐减小。那么,非湿润相流体的渗流通道随着高压水不断注入而逐渐受到破坏,则渗流通道受到破坏的区域内只保留有非湿润相流体的饱和度,即非湿润相流体处于残余饱和度状态。反之,湿润相流体的渗流通道破坏后,湿润相流体处于束缚饱和度状态,此时界面不再连续,而湿润相流体将不再流动。

　　假设实施水力压裂前的煤层为干燥煤层,水为湿润相流体,则干燥煤层内水的饱和度很低,可以近似认为与水的束缚饱和度相当,水在煤层内不能流动。当高压水进入煤层后,煤层中孔隙、裂隙内水的饱和度增大,同时气的饱和度将随之减小,当气的饱和度减小至残余饱和度时,气体在煤层内不能流动。由式(3.56)可知,若此时高压水的饱和度为 $1 - s_{nw0}$,那么气体不能流动的条件应为 $s_w > 1 - s_{nw0}$。煤层水力压裂过程中,气的残余饱和度和水的束缚饱和度都很小,因此分析过程中可以假设水区的孔隙、裂隙被高压水完

全填充，此时水的饱和度为1；同时，气区的孔隙、裂隙被瓦斯等气体完全占据，此时气区的饱和度为1，即在水力压裂过程中，水区和气区分别为两种流体在煤层内的单相渗流。

2. 界面张力

当一种流体 w 与另一种不与 w 混溶的物质相接触时，由于两相物质接触面处的分子与各相内部的分子之间具有引力差，导致接触面之间将产生一种自由界面能。这种界面能即是物质内部分子力场的不平衡，使表面层分子存储有多余的自由能。若具有自由能的表面产生收缩时，界面自由能将以界面张力的形式表现出来。外力做功达到一个临界值时，接触面上的两种物质将发生分离。分离单位面积接触面所做功的临界值就称为界面张力 σ_{ik}。

3. 毛细管力

在煤层水力压裂过程中，水和瓦斯在煤层的裂隙孔隙中渗流，类似于两种不相溶的流体在多孔的毛细管中流动。当水和瓦斯两种不相溶的流体在毛细管中渗流时，其中一种流体将会以柱塞状分散在另一种流体中流动，并在两种流体的交界区域形成月牙状的交界面（图 3.41）。交界面的压力存在一定的差值，这个差值被称为毛细管力 p_c，则

$$p_c = p_{nw} - p_w \tag{3.58}$$

式中，p_{nw} 为非湿润相流体压力；p_w 为湿润相流体压力。

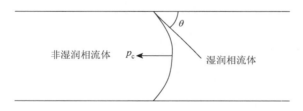

图 3.41　两相渗流的毛细管力

毛细管力主要取决于两相流体界面的接触角和界面曲率，即

$$p_c = \sigma\left(\frac{1}{r_1} - \frac{1}{r_2}\right) = \frac{2}{r\%}\sigma \tag{3.59}$$

式中，r_1、r_2 分别为界面上某一定点的两个曲率半径；$r\%$ 为平均曲率半径；σ 为界面张力。式（3.59）被称为毛细管力的拉普拉斯公式。

$$p_c = \sigma\left(\frac{1}{r_1} - \frac{1}{r_2}\right) = \frac{2}{r}\sigma\cos\theta \tag{3.60}$$

研究表明：在水力压裂过程中，水和瓦斯两相流体在毛细管中处于静止状态时，界面接触角为 θ；当作为湿润相流体的高压水驱替非湿润相流体的瓦斯时，接触面形状会趋于平直；反之，当非湿润相流体驱替湿润相流体时，接触面的形状将更加弯曲[23]。

4. 相对渗透率

根据达西定律可以得到水力压裂过程中水、气两相流体渗流的有效渗透率为

$$\begin{cases} v_w = -\dfrac{K_w}{\mu_w}(\nabla p_w - \rho_w g) \\[3mm] v_g = -\dfrac{K_g}{\mu_g}(\nabla p_g - \rho_g g) \end{cases} \tag{3.61}$$

式中，v_w、v_g 分别为水和瓦斯的渗流速度；K_w、K_g 分别为水和瓦斯在煤层内的有效渗透率 μ_w、μ_g 分别为水和瓦斯的黏度。显然，多孔介质的结构，即煤体的绝对渗透率是影响相对渗透率的主要因素。同时，流体饱和度也是影响有效渗透率的一个重要因素。有效渗透率与绝对渗透率之间存在以下关系：

$$\begin{cases} K_{wr} = \dfrac{K_w}{K} \\[3mm] K_{gr} = \dfrac{K_g}{K} \end{cases} \tag{3.62}$$

式中，K_{wr}、K_{gr} 分别为水和瓦斯的相对渗透率。研究表明：两相流体渗流时，二者相对渗透率存在以下关系：

$$\begin{cases} K_w + K_g \neq K \\ K_{wr} + K_{gr} \neq 1 \end{cases} \tag{3.63}$$

水、气两相流体相对渗透率与水相饱和度之间的关系如图 3.42 所示。当 $s_{w0} < s_w < 1 - s_{nw0}$ 时，煤层内的水和瓦斯两种流体才能流动。

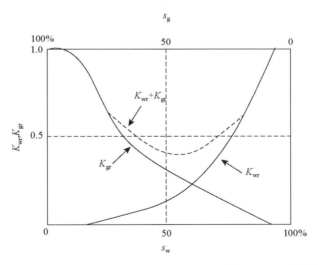

图 3.42　水、气两相流体相对渗透率与水相饱和度之间的关系

3.5.2　水力压裂过程中流体渗流的基本方程

1. 基本假设

高压水驱替瓦斯等气体的过程是煤层水力压裂过程中瓦斯发生运移的一个主要因素。

而水驱瓦斯效应中水-气动界面运动过程是水和瓦斯两相流体在煤层中的渗流过程。根据饱和度原理，可以假设水区为高压水的单相渗流、气区瓦斯等气体的单相渗流。根据水气动界面的连续性，通过建立水区、气区的渗流方程，建立水气动界面运动方程，获得水力压裂瓦斯运移规律。因此，研究水力压裂过程中的高压水驱替瓦斯效应，需要做如下假设：

（1）水力压裂过程为等温过程，内外部无热交换。

（2）流体为不可压缩流且流动无热效应，流体黏度不变。

（3）煤层为单一各向同性的孔隙介质。

在煤层水力压裂过程中，由于孔隙、裂隙的不规则性，水和瓦斯在煤层内沿孔隙、裂隙渗流的运动状态不尽相同，其边界条件难以确定。因此，引入渗流速度是研究流体在多孔介质中渗流问题的方法。将单位时间内，通过多孔介质法向为 n 的特征面单元 ΔA_n 中孔隙面积为 ΔA_{pn} 的流量为 ΔQ_n，视为特征面单元 ΔA_n 的特征流量[23]。根据文献[23]可得该条件下流体的渗流速度

$$v = \frac{\Delta Q_n}{\Delta A_n} \tag{3.64}$$

由式（3.64）可以看出，渗流速度 v 并不是流体实际质点在多孔介质中的流动速度。水力压裂过程中，水-气驱替的动界面运动速度是界面流体质点速度，质点速度的法向分量在特征面单元 ΔA_n 中孔隙面积为 ΔA_{pn} 中的积分即为特征流量 ΔQ_n：

$$\Delta Q_n = \int_{A_{pn}} nu \mathrm{d}A_{pn} \tag{3.65}$$

式中，n 为特征面单元的法向；u 为流体质点速度。由式（3.64）和式（3.65）可得

$$v = \frac{\int_{A_{pn}} nu \mathrm{d}A_{pn}}{\Delta A_n} = \frac{\Delta A_{pn}}{\Delta A_n} \frac{1}{\Delta A_{pn}} \int_{A_{pn}} nu \mathrm{d}A_{pn} \tag{3.66}$$

式中，$\phi_{An} = \dfrac{\Delta A_{pn}}{\Delta A_n}$，为煤体的面孔隙度；$\bar{u}_n = \dfrac{1}{\Delta A_{pn}} \int_{A_{pn}} nu \mathrm{d}A_{pn}$，为流体质点的平均速度。

因此，渗流速度和流体质点速度存在如下关系：

$$v = \phi_{A_n} \bar{u}_n \tag{3.67}$$

由于孔隙度是煤体的固有特征，那么面孔隙度 ϕ_{An} 就等于孔隙度 ϕ；同时 ΔA_{pn} 上质点法向分量的平均速度等于孔隙中流体质点法向分量的速度，即

$$v = \phi u_n \tag{3.68}$$

推广到三维一般情况，即

$$v = \phi u \tag{3.69}$$

式（3.69）称为 Dupuit-Forchheimer（DF）关系式。DF 关系式基于特征单元面，按连续介质假设，研究渗流速度在孔隙空间内任意一点的速度。因此，渗流速度 v 既是时间的连续函数，又是空间坐标的连续函数。

2. 流体渗流基本方程

在水力压裂过程中，流体在煤层内流动的基本方程有 5 个 [23]。

（1）运动方程：

$$u_{\mathrm{w}} = -\frac{K}{\mu_{\mathrm{w}}}\nabla p_{\mathrm{w}} \tag{3.70}$$

$$u_{\mathrm{g}} = -\frac{K}{\mu_{\mathrm{g}}}\nabla p_{\mathrm{g}} \tag{3.71}$$

式中，K 为煤层渗透率。

（2）连续方程：

$$\nabla(\rho_{\mathrm{w}} \cdot u_{\mathrm{w}}) + \frac{\partial(\phi\rho_{\mathrm{w}})}{\partial t} = 0 \tag{3.72}$$

$$\nabla(\rho_{\mathrm{g}} \cdot u_{\mathrm{g}}) + \frac{\partial(\phi\rho_{\mathrm{g}})}{\partial t} = 0 \tag{3.73}$$

式中，ρ_{w}、ρ_{g} 分别为水和瓦斯的密度。

（3）饱和度方程：

$$s_{\mathrm{w}} + s_{\mathrm{g}} = 1 \tag{3.74}$$

（4）流体黏度、密度以及固体介质的状态方程：

$$\mu_{\mathrm{w}} = \mu_{\mathrm{w}}(p), \quad \mu_{\mathrm{g}} = \mu_{\mathrm{g}}(p) \tag{3.75}$$

$$\rho_{\mathrm{w}} = \rho_{\mathrm{w}}(p), \quad \rho_{\mathrm{g}} = \rho_{\mathrm{g}}(p) \tag{3.76}$$

$$\phi = \phi(p) \tag{3.77}$$

（5）压力差与毛细管力关系方程、毛细管力与饱和度关系方程：

$$p_{\mathrm{c}} = p_{\mathrm{g}} - p_{\mathrm{w}} \tag{3.78}$$

$$p_{\mathrm{c}} = p_{\mathrm{c}}(s_{\mathrm{w}}) \tag{3.79}$$

式中，p_{c} 为毛细管力；p_{w}、p_{g} 分别为水区和气区压力。

式（3.70）～式（3.79）反映了煤层水力压裂过程中水气动界面两侧流体流动的内在联系，由水力压裂过程的具体条件可以确定三类边界条件。

第一类边界条件：边界上流体压力或势函数为已知值或已知函数，具有这类边界条件的数学物理问题称为狄利克雷问题。

第二类边界条件：边界上给定通量或压力的导数为已知值或已知函数，通量为单位面积或单位长度的法向流量，具有这类边界条件的数学物理问题称为诺伊曼问题。

第三类边界条件：给定边界上的压力及其导数的线性组合条件，具有这类边界的数学物理问题称为罗宾问题[24]。

3.5.3　煤层水力压裂瓦斯运移模型

煤层水力压裂大多从底板巷道向煤层内钻孔，钻孔穿过煤层至煤层顶板。压裂过程既是煤岩体致裂形成大范围裂缝的过程，又是高压水驱赶瓦斯气体运移的过程。高压水以钻孔为中心，沿煤层面驱赶瓦斯气体向周围煤层流动，假设整个水驱气过程不受天然裂缝的影响，则水、气两种流体形成的界面是以钻孔为中心的圆盘面，如图 3.43 所示。图中，r_{b} 为压裂钻孔半径；r_{c} 为动界面位置；R 为水力压裂影响半径。

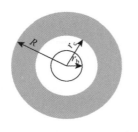

图 3.43　煤层水力压裂水驱气力学模型

在煤层水力压裂过程中，水和瓦斯在煤层内流动，相当于两种互不相溶的流体在同一流场内流动，因此两种流体将形成一个动态的分界面。煤层水力压裂瓦斯运移规律可以通过给定水区、气区流动的边界条件求解。动界面在水力压裂过程中不断沿钻孔中心向外扩展，其运动方程可以表示为

$$F(x,y,z,t)=0 \tag{3.80}$$

在煤层水力压裂过程中，动界面沿钻孔中心沿向外扩展，属于二维平面流，则动界面的位置与压裂时间存在如下位移函数

$$F(r,t)=r-r_{\mathrm{c}}(t) \tag{3.81}$$

式中，$r-r_{\mathrm{c}}(t)$ 为 t 时刻动界面的坐标位置。

动界面两端的两种流体虽然是分属两个区域的流体质点，但是由于其在孔隙介质中渗流，渗流速度很小，因此不会出现动界面的流体压力突变，即

$$p_{\mathrm{w}}=p_{\mathrm{g}} \tag{3.82}$$

同时，根据连续性的要求，动界面交界处两端的两种流体的法向速度也应该相等，即

$$v_{\mathrm{w}}=v_{\mathrm{g}} \tag{3.83}$$

因动界面是实际流体组成的物质面，因此研究动界面运动规律应该用拉格朗日观点，则动界面向外运动的速度为位移对时间的物质导数

$$\frac{\partial F}{\partial t}=\frac{\partial F}{\partial t}+u\frac{\partial F}{\partial r} \tag{3.84}$$

式中，u 为实际流体质点向周围煤体径向流动的速度，由式（3.81）可得

$$\begin{cases}\dfrac{\partial F}{\partial t}=\dfrac{\partial r_{\mathrm{c}}}{\partial t} \\[2mm] \dfrac{\partial F}{\partial r}=1\end{cases} \tag{3.85}$$

由式（3.84）和式（3.85）可得

$$u=-\frac{\mathrm{d}r_{\mathrm{c}}}{\mathrm{d}t} \tag{3.86}$$

根据 Dupuit-Forchheimer 关系，实际流体质点速度 u 与渗流速度 v 之间的关系为

$$v=\phi u \tag{3.87}$$

由式（3.86）和式（3.87）可得

$$v=-\phi\frac{\mathrm{d}r_{\mathrm{c}}}{\mathrm{d}t} \tag{3.88}$$

即

$$\mathrm{d}t=-\frac{\phi}{v}\mathrm{d}r_{\mathrm{c}} \tag{3.89}$$

$$\frac{\partial^{2}p_{1}}{\partial r^{2}}+\frac{1}{r}\frac{\partial p_{1}}{r}=0 , \quad r_{\mathrm{b}}\leqslant r\leqslant r_{\mathrm{c}} \tag{3.90}$$

$$\frac{\partial^2 p_2}{\partial r^2} + \frac{1}{r}\frac{\partial p_2}{r} = 0 , \quad r_{\mathrm{c}} \leqslant r \leqslant R \tag{3.91}$$

对式（3.90）和式（3.91）分别积分可得

$$p_1 = C_1 \ln r + C_2 , \quad r_{\mathrm{b}} \leqslant r \leqslant r_{\mathrm{c}} \tag{3.92}$$

$$p_2 = C_3 \ln r + C_4 , \quad r_{\mathrm{c}} \leqslant r \leqslant R \tag{3.93}$$

由图 3.43 可以确定式（3.90）和式（3.91）的边界条件，即

$$\begin{cases} 当 r = r_{\mathrm{b}} 时， p_1 = p_{\mathrm{w}} \\ 当 r = R 时， p_2 = p_{\mathrm{g}} \\ 当 r = r_{\mathrm{c}} 时， p_1 = p_2 = p \\ 当 r = r_{\mathrm{c}} 时， \dfrac{1}{\mu_{\mathrm{w}}}\dfrac{\partial p_1}{r} = \dfrac{1}{\mu_{\mathrm{g}}}\dfrac{\partial p_2}{r} \end{cases} \tag{3.94}$$

那么，将式（3.94）分别代入式（3.92）和式（3.93）可得

$$\begin{cases} p_{\mathrm{w}} = C_1 \ln r_{\mathrm{b}} + C_2 \\ p = C_1 \ln r_{\mathrm{c}} + C_2 \end{cases} \tag{3.95}$$

$$\begin{cases} p = C_3 \ln r_{\mathrm{c}} + C_4 \\ p_{\mathrm{g}} = C_3 \ln R + C_4 \end{cases} \tag{3.96}$$

联立方程组式（3.95）和式（3.96）可解得常数项 C_1、C_2、C_3 及 C_4：

$$\begin{cases} C_1 = \dfrac{p_{\mathrm{w}} - p}{\ln \dfrac{r_{\mathrm{b}}}{r_{\mathrm{c}}}} \\[3mm] C_2 = p_{\mathrm{w}} - \dfrac{p_{\mathrm{w}} - p}{\ln \dfrac{r_{\mathrm{b}}}{r_{\mathrm{c}}}} \ln r_{\mathrm{b}} \\[3mm] C_3 = \dfrac{p - p_{\mathrm{g}}}{\ln \dfrac{r_{\mathrm{c}}}{R}} \\[3mm] C_4 = p - \dfrac{p - p_{\mathrm{g}}}{\ln \dfrac{r_{\mathrm{c}}}{R}} \ln r_{\mathrm{c}} \end{cases} \tag{3.97}$$

将式（3.97）分别代入式（3.92）和式（3.93），可获得水区压力分布和气区压力分布：

$$p_1 = \frac{p_{\mathrm{w}} - p}{\ln \dfrac{r_{\mathrm{b}}}{r_{\mathrm{c}}}} \ln r + p_{\mathrm{w}} - \frac{p_{\mathrm{w}} - p}{\ln \dfrac{r_{\mathrm{b}}}{r_{\mathrm{c}}}} \ln r_{\mathrm{b}} , \quad r_{\mathrm{b}} \leqslant r \leqslant r_{\mathrm{c}} \tag{3.98}$$

$$p_2 = \frac{p - p_{\mathrm{g}}}{\ln \dfrac{r_{\mathrm{c}}}{R}} \ln r + p - \frac{p - p_{\mathrm{g}}}{\ln \dfrac{r_{\mathrm{c}}}{R}} \ln r_{\mathrm{c}} , \quad r_{\mathrm{c}} \leqslant r \leqslant R \tag{3.99}$$

水区渗流速度可由式（3.70）及式（3.95）获得：

$$v_{\mathrm{w}} = \frac{K}{\mu_{\mathrm{w}}} \frac{\mathrm{d}p_1}{\mathrm{d}r} = \frac{K}{\mu_{\mathrm{w}}} \frac{p_{\mathrm{w}} - p}{\ln \dfrac{r_{\mathrm{b}}}{r_{\mathrm{c}}}} \frac{1}{r} \tag{3.100}$$

气区渗流速度可由式（3.71）及式（3.99）获得：

$$v_{\mathrm{g}} = \frac{K}{\mu_{\mathrm{g}}} \frac{\mathrm{d}p_2}{\mathrm{d}r} = \frac{K}{\mu_{\mathrm{g}}} \frac{p - p_{\mathrm{g}}}{\ln \dfrac{r_{\mathrm{c}}}{R}} \frac{1}{r} \tag{3.101}$$

由式（3.83）、式（3.100）和式（3.101）可得

$$p = \frac{\mu_{\mathrm{g}} \ln \dfrac{r_{\mathrm{c}}}{R} p_{\mathrm{w}} + \mu_{\mathrm{w}} \ln \dfrac{r_{\mathrm{b}}}{r_{\mathrm{c}}} p_{\mathrm{g}}}{\mu_{\mathrm{w}} \ln \dfrac{r_{\mathrm{b}}}{r_{\mathrm{c}}} + \mu_{\mathrm{g}} \ln \dfrac{r_{\mathrm{c}}}{R}} \tag{3.102}$$

将式（3.102）代入式（3.100）、式（3.101）可以分别获得水区渗流速度、气区渗流速度：

$$v_{\mathrm{w}} = \frac{K(p_{\mathrm{w}} - p_{\mathrm{g}})}{\mu_{\mathrm{w}} \ln \dfrac{r_{\mathrm{b}}}{r_{\mathrm{c}}} + \mu_{\mathrm{g}} \ln \dfrac{r_{\mathrm{c}}}{R}} \frac{1}{r_{\mathrm{c}}} \tag{3.103}$$

$$v_{\mathrm{g}} = \frac{K(p_{\mathrm{w}} - p_{\mathrm{g}})}{\mu_{\mathrm{w}} \ln \dfrac{r_{\mathrm{b}}}{r_{\mathrm{c}}} + \mu_{\mathrm{g}} \ln \dfrac{r_{\mathrm{c}}}{R}} \frac{1}{r_{\mathrm{c}}} \tag{3.104}$$

随水力压裂的进行，动界面位置与压裂时间的关系可由式（3.88）和式（3.103）获得

$$\mathrm{d}t = -\phi \frac{\mu_{\mathrm{w}} \ln \dfrac{r_{\mathrm{b}}}{r_{\mathrm{c}}} + \mu_{\mathrm{g}} \ln \dfrac{r_{\mathrm{c}}}{R}}{K(p_{\mathrm{w}} - p_{\mathrm{g}})} r_{\mathrm{c}} \mathrm{d}r_{\mathrm{c}} \tag{3.105}$$

当水力压裂从开始实施至 T 时刻时，动界面将从钻孔孔壁处运移至 R，则对式（3.105）两端同时积分可得

$$\int_0^T \mathrm{d}t = \int_{r_b}^R -\phi \frac{\mu_{\mathrm{w}} \ln \dfrac{r_{\mathrm{b}}}{r_{\mathrm{c}}} + \mu_{\mathrm{g}} \ln \dfrac{r_{\mathrm{c}}}{R}}{K(p_{\mathrm{w}} - p_{\mathrm{g}})} r_{\mathrm{c}} \mathrm{d}r_{\mathrm{c}} \tag{3.106}$$

$$= -\frac{\phi}{K(p_{\mathrm{w}} - p_{\mathrm{g}})} \left[(\mu_{\mathrm{w}} \ln r_{\mathrm{b}} - \mu_{\mathrm{g}} \ln R) \int_{r_b}^R r_{\mathrm{c}} \mathrm{d}r_{\mathrm{c}} + (\mu_{\mathrm{g}} - \mu_{\mathrm{w}}) \int_{r_b}^R \ln r_{\mathrm{c}} \cdot r_{\mathrm{c}} \mathrm{d}r_{\mathrm{c}} \right]$$

由此可得薄及中厚软煤层水力压裂瓦斯运移模型：

$$t\Big|_0^T = -\frac{\phi}{K(p_{\mathrm{w}} - p_{\mathrm{g}})} \left[\frac{(\mu_{\mathrm{w}} \ln r_{\mathrm{b}} - \mu_{\mathrm{g}} \ln R)}{2} r_{\mathrm{c}}^2 \Big|_{r_b}^R + \left(\frac{\mu_{\mathrm{g}} - \mu_{\mathrm{w}}}{4} \right) (2 \ln r_{\mathrm{c}} - 1) r_{\mathrm{c}}^2 \Big|_{r_b}^R \right]$$

$$T = -\frac{\phi}{4K(p_{\mathrm{w}} - p_{\mathrm{g}})} \{ 2(\mu_{\mathrm{w}} \ln r_{\mathrm{b}} - \mu_{\mathrm{g}} \ln R)(R^2 - r_{\mathrm{b}}^2) + (\mu_{\mathrm{g}} - \mu_{\mathrm{w}})[(2 \ln R - 1)R^2 - (2 \ln r_{\mathrm{b}} - 1) r_{\mathrm{b}}^2] \}$$

$$\tag{3.107}$$

式中，ϕ 为煤层孔隙度；K 为煤层渗透率；μ_{w} 为水的动力黏度；μ_{g} 为瓦斯的动力黏度；

p_w 为高压水压力；p_g 为原始瓦斯压力；r_b 为水力压裂钻孔半径；R 为水力压裂拟控制范围；T 为水力压裂实施时间。

3.5.4　煤层水力压裂瓦斯运移规律

煤层孔隙度、煤层渗透率、原始瓦斯压力是煤层的特有性质，主要与压裂目标煤层瓦斯赋存条件有关；水和瓦斯的动力黏度是流体的固有性质，属于常数；水力压裂钻孔半径、高压水压力、水力压裂实施时间及水力压裂拟控制范围与水力压裂施工工艺相关。

为研究煤层瓦斯特性、水力压裂施工工艺对水力压裂瓦斯运移的影响规律，通过给定水和瓦斯两种流体的动力黏度，并假设水力压裂在室温为 25℃ 的环境中实施，则水的动力黏度为 $894×10^{-6}$Pa·s，瓦斯的动力黏度为 $11.1×10^{-6}$Pa·s；常见的水力压裂钻孔直径为 0.1m。目前，煤矿井下水力压裂钻孔直径大多在 100mm 左右，而压裂范围则达到几十米甚至上百米，压裂范围远大于钻孔直径，即 $R \gg r_b$，因此式（3.107）中 $R^2 - 0.05^2 \approx R^2$，则将流体动力黏度及水力压裂钻孔直径代入式（3.75）可得[25]

$$T = \frac{(3229R^2 + 1788R^2 \ln R + 49.4)\phi}{4K(p_w - p_g)} × 10^{-6} \qquad (3.108)$$

1. 煤岩体特性对瓦斯运移的影响规律

当煤层渗透率为 0.01mD、水力压裂的平均注水压力为 30MPa、煤层平均瓦斯压力为 1.5MPa 时，可以计算得到水力压裂时间-范围-孔隙度之间的关系，如图 3.44 所示。

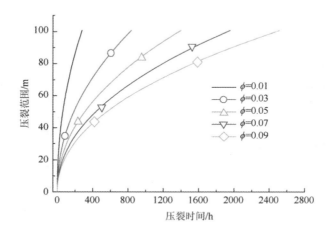

图 3.44　水力压裂时间-压裂范围-孔隙度关系

当煤层孔隙度为 5%、水力压裂的平均注水压力为 30MPa、煤层平均瓦斯压力为 1.5MPa 时，可以计算得到水力压裂时间-范围-渗透率之间的关系，如图 3.45 所示。

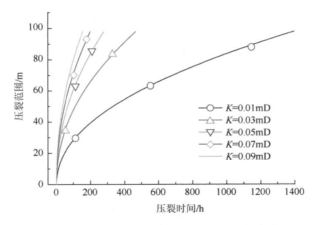

图 3.45　水力压裂时间-压裂范围-渗透率关系

　　由图 3.44 可以看出，在薄及中厚软煤层水力压裂过程中，当煤层渗透率、瓦斯压力及水力压裂平均注水压力一定时，煤层孔隙度越大，相同压裂时间内，水-气动界面运移的距离越小，压裂后瓦斯富集区距离压裂孔越近。反之，当煤层孔隙度、瓦斯压力及水力压裂平均注水压力一定时，煤层渗透率越大，相同压裂时间内，水-气动界面运移的距离越大，压裂后瓦斯富集区距离压裂孔越远，如图 3.45 所示。

2. 瓦斯压力对瓦斯运移的影响规律

　　当煤层孔隙度为 5%、煤层渗透率为 0.01mD、水力压裂的平均注水压力为 30MPa 时，可以计算得到水力压裂时间-压裂范围-瓦斯压力之间的关系，如图 3.46 所示。

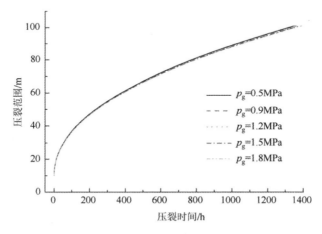

图 3.46　水力压裂时间-压裂范围-瓦斯压力关系

　　由式图 3.46 可以看出，在薄及中厚软煤层水力压裂过程中，当煤层渗透率、孔隙度及水力压裂平均注水压力一定时，煤层瓦斯压力对水-气动界面运移速度影响不大，实际施工工程中可以忽略不计。

3. 注水压力对瓦斯运移的影响规律

当煤层孔隙度为 5%、煤层渗透率为 0.01mD、平均瓦斯压力为 1.5MPa 时，可以计算得到水力压裂时间-压裂范围-平均注水压力之间的关系，如图 3.47 所示。

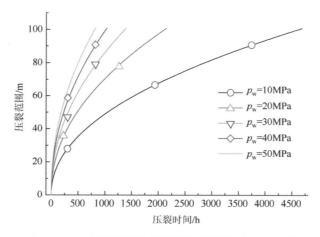

图 3.47　水力压裂时间-压裂范围-平均注水压力关系

由图 3.47 可以看出，在薄及中厚软煤层水力压裂过程中，当煤层孔隙度、煤层渗透率、瓦斯压力一定时，水力压裂平均注水压力越大，相同压裂时间内，水-气动界面运移的距离越大，压裂后瓦斯富集区距离压裂孔越远，即在确定压裂范围情况下，平均注水压力越大，所需要的水力压裂时间越短。

由图 3.44～图 3.47 可以看出，无论煤层特性如何变化，水力压裂过程中平均注水压力越大，随着水力压裂的进行，水-气动界面向外运移的速度呈逐渐减小趋势。

参 考 文 献

[1]　张国华，魏光平，侯凤才. 穿层钻孔起裂注水压力与起裂位置理论[J]. 煤炭学报，2007，32（1）：52-55.

[2]　景峰，盛谦，张勇慧，等. 中国大陆浅层地壳实测地应力分布规律研究[J].岩石力学与工程学报，2007，26（10）：2056-2062.

[3]　赵德安，陈志敏，蔡小林，等. 中国地应力场分布规律统计分析[J].岩石力学与工程学报，2007，26（6）：1265-1271.

[4]　陈勉，金衍，张广清. 石油工程岩石力学[M]. 北京：科学出版社，2008.

[5]　李传亮，孔祥言.油井压裂过程中岩石破裂压力计算公式的理论研究[J].石油钻采工艺，2000，22（2）：54-57.

[6]　Hossain M M，Rahman M K，Rahman S S. Hydraulic fracture initiation and propagation：Roles of wellbore trajectory，perforation and stress regimes[J]. Journal of Petroleum Science and Engineering，2000，27：129-149.

[7]　Bradley W B. Failure of inclined borehole[J]. Energ. Resour. Technol. 1979，101：233-239.

[8]　Aadnoy B S，Chenevert M E. Stability of highly inclined boreholes[J]. SPE Drilling Engineering，1987，2：364-374.

[9]　Tan C P，Willoughby D R. Critical mud weight and risk contour plots for designing inclined wells[R]. Proceedings of the 68th Annual Technical Conference and Exhibition of the Society of Petroleum Engineers，1993.

[10]　李晓红，卢义玉，康勇. 岩石力学实验模拟技术[M]. 北京：科学出版社，2007.

[11]　雷毅. 松软煤层井下水力压裂致裂机理及应用研究[D]. 北京：煤炭科学研究总院，2014.

[12]　杨明纬. 声发射检测[M]. 北京：机械工业出版社，2005.

[13]　刘建中，高龙生，张雪. 水压致裂室内模拟试验的声发射观测[J]. 石油学报，1990，11（2）：73-79.

[14]　李庶林，尹贤刚，王泳嘉，等. 单轴受压岩石破坏全过程声发射特征研究[J]. 岩石力学与工程学报，2004，23（15）：2499-2503.

[15]　姜耀东，王涛，宋义敏，等. 煤岩组合结构失稳滑动过程的实验研究[J]. 煤炭学报，2013，38（2）：177-182.

[16]　许江，周文杰，刘东，等. 采动影响下突出煤体温度与声发射特性[J]. 煤炭学报，2013，38（2）：239-244.

[17]　孙琦，张淑坤，卫星，等. 考虑煤柱黏弹塑性流变的煤柱-顶板力学模型[J]. 安全与环境学报，2015（2）：88-91.

[18]　徐芝伦. 弹性力学（下册）[M]. 3版. 北京：高等教育出版社，1992.

[19]　王金安，李大钟，马海涛. 采空区矿柱-顶板体系流变力学模型研究[J]. 岩石力学与工程学报，2010，29（3）：577-582.

[20]　Wang J A，Shang X C，Ma H T. Investigation of catastrophic ground collapse in Xingtai gypsum mines in China[J]. International Journal of Rock Mechanics & Mining Sciences，2008，45（8）：1480-1499.

[21]　林柏泉. 矿井瓦斯防治理论与技术[M]. 徐州：中国矿业大学出版社，2010.

[22]　程庆迎. 低透煤层水力致裂增透与驱赶瓦斯效应研究[D]. 徐州：中国矿业大学，2012.

[23]　孔祥言. 高等渗流力学[M]. 合肥：中国科学技术大学出版社，2010.

[24]　宋维源. 阜新矿区冲击地压及其注水防治研究[D]. 阜新：辽宁工程技术大学，2004.

[25]　杜扬. 流体力学[M]. 北京：中国石化出版社，2008.

第4章　割缝导向水压裂缝扩展理论及技术

在煤矿井下应用传统水力压裂技术期间，存在裂缝扩展规律复杂、压裂范围小、增透效果有限等问题，而采用水射流在煤层中割缝后压裂，则可起到控制裂缝扩展方向、扩大压裂范围、提高抽采效率的作用，同时可减少压裂、抽采钻孔的施工量，缩短煤层瓦斯抽采时间。射流割缝导向水力压裂增透技术已在重庆、河南等地的国有大型煤矿中推广应用，并取得了显著的经济效果。

4.1　技　术　背　景

随着工程技术从粗犷到精细的发展，如何引导裂缝按照工程需要扩展已成为研究的热点。涉及的领域包括基础设施项目中的光面爆破、石油工程中的射孔压裂、采矿工程中的定向爆破和煤层气开采中的导向压裂等。中国对天然气的需求量巨大，居世界第二位，2016 年天然气消费量超过 2000 亿 m^3 [1-3]。到 2020 年，天然气消费量将达到 3000 亿 m^3 [4]。然而，中国的天然气产量仅排在世界第六位，极度依赖进口天然气来满足消费需求[5]。因此，开发新能源，解决天然气的短缺问题是当务之急。煤层气是一种清洁、高效、低污染的优质能源。中国浅层煤层气资源量达 36.81 万亿 m^3，居世界第三位[6]。中国政府提出了 2020 年 140 亿 m^3 煤层气开采的规划目标。煤层气开采方法包括地面开采和井下开采。20 世纪 80 年代初，美国开始试验地面钻探技术在煤层气开采中的应用，并取得了突破性进展[7]。由于中国煤层气储层具有高变质、低压、低饱和度、低渗透率等特点[8, 9]，井下开采方法被广泛应用，2016 年井下煤层气产量为 128 亿 m^3，占总开采量的 74%[10]。煤层气井下开采的现场试验研究表明，水力压裂技术可以显著提高煤层的渗透率，提高煤层气产量[11]。然而，随着开采深度的增加，水力压裂的应用遇到了严重的问题，水压裂缝沿单一方向扩展，煤层渗透率增加不均匀，煤层的某些区域未能有效增透，在煤层气开采过程中形成"空白带"，存在煤与瓦斯突出的危险[12]。

为了解决常规水力压裂存在的问题，许多学者提出使用新技术引导裂缝按照工程需要扩展。姜浒等提出了径向射孔压裂技术，该技术对裂缝扩展具有一定的引导作用[13]，但该技术主要应用于石油系统。由于煤层和石油储层的差异，在煤储层中很难形成较长的径向孔。一些学者认为，孔隙压力场可以引导裂缝的扩展[14-18]；但是孔隙压力场的形成需要很长时间保压，增加了施工成本，这不利于煤层气的高效开采。另外一些学者认为，割缝导向压裂技术可以控制水压裂缝的扩展方向，可以在煤层中形成均匀的裂缝网络。该技术易于使用且不需要长时间保压[19-22]。在使用用割缝导向压裂技术方面，一些工程师进行了现场试验[23]。试验结果表明，一部分应用使矿井煤层气开采总量得到明显提高。但是，部分矿井煤层气开采总量没有明显提高。其主要原因在于在不同的地质条件下，缺少理论依据合理设计割缝压裂孔间距。为解决这一问题，许多学者对割缝导向压裂的机理进行了研究。Yan 等使用 RFPA 软件研究了割缝导向压裂过程中的起裂位置和裂缝扩展距离[24]。但在建模过程中，他将割缝孔简化为矩形，这与割缝孔的实际形状不同。夏彬伟等在建模过程中将割缝孔简化为椭圆[25]，并利用 FLAC3D 软件研究了割缝孔周围的应力状态，得出了初始起裂位置和起裂压力的规律，但没有对割缝孔导向距离进行研究。Mao 等使用花岗岩样品（1m×1m×1m）进行了割缝导向压裂物理试验，研究了不同水平应力差条件下割缝孔的导向[26]，但其割缝方法存在一些缺陷，没有形成规整的割缝孔，与实际割缝孔的差别较大。

　　在本书中，我们建立一个研究割缝导向压裂应力场和预测割缝导向压裂导向距离的力学模型。采用自主研发的真三轴试验系统进行割缝导向压裂相似模拟物理实验，用高能 CT 扫描记录裂缝形态，精确测量导向距离，验证割缝导向压裂预测模型。

4.2　割缝导向压裂裂缝导向距离预测模型

　　与常规水力割缝不同，割缝导向压裂技术采用连续割缝，割缝器不旋转，沿钻孔上、下缓慢移动，从割缝器喷出的射流切割煤层形成割缝孔。现场和实验室研究发现，割缝孔的形状近似椭圆。因此，在研究割缝导向压裂过程中将割缝孔的形状简化为椭圆形合理。

　　本书规定压应力为正、拉应力为负。真实的煤层条件非常复杂，为了保证模型能顺利建立，需做出以下假设：①储层为均质弹性体；②压裂液沿裂缝面的滤失为零；③随着裂缝的扩展，裂缝宽度保持不变。许多学者提出水压裂缝扩展的最大主应力准则：在水力压裂过程中生成的裂缝会垂直于最小主应力方向沿着最大主应力方向扩展。割缝导向压裂可以引导裂缝朝着工程需要的方向扩展，因为割缝导向压裂可以在一定范围内改变原来的应力场，使得应力场重新分布。最大主应力方向即是裂缝扩展的方向，应力场改变的距离即是裂缝导向的距离。因此需要找到一种方法来定量描述割缝导向压力过程中，割缝孔周围应力场的变化。弹性力学复变函数理论可以定量描述空间任意位置的应力状态，用其可以合理解释割缝导向压裂的机理。

　　目前，中国煤层气开采深度为 400～1000m，根据现阶段中国地应力分布数据可知，垂直应力一般为中间主应力，意味着水压裂缝一般为垂直裂缝。煤层中钻孔的长度一般较长，沿钻孔方向的应变可以忽略，因此可以把割缝导向压裂简化为平面应变。因为椭圆形割缝孔不利于割缝导向压裂机理的研究，采用复变函数理论将其映射成新平面的标准圆。椭圆的长轴和短轴分别为 $2a$ 和 $2b$，将直角坐标系的 x 轴和 y 轴分别放在椭圆的长轴和短轴上。将椭圆外部区域映射到标准圆外部区域。映射公式如下[27]：

$$z = x + iy = w(\xi) = c\left(\xi + \frac{m}{\xi}\right) \qquad (4.1)$$

式中，z 是椭圆所在的平面；i 是虚数；$c = (a+b)/2$；$m = (a-b)/(a+b)$；$\xi = \rho(\cos\theta + i\sin\theta)$，$\rho$ 是标准圆外一点到圆心的距离，θ 是圆外一点到圆心连线与 ξ 轴的夹角，如图 4.1 所示。

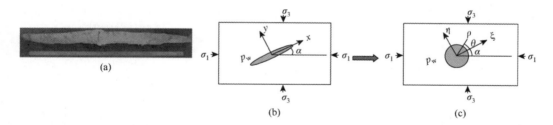

图 4.1　割缝孔相撞实物图（a）、割缝孔简化为椭圆孔（b）、映射后的标准圆（c）

在图 4.1 中，σ_1 和 σ_3 分别为最大主应力和最小主应力。p_w 是内水压力，α 是椭圆长轴与水平最大主应力的夹角。θ 是标准圆外一点与圆心连线与最大主应力的夹角。为了便于模型的建立，将作用在椭圆上的力分成地应力和内水压力两个部分。

首先，在地应力 σ_1 和 σ_3 的作用下，椭圆外一点径向应力 $\sigma_{\rho 1}$ 和切向应力 $\sigma_{\theta 1}$ 满足公式[28]：

$$\left.\begin{aligned}
\sigma_{\theta 1} + \sigma_{\rho 1} &= 4\,\mathrm{Re}[\varPhi(\xi)] \\
\sigma_{\theta 1} - \sigma_{\rho 1} + 2\mathrm{i}\tau_{\rho\theta} &= \frac{2\xi^2}{\rho^2\,\overline{\omega'(\xi)}}[\overline{\omega(\xi)}\varPhi'(\xi) + \omega'(\xi)\varPsi(\xi)]
\end{aligned}\right\} \tag{4.2}$$

式中，$\varPhi$，ψ，w 表示函数；w' 对 w 函数求导；i 是虚部；ρ 是半径；Re：求实部。

对公式（4.2）进行求导、求共轭、求导后再共轭可以得到：

$$\left.\begin{aligned}
w'(\xi) &= c\left(1 - \frac{m}{\xi^2}\right) \\
\overline{w(\xi)} &= c\left(\frac{\rho^2}{\xi} + \frac{m\xi}{\rho^2}\right) \\
\overline{w'(\xi)} &= c\left(1 - \frac{m\xi^2}{\rho^4}\right)
\end{aligned}\right\} \tag{4.3}$$

式（4.2）中的 $\varPhi(\xi)$ 和 $\varPsi(\xi)$ 可由参考文献[29]得到：

$$\left.\begin{aligned}
\varPhi(\xi) &= \frac{\varphi'(\xi)}{\omega'(\xi)} \\
\varPsi(\xi) &= \frac{\psi'(\xi)}{\omega'(\xi)}
\end{aligned}\right\} \tag{4.4}$$

式（4.4）中的 $\varphi(\xi)$ 和 $\psi(\xi)$ 可由参考文献[30]得到：

$$\varphi(\xi) = \frac{\sigma c}{4}\left(\xi + \frac{2e^{2i\alpha} - m}{\xi}\right)$$

$$\psi(\xi) = -\frac{\sigma c}{2}e^{-2i\alpha}\left(\xi + \frac{m}{\xi}\right) - \frac{\sigma c}{2}(1 + m^2 - 2m\cos 2\alpha)\frac{1}{\xi} + \frac{\sigma c}{2}(1 + m^2)\frac{1}{\xi(\xi^2 - m)}(e^{2i\alpha} - m)$$

$$(4.5)$$

将式（4.3）～式（4.5）代入式（4.2）可以得到

$$\sigma_{\theta 1} + \sigma_{\rho 1} = \frac{\sigma[\rho^4 - m^2 + 2m\cos 2\alpha - 2\rho^2 \cos 2(\alpha - \theta)]}{\rho^4 - 2m\rho^2 \cos 2\theta + m^2}$$

$$\sigma_{\theta 1} - \sigma_{\rho 1} + 2i\tau_{\rho\theta} = -\sigma\left[\frac{(e^{2i\alpha} - m)[(\rho^2 + m^2\rho^2)(m - 3\xi^2) + 2\xi^2(\rho^4 + m\xi^2)]}{(\rho^4 - m\xi^2)(\xi^2 - m)^2} + \frac{\rho^2(\xi^2 e^{-2i\alpha} - m e^{-2i\alpha} + 1 + m^2 - 2m\cos 2\alpha)}{\rho^4 - m\xi^2}\right]$$

$$(4.6)$$

在内水压力 p_{w} 的作用下，椭圆外一点径向应力 $\sigma_{\rho 2}$ 和切向应力 $\sigma_{\theta 2}$ 满足式（4.1）～式（4.4），其中 $\varphi(\xi)$ 和 $\psi(\xi)$ 可由参考文献[30]得到：

$$\varphi(\xi) = -\frac{p_{\mathrm{w}} cm}{\xi}$$

$$\psi(\xi) = -\frac{p_{\mathrm{w}} c}{\xi} - \frac{p_{\mathrm{w}} cm}{\xi}\frac{1 + m\xi^2}{\xi^2 - m}$$

$$(4.7)$$

将式（4.7）代入式（4.3）和式（4.4），可以得到

$$\Phi(\xi) = \frac{mp_{\mathrm{w}}}{\xi^2 - m}$$

$$\Psi(\xi) = \frac{p_{\mathrm{w}}(m^2\xi^4 + m^3\xi^2 + 3m\xi^2 - m^2)}{(\xi^2 - m)^3} + \frac{mp_{\mathrm{w}}}{\xi^2 - m}$$

$$(4.8)$$

将式（4.3）和式（4.8）代入式（4.2）可以得到

$$\sigma_{\theta 2} + \sigma_{\rho 2} = \frac{4mp_{\mathrm{w}}(\rho^2 \cos 2\theta - m)}{\rho^4 - 2m\rho^2 \cos 2\theta + m^2}$$

$$\sigma_{\theta 2} - \sigma_{\rho 2} + 2i\tau_{\rho\theta} = \frac{-[2p_{\mathrm{w}}\xi^2(m^3\rho^2 + m^2\rho^2\xi^2 - 2m^2\xi^2 - 2m\rho^4 + m\rho^2 + \rho^2\xi^2)]}{(\rho^4 - m\xi^2)(\xi^2 - m)^2}$$

$$(4.9)$$

根据式（4.6）和式（4.9）可以得到地应力和内水压力同时作用时椭圆外一点的应力状态，这样就可以初步得到椭圆周围应力场的计算模型。当研究孔口问题的时候，应优先关注孔边缘的应力。$\rho = 1$ 时表示在孔边，其应力状态可以化简为

$$
\left.
\begin{aligned}
\sigma_\theta &= \sigma_1 \frac{1-m^2+2m\cos 2\alpha - 2\cos 2(\theta+\alpha)}{1+m^2-2m\cos 2\theta} + \sigma_3 \frac{1-m^2-2m\cos 2\alpha + 2\cos 2(\theta+\alpha)}{1+m^2-2m\cos 2\theta} \\
&\quad - p_{\mathrm{w}} \frac{1-3m^2+2m\cos 2\theta}{1+m^2-2m\cos 2\theta} \\
\sigma_\rho &= -p_{\mathrm{w}}
\end{aligned}
\right\}
\tag{4.10}
$$

从式（4.10）可以发现，当 $\theta = 0°$ 时，由内水压 p_{w} 产生的拉伸应力达到最大值。水压裂缝将会在拉应力最大的位置产生，因此在建立割缝导向压裂力学模型时可以使 $\theta = 0°$。同时，为了使模型具有通用性，我们利用 MATLAB 软件研究了椭圆外 $\theta \in (0,\pi/2)$、$\rho = 2$、$m = 0.95$、$\alpha = 0$、$\sigma_1 = 10\mathrm{MPa}$、$\sigma_3 = 8\mathrm{MPa}$、$p_{\mathrm{w}} = 20\mathrm{MPa}$ 时这些非特殊点的应力状态，计算结果如图 4.2 所示。

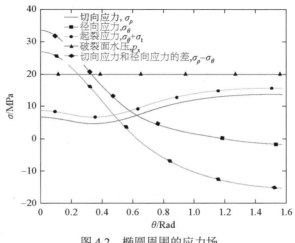

图 4.2　椭圆周围的应力场

从图 4.2 可以看出在地应力和内水压力的作用下，径向应力是最大主应力且在 $\theta = 0°$ 时与切向应力的差值最大，因此证明了裂缝会在 $\theta = 0°$ 的方向扩展。

将 $\theta = 0°$ 代入式（4.6）和式（4.9）可以得到在地应力和内水压力作用下椭圆孔周围的应力场。

$$
\left.
\begin{aligned}
\sigma_\theta &= \sigma_1 A_1 + \sigma_3 A_2 - p_{\mathrm{w}} A_3 \\
\sigma_\rho &= \sigma_1 B_1 + \sigma_3 B_2 - p_{\mathrm{w}} B_3
\end{aligned}
\right\}
\tag{4.11}
$$

式中，

$$
A_1 = \frac{(\cos 2\alpha - m)[2p^4+2mp^2+(1+m^2)(m-3p^2)]}{2(p^2-m)^3} + \frac{1+m^2+m+p^2-(m+p^2+2)\cos 2\alpha}{2(p^2-m)}
$$

$$
A_2 = \frac{-(\cos 2\alpha + m)[2p^4+2mp^2+(1+m^2)(m-3p^2)]}{2(p^2-m)^3} + \frac{1+m^2+m+p^2+(m+p^2+2)\cos 2\alpha}{2(p^2-m)}
$$

$$
A_3 = \frac{p^4(1+m^2)+p^2(m^3-6m^2+m)+2m^3}{(p^2-m)^3}
$$

$$B_1 = \frac{-(\cos 2\alpha - m)[2p^4 + 2mp^2 + (1+m^2)(m-3p^2)]}{2(p^2-m)^3} + \frac{-1-m^2+m+p^2+(m+p^2+2)\cos 2\alpha}{2(p^2-m)}$$

$$B_2 = \frac{(\cos 2\alpha + m)[2p^4 + 2mp^2 + (1+m^2)(m-3p^2)]}{2(p^2-m)^3} + \frac{-1-m^2+m+p^2-(m+p^2-2)\cos 2\alpha}{2(p^2-m)}$$

$$B_3 = \frac{p^4(-m^2+4m-1) + p^2(-m^3-2m^2-m) + 2m^3}{(p^2-m)^3}$$

在前文已经指出许多学者在研究水力割缝时候将割缝孔简化为椭圆孔，因此在接下来的研究中为方便割缝导向压裂机理的叙述，后文将用割缝孔代替椭圆孔。割缝孔在注水后能改变初始应力状态，结果如图 4.3 所示。

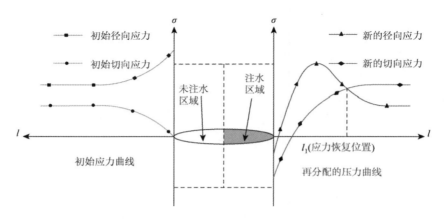

图 4.3　割缝孔周围应力曲线

图 4.3 左边表示割缝未注水，右边表示割缝后注水。左边表示了初始应力曲线，切向应力为最大主应力，径向应力为最小主应力。右边表示重新分布后的应力状态，切向应力为最小主应力，径向应力为最大主应力，应力状态恢复到初始状态的极限位置为 l_1。

割缝孔周围的应力场已经进行过研究，接下来研究割缝孔在新的应力场下裂缝的扩展规律。裂缝在新的应力场中持续扩展，其裂缝宽度满足 [31]：

$$w = \frac{\pi[p_w - \sigma_3(\pi/2-\alpha)]h(1-\nu^2)}{2E} \tag{4.12}$$

式中，h 是割缝孔高度；ν 是泊松比；E 是弹性模量。

当裂缝的宽度较小时，其对应力场的影响可以忽略。但是当裂缝宽度较大时，其对应力场的影响就不能忽略。因此，需要比较裂缝宽度与割缝孔尺寸来确定生成的裂缝对应力场是否有影响。

在裂缝的扩展过程中，裂缝内的压裂液的压力会逐渐降低，满足式（4.13）[32]：

$$p_x = p_w - \frac{12\mu qx}{hw^3} \tag{4.13}$$

式中，μ 是压裂液黏度；q 是流量注入速率；x 是裂缝的扩展距离。

随着裂缝的逐渐扩展，压裂液的压力逐渐降低，裂缝扩展的极限压力满足[33-34]：

$$p_x \geqslant \sigma_\theta + \sigma_t \tag{4.14}$$

式中，p_x 为裂缝中压裂液压力；σ_θ 为垂直于裂缝的切向应力；σ_t 为抗拉强度。

当注入的流体充足且稳定时，与割缝孔的宽度相比，裂缝宽度较小。可以认为，应力场保持不变，不随新产生的裂缝而变化。

在压裂过程中，有利于裂缝沿割缝方向扩展的应力场需要满足以下条件：

$$\sigma_\rho \geqslant \sigma_\theta \tag{4.15}$$

当 ρ 满足式（4.14）和式（4.15）时，裂缝将继续朝着割缝方向扩展。根据式（4.1），可得出导向距离 l：

$$l = \frac{a+b}{2}\rho + \frac{a-b}{2\rho} - a \tag{4.16}$$

4.3　割缝导向压裂相似实验

4.3.1　试样的确定及基本参数测试

1. 试样的选取

以往很多学者的理论和实验研究均表明天然裂缝、节理及裂隙会对水力压裂裂缝扩展行为有很大影响[35-37]。当水压裂缝穿过天然裂缝时，裂缝会发生三种扩展行为：①水压裂缝直接穿过天然裂缝，沿原始方向扩展；②水压裂缝连接天然裂缝后沿天然裂缝方向扩展；③水压裂缝连接天然裂缝后，在天然裂缝末端沿原始方向扩展。

由于原始煤样的均质度比较低，煤体内部的原生裂隙和节理相对于其他岩石要多。同时，在煤矿井下要取得 300mm×300mm×300mm 的立方体煤样极为困难。综合考虑以上因素及其他学者的研究成果中使用的岩石材料，本次实验选取砂岩试样来进行割缝导向压裂物理相似模拟实验。

2. 物理力学参数的基本测试

使用套筒内径为 50mm 的取心机将取得的砂岩样本打磨成 50mm×100mm 的标准圆柱形试样，如图 4.4 所示。

图 4.4　物理力学参数测试试样

对 Φ50mm×100mm 的标准圆柱形试样进行单轴抗压及抗拉实验，取每组实验三个试样的平均值作为实验结果，试样的破坏形态如图 4.5 所示，实验测试所得物理力学参数如表 4.1 所示。

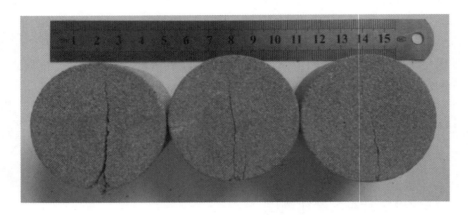

图 4.5　砂岩力学性能测试破坏结果

表 4.1　砂岩物理力学参数表

种类	密度/(kg/m^3)	抗拉强度/MPa	抗压强度/MPa	泊松比	弹性模量/GPa
砂岩	2333	4.09	56.4	0.24	36

4.3.2　不同条件下割缝深度变化规律测试实验

为了更好地模拟水力割缝导向压裂实验，我们需要预先开展砂岩的水力化割缝深度测试实验，得到射流移动切割速度及泵压对割缝深度的影响规律，这样才能得到实验方案预先设计的试样结构。

1. 水射流测试平台介绍

目前国内外关于水力化技术的实验设备以水射流参数测试为主，如 3D 粒子图像测速技术（three-dimensional particle imaging velocimeter）测试系统，主要用于水射流流场的测试，而不能对水射流的冲蚀能力、钻进能力等方面进行测试。作者所在实验团队基于粒子图像测速技术自主研发了四维水射流综合测试台，集成了多项水射流测试功能，主要用于水射流结构特征及性能参数的测试和水力化动力灾害防治关键技术实验室室内实验研究。

水射流测试平台主要由主机系统、控制系统、3DPIV 测试系统三个子系统组成，如图 4.6 所示，用于水射流性能参数的测试和水射流切割性能测试。测试精度高，性能稳定，可实现自动控制，能够实现 3DPIV 测试、压力测试、喷嘴性能测试、冲蚀物料能力测试等功能。本次实验主要采用冲蚀物料能力测试功能。

图 4.6 水射流测试平台总体图

注：CCD，charge coupled device，电荷耦合器件。

2. 水射流切割砂岩深度变化规律

水射流切割砂岩深度实验采用的喷嘴为单喷嘴，为了避免其他介质浓度变化带来的干扰，本次实验采用的介质为纯水，试样为立方体砂岩，具体实验条件如下所示。

（1）割缝喷嘴出口直径：1mm。

（2）泵压：15～40MPa。

（3）割缝喷嘴移动速度：0.1mm/s、0.2mm/s。

（4）试件：砂岩，尺寸为 300mm×300mm×300mm 的立方体，岩石力学性质如表 4.1 所示。

（5）割缝介质：纯水。

（6）初始靶距：1mm。

根据预先设置的参数，在水射流测试平台上固定好试件，并在系统输入固定移动速度后开始切割。割缝采用的高压泵为美国 GD820VSDS 变速三柱塞高压泵，泵压变化依次为 15MPa、20MPa、25MPa、30MPa、35MPa、40MPa。每条割缝长度设置为 50mm。切割后的砂岩试样表面缝槽如图 4.7 所示。

为了保证测试所得割缝深度的准确性，我们对每个缝槽从左至右进行 5 个测点的深度测量，然后将求得的平均值作为该条件下的切割深度，具体统计数据如表 4.2 所示。将所有数据绘制成曲线，即可得到单喷嘴在不同条件下对砂岩的切割深度变化规律，如图 4.8 所示。

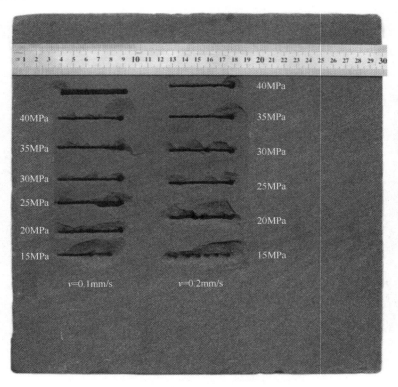

图 4.7 水射流切割砂岩测试结果图

表 4.2 水射流切割砂岩深度数据表

编号	介质	切割速度/（mm/s）	切割压力/MPa	初始靶距/mm	切割深度统计/mm					平均切割深度/mm
1	水	0.1	40	1	50	44	49	52	55	50.00
2	水	0.1	35	1	29	42	45	49	51	43.20
3	水	0.1	30	1	25	33	35	30	35	31.60
4	水	0.1	25	1	26	29	28	34	34	30.20
5	水	0.1	20	1	21	19	20	20	24	20.80
6	水	0.1	15	1	12	16	16	13	17	14.80
7	水	0.2	40	1	26	39	46	42	50	40.60
8	水	0.2	35	1	19	34	39	40	39	34.20
9	水	0.2	30	1	20	28	31	30	31	28.00
10	水	0.2	25	1	15	24	20	22	25	21.20
11	水	0.2	20	1	12	15	17	19	20	16.60
12	水	0.2	15	1	8	10	12	11	11	10.40

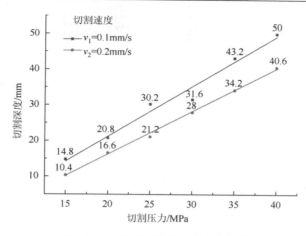

图 4.8　水射流切割砂岩深度变化规律

4.3.3　实验装置和样品制备

用于割缝导向压裂实验的系统示意图如图 4.9 所示。实验室设备包括水射流割缝系统、应力加载系统、加载控制系统、数据处理系统和柱塞泵。水射流割缝系统可以在试样内部形成规则的割缝孔。应力加载系统通过增压器和高压油源在水平方向提供 35MPa 的压力，在垂直方向提供 20MPa 压力。加载过程实现力-位移控制，加载控制系统精度为 ±1%。柱塞泵（型号为 260D，美国 Teledyne 公司）最大流量为 107mL/min，最大压力为 51.7MPa[38]。

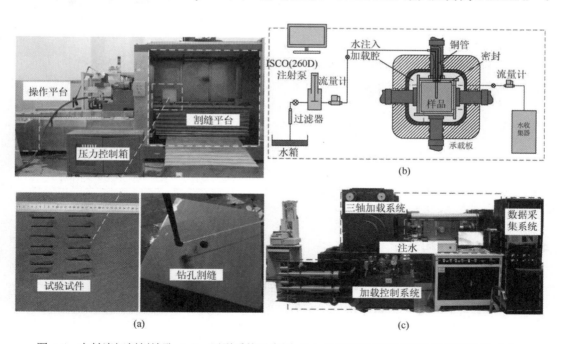

图 4.9　水射流切割割缝孔（a）、压裂系统示意图（b）及割缝导向压裂实验的压裂系统（c）

采集大块立方体煤样非常困难。一些实验和理论研究表明，天然煤样中的各种原始裂隙和层理将会影响裂隙的扩展[39-41]。本次实验的目的是探究水平应力差、开孔方位、开孔尺寸、注入压力等因素对定向距离的影响，并对建立的模型进行验证。使用均质砂岩即可满足实验目的，因此在实验中用这种材料代替煤。实验所用的砂岩样品从重庆某大型采石场大块砂岩中取得。将其切割成若干 300mm×300mm×300mm 的立方体，自然风干。在试件表面中心处钻直径为25mm、长度为150mm的孔。使用高强度 AB 胶密封孔的上部 85mm 部分，留下 65mm 的孔长度用于割缝。为了形成规则的割缝孔，本实验采用水射流对试样进行割缝。为了确定水射流割缝参数，可进行淹没状态割缝试验。在试验过程中，通过调节泵压、喷嘴直径和割缝速度等参数，以获得理想的割缝效果。由于水射流割缝操作较为复杂，为了提高实验效率，仅在钻孔一侧割缝。钻孔布置方式如图 4.10 所示。

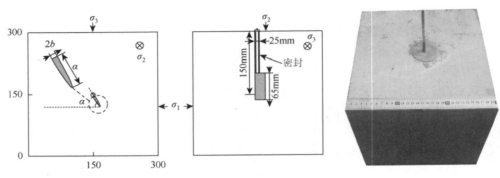

图 4.10　钻孔布置方式示意图（单位：mm）

将实验使用的砂岩取钻心制作成 $\varPhi$ 50×100mm 的圆柱形试件，使用 MTS 液压伺服机械系统（美国 MTS 公司）测量其基本力学参数。结果如表 4.3 所示。

表 4.3　砂岩试件基本力学参数

力学参数	抗拉强度/MPa	抗压强度/MPa	弹性模量/GPa	泊松比
测量值	4.1	56.9	36	0.24

4.3.4　实验设计和步骤

实验模拟了中国西南地区典型煤层气藏的地质条件[42]。实验条件如表 4.4 所示。一些学者发现，当岩石试样破坏面边长（直径）超过 200mm 且与预制裂缝的比值大于 5 时，裂缝的扩展不受试样尺寸的影响[43-44]。本次实验所用岩石试样的边长为 300mm，与预制裂缝的比值为 12。所以实验过程中裂缝的扩展不会受到试件尺寸的影响。实验步骤如下。

表 4.4　割缝导向压裂实验条件

试样编号	三轴应力 $(\sigma_v/\sigma_1/\sigma_3)$/MPa	水平应力差 $(\sigma_1\sim\sigma_3)$/MPa	开孔角度 (α)/(°)	开孔尺寸 $(a/b/h)$/mm	注水压力 (p_w)/MPa
A#	7/10/5	5	60	25/1.25/65	15
1#	7/10/1	9	60	25/1.25/65	15
2#	7/10/5	5	90	25/1.25/65	15
3#	7/10/5	5	60	37.5/1.25/65	15
4#	7/10/5	5	60	25/1.25/65	20

（1）应力加载：所有应力首先由增压器和高压油源以 0.01kN·s^{-1} 的速率加载到最小水平应力值。然后将最大水平应力加载到目标值。

（2）压裂：泵柱塞充满蒸馏水，泵开始产生高压蒸馏水。在规定压力下对系统加压，直到裂缝停止扩张，然后关闭泵。

（3）测量：用白色粉笔在试样表面标记裂纹扩展路径，然后用柱塞泵（20mL/min）将黄色颜料注入试样中标记初始断裂面积；最后用大柱塞泵（300L/min）将试样完全压开来测量导向距离。

4.3.5　实验结果

裂缝扩展结果如图 4.11（a）所示，扩展方向与割缝方向相同。用打排量柱塞泵压开试件后结果如图 4.11（b）所示：①第二次注水生成的裂缝与第一次生成的裂缝相比发生了明显偏转；②黄色颜料仅存在于钻孔和割缝区域。其可能的原因是均质砂岩产生的水力裂缝宽度小，颜料颗粒不能进入。

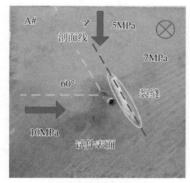
(a) 试样表面裂缝扩展结果

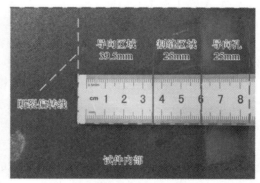
(b) 试样内导向距离的测量

图 4.11　试样压裂和测量结果

图 4.11（a）表明试样表面的裂缝扩展距离为 64mm，图 4.11（b）中的割缝长度和导向距离分别为 25mm 和 39.5mm。试样表面的裂缝扩展距离几乎等于第一次生成裂缝扩展距离与割缝长度之和。

　　为了保证测量导向距离的准确性和更直观地显示裂缝，我们对样本进行了工业 CT 扫描，结果如图 4.12 所示。

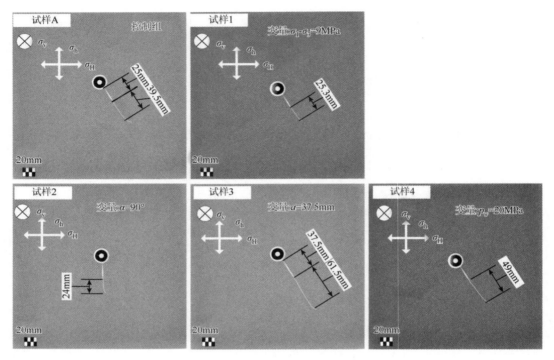

图 4.12　试样的工业 CT 扫描图像

注：黑色圆圈是钻孔；灰色部分为砂岩；白色线条代表裂缝

　　通对试样 A 的工业 CT 扫描，我们可以清楚地观察到，裂缝开始沿着割缝的方向扩展，在末端显示出明显的偏移。测量其导向距离为 39.5mm；与试样 A 相比，试样 1 的水平应力差变为 9MPa。从试样 1 工业的 CT 扫描中我们可以清楚地观察到，裂缝开始沿着割缝的方向扩展，在末端显示出明显的偏移。随着水平应力差的增大，导向距离明显减小。测量其导向距离为 25.3mm。与试样 1 相比，试样 2 的割缝孔方位角变为 90°。从试样 2 的工业 CT 扫描中我们可以清楚地观察到，裂缝开始沿着割缝的方向扩展，在末端显示出明显的偏移。随着割缝孔方位角的增大，导向距离明显减小。测量其导向距离为 24mm。与试样 2 相比，试样 3 的割缝孔尺寸变为 61.5mm。从试样 3 的工业 CT 扫描中我们可以清楚地观察到，裂缝开始沿着割缝的方向扩展，在末端显示出明显的偏移。随着割缝孔尺寸的增大，导向距离明显增大。测量的导向距离为 49mm。与试样 A 相比，试样 4 的注水压力变为 20MPa。从试样 3 的工业 CT 扫描中我们可以清楚地观察到，裂缝开始沿着割缝的方向扩展，在末端显示出明显的偏移。随着注入压力的增大，导向距离明显增大。测量的导向距离为 49mm。

　　将试样 A、试样 1、试样 2、试样 3 和试样 4 的实验参数输入到模型中。然后将模型计算的导向距离与实验测量的距离进行比较。结果如图 4.13 所示。

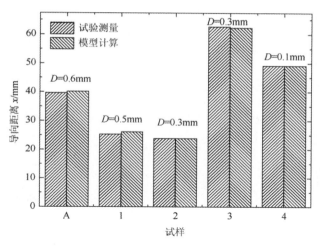

图 4.13　实验结果与模型计算结果的比较

注：D 是导向距离偏差

　　模型计算的试样 A、试样 1、试样 2、试样 3、试样 4 的导向距离分别为 40.1mm、25.9mm、23.7mm、62.2mm 和 49.1mm。图 4.13 所示导向距离偏差不大于 3%，实验结果与模型计算结果一致，说明理论推导建立的模型是可靠的。取得良好实验结果的原因是：①本实验所用样品均取自同一大块砂岩。在试样制备过程中，将大块砂岩切割成 10 个中块，将每个中块切割成 2 个试样，分别标记为 A_i 和 B_i。对 A 组的 10 个试样进行拉伸强度测试，并记录 5 个抗拉强度最相近的试样。采用 5 个 B 组相对应的试样作为实验对象进行割缝导向压裂实验；②工业 CT 扫描记录裂缝形态，精确测量导向距离。

　　模型中有 4 个因素（水平应力差、割缝孔方位角、割缝尺寸 k、注入压力 p_w）影响导向距离。为了进一步研究这些因素与导向距离的关系，我们将它们代入模型中。根据工程经验，最大割缝长度为 3.0m，割缝宽度固定值约为 0.05m，为便于尺寸描述，将 k 定义为割缝长宽比（A/B），结果如图 4.14 所示。

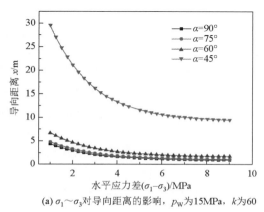

(a) $\sigma_1 \sim \sigma_3$ 对导向距离的影响，p_w 为15MPa，k 为60

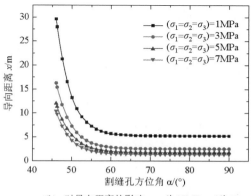

(b) α 对导向距离的影响，p_w 为15MPa，k 为60

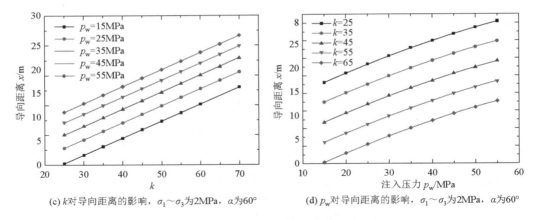

(c) k对导向距离的影响，$\sigma_1\sim\sigma_3$为2MPa，α为60°　　　　(d) p_w对导向距离的影响，$\sigma_1\sim\sigma_3$为2MPa，α为60°

图 4.14　各因素对导向距离的影响

图 4.14（a）表明，导向距离随水平应力差的减小而增大，且增大速率逐渐增大，呈指数关系。割缝方位角 α 对导向距离增大速率有影响，随着 α 的减小，增大速率逐渐增大；α 接近 90°时，导向距离增大速率不明显。图 4.14（b）表明，随着 α 的减小，导向距离呈指数增长。水平应力差对导向距离增长率有影响，随着水平应力差的减小，导向距离增长率逐渐增大。此外，当 α 接近 90°时，角度的变化只产生轻微的影响；当 α 接近 45°时，角度的变化对导向距离的影响很大。图 4.14（c）表明，导向距离随割缝孔尺寸（k）的增大而增大，呈线性关系，增加速率是固定的，注入压力（p_w）对其没有影响。图 4.14（d）表明，导向距离随注入压力（p_w）的增大而增大，两者呈二次关系。但随着 p_w 的增大，其增大速率逐渐降低。这表明，通过提高注水压力增大导向距离是有限制的。

4.4　割缝导向压裂裂缝起裂及扩展规律实验

4.4.1　试样的制作及实验条件

1. 试样的制作

考虑到真三轴压裂设备容纳的最大试样尺寸及边界效应，割缝导向压裂试样为 300mm×300mm×300mm 的立方体砂岩，并增加实验试样制作的可操作性，具体设计如图 4.15 所示。将试样从上表面使用外径为 20mm 的钻头进行钻孔至试样中部位置，每个试样内部钻取三个共线钻孔用来模拟压裂孔与割缝孔，钻孔中心距离为 90mm，加工好钻孔的砂岩试样如图 4.16 所示。

根据水射流切割砂岩深度的实验结果，考虑钻孔之间的距离，本书采用 0.1mm/s 的切割速度、15MPa 的泵压，拟在钻孔内部切割长为 50mm、深为 15mm 的缝槽。将钻孔后的砂岩试样放在水射流测试平台上，使用 1mm 孔径的单喷嘴伸入钻孔底部，控制平台依次切割每个试样。

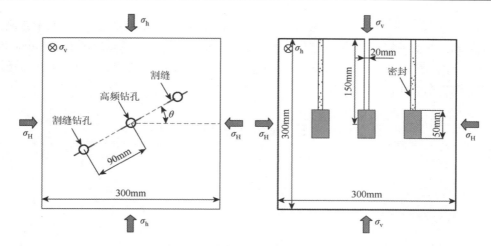

图 4.15　割缝导向压裂试样设计示意图

图 4.16　钻孔后的砂岩试样

待每个试样自然干燥后，使用外径为 15mm 焊接 6mm（内径 3mm）接头的压裂管配合植筋胶将试样封孔，制作好的试样如图 4.17 所示，图 4.17（a）为试样封孔后的实物图，从左至右割缝偏差角为 30°、45°、60°、90°，图 4.17（b）为割缝偏差角为 60°试样剖开后钻孔内部割缝形态及深度实物图。

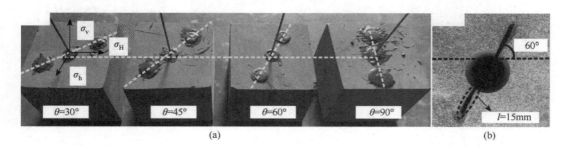

图 4.17　割缝导向压裂试样完成图

2. 实验条件

实验按表 4.5 中所示设计参数进行物理相似模拟实验，其中割缝偏差角有 4 个水平（30°、

45°、60°、90°），水平应力差异系数有 4 个水平（0.5、0.75、1.0、1.25）。利用水射流测试平台将试样制作好后，放入大尺寸真三轴压裂实验系统中，采用高压柱塞泵美国（Teledyne ISCO 260D）对试样进行注水压裂，压裂流量为恒定值（80mL/min），并通过数据采集系统记录压裂曲线，具体系统连接如图 4.18 所示。

表 4.5　实验设计加载参数表

试样编号	种类	垂直应力 σ_v/MPa	最大水平主应力 σ_H/MPa	最小水平主应力 σ_h/MPa	水平应力差异系数 K_h	割缝偏差角 θ/(°)
1	割缝偏差角对比组	9	12	8	0.5	30
2		9	12	8	0.5	45
3		9	12	8	0.5	60
4		9	12	8	0.5	90
5	水平应力差异系数对比组	9	14	8	0.75	45
6		9	16	8	1.0	45
7		9	18	8	1.25	45

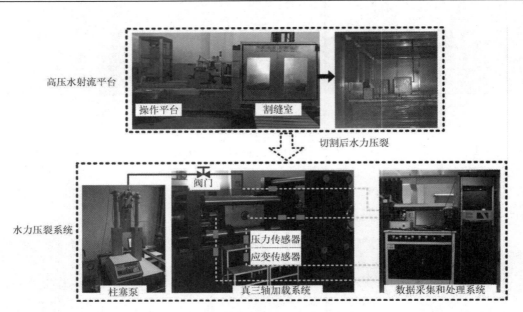

图 4.18　割缝导向压裂实验系统连接示意图

当试样放入加载系统后，在压裂前预先对试样进行地应力加载。试样在加载时采用阶梯状交替将三个方向加载应力升高，当每一步加载的应力稳定后，再进行下一个增量的加载，如图 4.19 所示为试样 1（$K_h = 0.5$、$\theta = 30°$）的三向应力加载曲线。在试样加载完成后，保持 1h 后再使用高压泵进行注水压裂。当注水压力突降后，并达到稳定值时停止注水，此时视为一次完整的压裂过程。

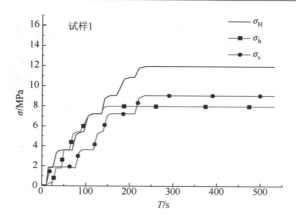

图 4.19　试样 1 应力加载过程曲线

4.4.2　割缝导向压裂裂缝扩展形态分析

由于实验试样采用的是比较均质的脆性砂岩，水力压裂后的裂缝宽度非常窄，使用肉眼难以直接观察，因此我们取出压裂后的试样，在裂缝处的砂岩表面涂抹白色粉末后再次注水，使水压裂缝更好地显示并拍照、观察。

图 4.20 所示为实验结束后选取裂缝较为明显的试样 1（$K_h = 0.5$、$\theta = 30°$）、试样 3（$K_h = 0.5$、$\theta = 60°$）、试样 6（$K_h = 1.0$、$\theta = 45°$）压裂后的实物图。同时，我们对每个试样进行了工业 CT 扫描来观察内部裂纹扩展情况，试样扫描切面为割缝长度的中间位置。图 4.21 分别为割缝偏差角对比组、水平应力差异系数对比组砂岩试样的裂缝工业 CT 扫描结果。

结合图 4.20（a）、图 4.20（b）与图 4.21（a）可以发现，当水平应力差异系数为 0.5 时，割缝导向压裂形成的水压裂缝并没有沿初始最大主应力方向扩展，而是沿割缝钻孔布置方向扩展。割缝导向压裂裂缝扩展方向与割缝方向的夹角为 0°。这个现象说明，当水平应力差异系数较小时，割缝导向压裂的方法可以突破初始最大主应力对裂缝扩展方向主导控制影响，有效地改变裂缝扩展方向，使裂缝沿割缝方向扩展。

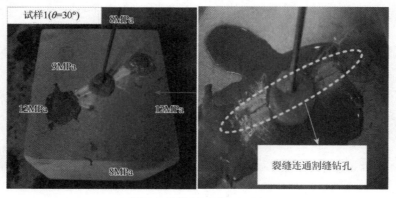

(a)试样1水压裂缝总体图和局部放大图

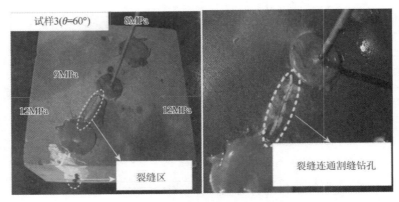

(b)试样3水压裂缝总体图和局部放大图

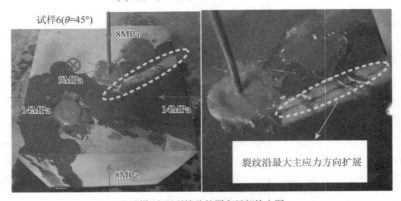

(c)试样6水压裂缝总体图和局部放大图

图 4.20　试样 1、试样 3 及试样 6 割缝导向压裂裂缝扩展图

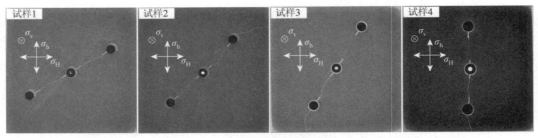

(a)割缝偏差角对比组

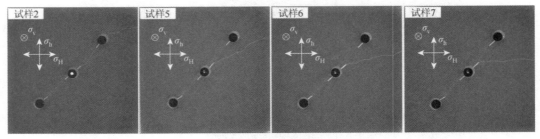

(b)水平应力差异系数对比组

图 4.21　试样裂缝工业 CT 扫描图

为了研究水平应力差异系数对割缝导向压裂裂缝扩展影响，我们逐渐升高初始加载的最大水平主应力，发现当 K_h 逐渐从 0.5 变化至 1.25 时，压裂孔的裂缝开始不再沟通附近钻孔，沿钻孔布置的方向扩展，而是逐渐向最大主应力方向偏转，且随着水平应力差异系数的增加，偏转的角度也越来越大。这说明初始最大水平应力差异系数越大，对割缝导向压裂裂缝定向扩展的抑制作用也越大，也就是最大主应力方向对裂缝扩展方向的控制作用越大，表现得越明显。

根据地质资料统计，目前我国的大多数煤矿开采水平还处于 500～700m，水平应力差异系数大致分布范围是 0.46～0.55。随着煤矿开采深度的增加，水平地应力的绝对值会逐渐升高，但是水平应力差异系数却会降低。换言之，对于当前的开采深度或者更深的开采深度，割缝导向压裂的方法能够直接、有效地控制水压裂缝的扩展方向。因此，我们可以通过割缝导向压裂的方法对煤层实现定点或定向的增透，从而更高效地进行煤层气开发，防治煤与瓦斯突出事故。

4.4.3　割缝导向压裂起裂压力变化规律分析

实验中，我们将每个试样在不同条件下的注水压力变化进行了详细记录，将其绘制成如图 4.22 所示的压裂曲线汇总图。

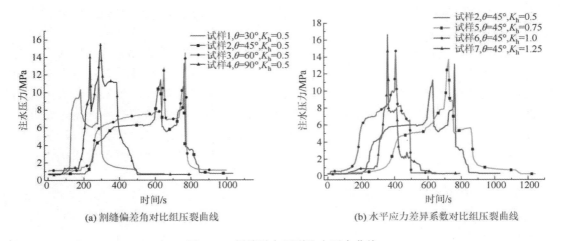

(a) 割缝偏差角对比组压裂曲线　　　　　　　　(b) 水平应力差异系数对比组压裂曲线

图 4.22　割缝导向压裂注水压力曲线

从图 4.22 我们发现，割缝导向压裂的注水压力曲线随着割缝偏差角和水平应力差异系数的变化表现出一定的规律性。压裂曲线大致可以分为两类，第一类为只有 1 个波峰的压裂曲线，如试样 5、试样 6、试样 7 压裂曲线所示，这与其他学者研究的常规压裂曲线表现类似。第二类压裂曲线形态则包含了 2 个波峰，如试样 1～试样 4 压裂曲线所示。我们选取两个典型的压裂曲线形态进行对比，如图 4.23 所示。

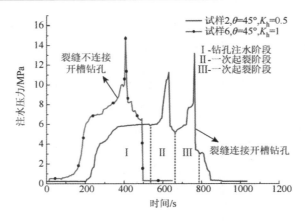

图 4.23　两种压裂形态对比图

根据以往学者的研究，当压裂曲线出现较为明显的波峰时，可以将该波峰视为起裂压力。结合图 4.20 和图 4.21 中割缝导向压裂裂缝定向扩展实验结果，对于这两种压裂曲线形态的出现，我们做出以下分析。

当压裂孔注水压裂时，水压会逐渐升高至钻孔孔壁的最大抗拉强度，然后起裂，此时出现第一个压裂曲线波峰，我们称为一次压裂现象。当裂缝逐渐扩展至附近割缝孔时，孔内水压表现出与压裂孔类似的重复过程，再次发生起裂现象，出现第二个压裂曲线波峰，我们称为二次压裂现象。而假设裂缝从压裂孔向外扩展后没有沟通其他钻孔时，则仅会出现一次压裂现象。

因此，我们将图 4.23 中的二次压裂曲线分为三个阶段：Ⅰ为钻孔注水阶段，此时压裂孔内水压急剧上升；Ⅱ为一次起裂阶段，这个阶段内的压裂曲线与常规压裂曲线一致，说明此时压裂孔内水压达到了岩石内部的最大抗拉强度，产生破坏后裂缝开始扩展，水压则下降至一定程度；Ⅲ为二次起裂阶段，这个阶段是裂缝沟通附近钻孔的阶段，当附近钻孔再次起裂时则重复第Ⅱ阶段的压裂曲线规律。以上三个阶段的特征，可以为现场实施割缝导向压裂时判断水压裂缝是否定向扩展、达到控制效果提供有效参考。

为了探索割缝偏差角和水平应力差异系数对割缝导向压裂起裂压力的影响规律，我们将每个试样压裂曲线的峰值提取出来并绘制如图 4.24 所示。实验结果表明，随着割缝偏差角及水平应力差异系数越大，起裂压力越高。二次起裂压力一般要高于一次起裂压力。这是由压裂孔附近的非均匀孔隙水压力梯度场导致的，孔隙水压力的增高会减小有效应力，因此割缝钻孔附近的孔隙水压力稍低于压裂孔，导致二次起裂压力较高，这与第 3 章中孔隙压力梯度对起裂压力影响的理论分析模型结果是相符合的，也验证了该结论的正确性。同时，我们发现随着割缝偏差角及水平应力差异系数的增加，割缝导向压裂的起裂压力也随之增高了。这是由于割缝偏差角及水平应力差异系数的增大导致了试样内部缝槽尖端应力集中的峰值增加，需要更大的注入水压来克服该部分的力。

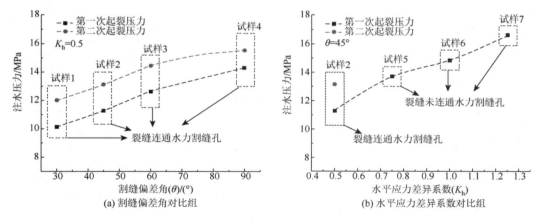

图 4.24　不同条件下起裂压力变化规律

4.5　割缝导向压裂现场对比试验研究

针对常规水力压裂在深部复杂煤层应用时容易出现的问题,本书主要开展了基于孔隙压力梯度的割缝导向压裂裂缝扩展控制方法研究,本章主要根据前文的研究内容,拟在西南地区松藻矿区低渗煤层开展割缝导向压裂、常规水力压裂及普通钻孔方法对煤层瓦斯预抽效果考察,研究使用不同技术抽采钻孔的单孔瓦斯抽采浓度及纯量、汇总浓度差异性,对比分析抽采效果及高效抽采时间。

4.5.1　试验地点概况

1. 试验地点选择

本次试验地点为逢春煤矿 + 680N11203 回风巷。

2. 试验地点基本情况

+ 680N11203 回风巷-2 区井下位于 + 680N1#石门与 + 680N2#石门之间,对应地表位于槽槽弯以东 149.8m、羊古老以南 388.0m、干水井以西 60.0m、坟冈冈以北 193.0m。地表地形坡度较陡,呈东高西低之势,有少量的植被。井下标高为 674.2～678.7m,地面标高为 1027.7～1197.8m。

3. 工作面瓦斯地质情况

张狮坝矿区所回采的 M7、M8、M12 煤层原始瓦斯含量分别为 17.67m³/t、18.58m³/t、8.19m³/t;除 M7 煤层有煤尘爆炸危险性,其他各煤层均无煤尘爆炸性;矿井开采的 M7、M8、M12 煤层皆有自燃发火倾向性,其中 M7、M8 煤层为三类自燃倾向性,属 I 级自燃发火矿井,其中 M8 煤层自燃尤为严重,最短发火期为 22d。

4. 煤层顶底板

煤层顶底板情况如表 4.6 所示。

表 4.6　煤层顶底板情况

编号	厚度/m	倾角/(°)	稳定性	直接顶	底板
M7	1.09	24～30	较稳定	粉砂岩、细砂岩	粉砂岩、砂质泥岩
M8	3.83	24～30	较稳定	粉砂岩、砂质泥岩	粉砂岩、砂质泥岩
M12	0.79	24～30	较稳定	粉砂岩、砂质泥岩	铝土质泥岩

5. 煤的物理性质

矿井所有可采煤层均为优质无烟煤，似金属光泽，一般为粉末状、粒状，少数呈带状、均一状，各煤层工业分析结果如表 4.7 所示。

表 4.7　煤层物理参数

序号	煤层	工业分析结果					
		水分 M_{ad}/%	灰分 A_{ad}/%	挥发分 V_{ad}/%	真密度/(g·cm⁻³)	视密度/(g·cm⁻³)	孔隙率 f/%
1	M12	0.69	14.11	10.37	1.47	1.39	5.44
2	M7-2	0.52	24.90	12.33	1.56	1.5	3.85
3	M8	0.47	35.58	14.11	1.67	1.59	4.79

4.5.2　试验装备及钻孔布置方式

1. 试验装备

水力割缝系统主要由高压密封钻杆、高压密封输水器、自动切换式割缝器、高压胶管等组成。高压水力压裂系统主要由 BZW56/200 型高压泵、水箱、压力-流量监测系统、智能控制台与监控装置、压力表、高压管、开关及相关装置连接接头等组成。高压泵安设在试验地点压裂钻孔进风侧，操作人员距离高压设备及管路不得少于 10m；将井下供水管连接至高压注水泵的水箱进水口，水箱出水口采用专用胶管与高压注水泵连接，然后使用 Φ25mm 高压胶管以及快速接头将高压管路与钻孔内部高压钢管连通，压裂孔孔口处高压注水管必须安设高压闸门、卸压阀等。

2. 钻孔布置方式

本次对比试验开展的主要有三种技术方法现场试验，分别为割缝导向压裂试验、常规水力压裂试验以及空白对照试验（普通方式钻孔抽采法）。

　　试验地点选择在 + 680N11203 回风巷，分别在 N11203 回风巷的 10#钻场、13#钻场、15#钻场进行三种试验，每个钻场间隔 100m。为了保证割缝导向压裂方法与常规水力压裂方法形成的裂缝互不干扰，我们在 10#钻场实施常规水力压裂试验，13#钻场实施普通方式钻孔抽采，15#钻场实施割缝导向压裂试验方法。具体试验地点 + 680N11203 回风巷的平面图及剖面图如图 4.25 所示。

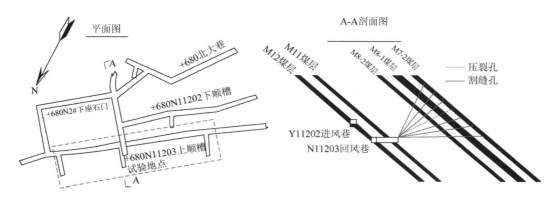

图 4.25　试验地点平面图及剖面图

　　为了研究割缝导向压裂方法的定向增透效果，基于之前理论及物理实验研究内容，设置割缝孔割缝方向与煤层走向方向一致，割缝孔与压裂孔布置在同一直线方向，抽采钻孔也主要布置在煤层走向方向。对应的割缝孔在常规压裂和普通方式钻孔抽采方法中设置为常规钻孔作为对照，避免钻孔数量对煤层透气性的影响。本次对比试验所有钻孔终孔设置间距均为 10m，控制区域约为 60m×20m 的长方形，钻孔布置方式具体设置如图 4.26 所示。

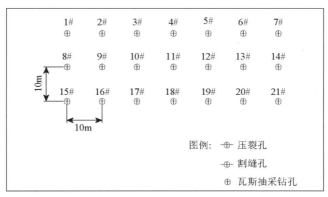

(a) 普通瓦斯抽采钻孔布置方式

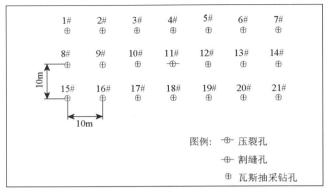

(b) 常规水力压裂钻孔布置方式

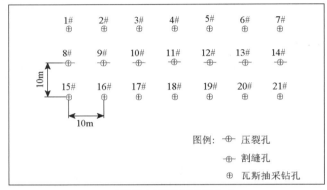

(c) 割缝导向压裂钻孔布置方式

图 4.26　不同技术方法钻孔布置方式

使用长度为 2m、直径为 1 寸（1 寸≈3.33 厘米）的铁管若干根，选择部分铁管均匀交叉布置为 10mm×20cm 的筛孔。孔内最前端的铁管焊制直径为 73mm 的定位圈，保证铁管定位于钻孔中间。钻孔施工完成后，立即将加工好的铁管埋于孔内，孔口段 20m 采用不钻筛眼的铁管连接，其余段采用钻筛眼的铁管连接，并保证至少留有 0.2m 铁管在钻孔外。

铁管下套至孔口段时，采用棉纱和马丽散 N 缠绕至下套铁管上进行预堵，预堵段末端离孔口的距离为 0.5m 左右，马丽散 N 封堵长度为 0.5m（仰角小于 10°的钻孔距孔口 10m 段位置必须采用袋装合成树脂进行预堵）。间隔一天后采用注浆泵向孔内灌浆，材料为水泥、白水泥（质量比为 3.5：1）混合物（料水质量比控制在 2.5：1），封孔深度为 10m。

4.5.3　不同技术方法瓦斯抽采效果考察

1. 抽采效果考察

采用高浓度瓦检仪对割缝导向压裂、常规压裂及普通抽采钻孔方法进行初抽单孔浓度、初抽汇总浓度以及初抽平均单孔纯量测定，为了直观地观察对比三种方法的差异性及规律，将以上测定数据绘制成图 4.27～图 4.29。

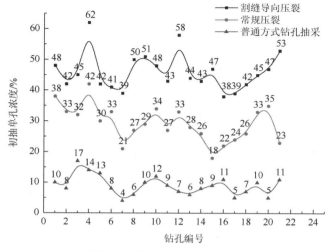

图 4.27　初抽单孔浓度对比图

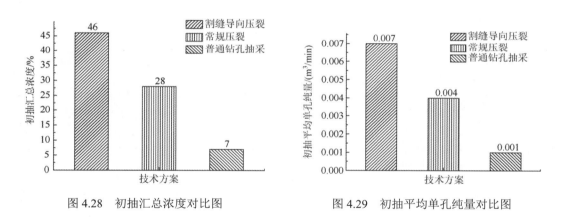

图 4.28　初抽汇总浓度对比图　　　　图 4.29　初抽平均单孔纯量对比图

采用割缝导向压裂抽采技术的钻场钻孔初抽浓度为 48%～62%、初抽汇总浓度为 46%、初抽平均单孔纯量为 0.007m³/min；采用常规水力压裂抽采技术的钻场钻孔初抽浓度为 18%～38%、初抽汇总浓度为 28%、初抽平均单孔纯量为 0.004m³/min；采用普通方式封孔抽采技术的钻场钻孔初抽浓度为 4%～17%、初抽汇总浓度为 7%、初抽平均单孔纯量为 0.001m³/min。

采用割缝导向压裂抽采技术的钻孔相对于常规水力压裂抽采技术在初抽单孔浓度上提高了 24～30 个百分点，在初抽汇总浓度上提高了 18 个百分点，在初抽平均单孔纯量上提高了 0.75 倍；相对于普通方式钻孔抽采技术在初抽单孔浓度上提高了 44～45 个百分点，在初抽汇总浓度上提高了 39 个百分点，在初抽平均单孔纯量上提高了 6 倍。

2. 高效抽采时间考察

试验钻场接抽后，每间隔一周对钻场抽采参数进行测定（由于该地点在 9 月初管道拆除进行封闭，所以只对比了四周的数据），为使汇总浓度衰减情况更直观，将试验数据绘制如图 4.30 所示。

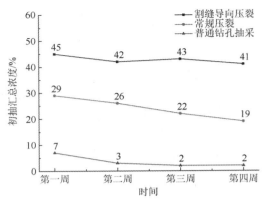

图 4.30　汇总浓度衰减情况对比

由图 4.30 可知，割缝导向压裂技术在试验钻场抽采一个月后的汇总浓度衰减了 4 个百分点，衰减率为 8.9%；常规压裂技术的汇总浓度衰减了 10 个百分点，衰减率为 34.5%；普通钻孔抽采技术汇总浓度衰减了 5 个百分点，衰减率为 71.4%。

参 考 文 献

[1] 孙慧，单蕾，刘烁.中国天然气市场化改革加速推进——中国天然气行业 2016 年回顾与 2017 年展望[J]. 国际石油经济，2017，25（6）：51-57.

[2] Liu X F，Song D Z，He X Q，et al. Nanopore structure of deep-burial coals explored by AFM[J]. Fuel，2019，246：9-17.

[3] He X Q，Liu X F，Song D Z，et al. Effect of microstructure on electrical property of coal surface[J]. Applied Surface Science，2019，483：713-720.

[4] Liu W，Jiang D Y，Chen J，et al. Comprehensive feasibility study of two-well-horizontal caverns for natural gas storage in thinly-bedded salt rocks in china[J]. Energy，2017，143：1006-1019.

[5] Liu W，Chen J，Jiang D Y，et al. Tightness and suitability evaluation of abandoned salt caverns served as hydrocarbon energies storage under adverse geological conditions（AGC）[J]. Applied Energy，2016，178：703-720.

[6] 冯明，陈力，徐承科，等. 中国煤层气资源与可持续发展战略[J]. 资源科学，2007，29（3）：100-104.

[7] Li Q，Lu Y Y，Ge Z L，et al. A new tree-type fracturing method for stimulating coal seam gas reservoirs[J]. Energies，2017，10（9）：1388.

[8] Hu G Z，Xu J L，Zhang F X，et al. Coal and coalbed methane co-extraction technology based on the ground movement in the Yangquan coalfield，China[J]. Energies，2015，8：6881–6897.

[9] Ranathunga A S，Perera M S A，Ranjith P G. Deep coal seams as a greener energy source: A review[J]. Journal of Geophysics and Engineering，2014，11（6）.

[10] Tian L，Cao Y X，Chai X Z，et al. Best practices for the determination of low-pressure/permeability coalbed methane reservoirs，Yuwu Coal Mine，Luan mining area，China[J]. Fuel，2015，160：100-107.

[11] Li Q S，Xing H L，Liu J J，et al. A review on hydraulic fracturing of unconventional reservoir[J]. Petroleum，2015，1（1）：8-15.

[12] 卢义玉，杨枫，葛兆龙，等. 清洁压裂液与水对煤层渗透率影响对比试验研究[J]. 煤炭学报，2015，40（1）：93-97.

[13] 姜浒，陈勉，张广清，等. 定向射孔对水力裂缝起裂与延伸的影响[J]. 岩石力学与工程学报，2008，28（7）：1321-1326.

[14] 卢义玉，贾云中，汤积仁，等. 非均匀孔隙压力场导向水压裂纹扩展机制[J]. 东北大学学报（自然科学版），2016，37（7）：1028-1033.

[15] 宋晨鹏. 煤矿井下多孔联合压裂裂缝控制方法研究[D]. 重庆：重庆大学，2015.

[16] 程玉刚，卢义玉，葛兆龙，等. 孔隙水压力梯度对煤层导向压裂控制影响[J]. 东北大学学报（自然科学版），2017（7）：1048.

[17] Gholami A，Aghighi M A，Rahman S S. Effect of non-uniform pore pressure fields on hydraulic fracture propagation[J].

Journal of Petroleum Science and Engineering，2017，159：889-902.

[18] Bruno M S，Nakagawa F M. Pore pressure influence on tensile fracture propagation in sedimentary rock[J]. International Journal of Rock Mechanics and Mining Sciences &，Geomechanics Abstracts，1991，28（4）：261-273.

[19] 刘勇，卢义玉，魏建平，等. 井下射孔强化压裂裂缝导流机理研究[J]. 安全与环境学报，2014，14（4）：83-87.

[20] 闫发志，朱传杰，郭畅，等. 割缝与压裂协同增透技术参数数值模拟与试验[J]. 煤炭学报，2015，40（4）：823-829.

[21] Bruno G D，Einstein H H. Finite element study of fracture initiation in flaws subject to internal fluid pressure and vertical stress[J]. International Journal of Solids and Structures，2014，51（23-24）：4122-4136.

[22] Zhou D，Zheng P，He P，et al. Hydraulic fracture propagation direction during volume fracturing in unconventional reservoirs[J]. Journal of Petroleum Science and Engineering，2016，141：82-89.

[23] 黄炳香，王友壮. 顶板钻孔割缝导向水压裂缝扩展的现场试验[J]. 煤炭学报，2015，40（9）：2002-2008.

[24] Yan F Z，Lin B Q，Zhu C J，et al. A novel ECBM extraction technology based on the integration of hydraulic slotting and hydraulic fracturing[J]. Journal of Natural Gas Science & Engineering，2015，22：571-579.

[25] 夏彬伟，胡科，卢义玉，等. 井下煤层水力压裂裂缝导向机理及方法[J]. 重庆大学学报：自然科学版，2013，36（9）：8-13.

[26] Mao R B，Feng Z J，Liu Z H，et al. Laboratory hydraulic fracturing test on large-scale pre-cracked granite samples[J]. Journal of Natural Gas Science & Engineering，2017，278-286.

[27] Mushhelishvili N I，Radok J R M. Some basic problems of the mathematical theory of elasticity[J]. American Mathematical Monthly，1953，74（6）：752.

[28] 陈子荫. 围岩力学分析中的解析方法[M]. 北京：煤炭工业出版社，1994.

[29] 吕爱钟，张路青. 地下隧洞力学分析的复变函数方法[M]. 北京：科学出版社，2007.

[30] 徐芝纶. 弹性力学. 上册[M]. 北京：人民教育出版社，1979.

[31] Lin C，He J，Li X. Width evolution of the hydraulic fractures in different reservoir rocks[J]. Rock Mechanics and Rock Engineering，2018，51：1621-1627.

[32] Ehlig-Economides C，Economides M J. Sequestering carbon dioxide in a closed underground volume[J]. Journal of Petroleum Science & Engineering，2010，70（1-2）：123-130.

[33] Hossain M M，Rahman K，Rahman S S. Hydraulic fracture initiation and propagation：Roles of wellbore trajectory，perforation and stress regimes[J]. Journal of Petroleum Science and Engineering，2000，27（3）：129-149.

[34] Haimson B，Fairhurst C. Initiation and extension of hydraulic fractures in rocks[J]. Society of Petroleum Engineers Journal，1967，7（3）：310-318.

[35] 宋晨鹏，卢义玉，贾云中，等. 煤岩交界面对水力压裂裂缝扩展的影响[J]. 东北大学学报（自然科学版），2014，35（9）：1340-1345.

[36] 衡帅，杨春和，郭印同，等. 层理对页岩水力裂缝扩展的影响研究[J]. 岩石力学与工程学报. 2015，（2）：228-237.

[37] Zhao H F，Chen M. Extending behavior of hydraulic fracture when reaching formation interface[J]. Journal of Petroleum Science and Engineering，2010；74：26-30.

[38] Zhang X W，Lu Y Y，Tang J R，et al. Experimental study on fracture initiation and propagation in shale using supercritical carbon dioxide fracturing[J]. Fuel，2016，190：370-378.

[39] Zhou J，Chen M，Jin Y，et al. Analysis of fracture propagation behavior and fracture geometry using a tri-axial fracturing system in naturally fractured reservoirs[J]. International Journal of Rock Mechanics and Mining Sciences，2008，45（7）：1143-1152.

[40] Zhao H F，Chen M. Extending behavior of hydraulic fracture when reaching formation interface[J]. Journal of Petroleum Science and Engineering，2010，74（1-2）：26-30.

[41] Taleghani A D，Gonzalez M，Shojaei A. Overview of numerical models for interactions between hydraulic fractures and natural fractures：Challenges and limitations[J]. Computers & Geotechnics，2016，71：361-368.

[42] 程亮，卢义玉，葛兆龙，等. 倾斜煤层水力压裂起裂压力计算模型及判断准则[J]. 岩土力学，2015（2）：444-450.

[43] Bieniawski Z T，Heerden W L V. The significance of in situ tests on large rock specimens[J]. International Journal of Rock Mechanics & Mining Sciences & Geomechanics Abstracts，1975，12（4）：101-113.

[44] 许德才. 尺寸效应对水力裂缝扩展影响的试验研究[D]. 北京：中国石油大学（北京），2017.

第5章 基于孔隙压力梯度的导向压裂理论及技术

通过对复杂煤层水力压裂起裂扩展的控制因素研究发现，水压裂缝在扩展时受地应力、煤层产状等因素的明显限制，裂缝表现出形态单一、扩展无序的问题。水压裂缝表现出的不规律性无法满足煤层定向增透的要求，如何在地下"黑箱"复杂环境中实现水压裂缝的高连通率，达到定向增透效果，是突破常规压裂技术的关键。

基于孔隙压力梯度的割缝导向压裂方法，为解决上述问题提供了新思路。本章通过厚壁平面径向流理论获得孔隙压力梯度对穿层钻孔孔壁应力影响，获得孔隙水压力梯度对起裂及扩展的影响方程，同时通过分析预置水力割缝对煤体应力场重新分布的影响规律研究，揭示割缝导向压裂诱导水压裂缝定向扩展的机理，并利用 RFPA 软件对不同条件下的裂缝扩展特征进行演化。

5.1 割缝导向压裂方法及原理

基于孔隙压力梯度的割缝导向压裂裂缝扩展控制方法，其技术原理图如图 5.1 所示。

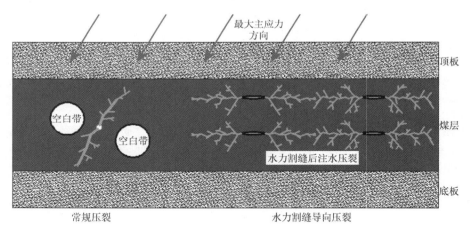

图 5.1 割缝导向压裂技术原理示意图

割缝导向压裂方法主要是利用水力割缝预先在煤层中预设的增透方向进行割缝，形成有序、一致的缝槽布置形态，然后对割缝孔进行高压注水，使煤体中形成孔隙压力梯度场，孔隙压力梯度场相互沟通后，再实施水力压裂技术。利用预置水力割缝对煤层局部地应力的改造效果及孔隙压力梯度场的诱导作用使水压裂缝沿预设方向定向扩展。

相对于常规水力压裂，割缝导向压裂对水压裂缝的扩展控制主要表现出以下优势。

（1）借助不同钻孔之间的注水压力，在煤体内形成非均匀孔隙压力梯度，降低有效应力，同时降低裂缝自组织扩展所需能量，诱导水压裂缝向高孔隙压力区域扩展。

（2）借助水射流在煤体中形成缝槽，实现对煤体局部应力的重新分布改造，突破原始地应力最大主应力方向影响，形成新的最大主应力条带区，使裂缝沿最大主应力条带区扩展。

该方法结合了孔隙压力梯度的诱导作用及水射流割缝对煤体最大主应力改造作用的优点，通过合理地布孔、割缝、注水、压裂等步骤使水压裂缝起裂及延伸能够按照预设或者工程要求方向扩展，达到定向或者定位增加煤层透气性的目的。

5.2　孔隙压力梯度诱导裂缝起裂及扩展理论

目前通过向煤层高压注水，使煤层产生非均匀孔隙压力场，诱导裂缝扩展的研究已经引起了一些学者的关注，但是孔隙水压力梯度如何减少穿层钻孔水力压裂起裂压力并诱导裂缝扩展的理论尚不完善。因此，本节对孔隙压力梯度对煤层水力压裂起裂压力及裂缝扩展的影响进行研究，并通过数值分析定性地分析孔隙压力梯度对起裂压力的影响作用。

5.2.1　孔隙压力梯度对起裂压力的影响

为了研究孔隙压力梯度的作用，本书在水力压裂钻孔附近设置一个导向孔，导向孔通过注入高压水会在煤层内形成人为的非均匀孔隙压力梯度对压裂孔围岩应力影响。

假设穿层钻孔与煤层面垂直，则钻孔受力示意图如图 5.2 所示，其中 σ_v 为铅直方向主应力，σ_H、σ_h 分别为水平方向最大、最小主应力，p_f 为压裂孔内水压，煤层倾角为 α，煤层倾向与最大水平主应力夹角为 β。对于远场地应力转化为坐标系（x,y,z）下压裂孔围岩应力状态，如式（5.1）所示[1]：

$$\begin{cases} \sigma_r = p \\ \sigma_\theta = (\sigma_x + \sigma_y) - 2(\sigma_x - \sigma_y)\cos 2\theta - 4\tau_{xy}\sin 2\theta - p \\ \sigma_{zz} = \sigma_z - \nu[2(\sigma_x + \sigma_y)\cos 2\theta + 4\tau_{xy}\sin 2\theta] \\ \tau_{\theta z} = 2\tau_{yz}\cos\theta - 2\tau_{xz}\sin\theta \\ \tau_{r\theta} = \tau_{zr} = 0 \end{cases} \tag{5.1}$$

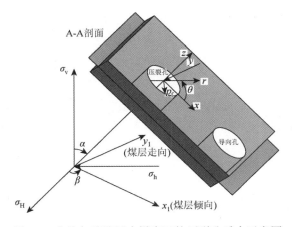

图 5.2　非均匀孔隙压力梯度下的压裂孔受力示意图

当压裂孔附近没有导向孔时，钻孔孔壁受力状态如式（2.9）所示。当压裂孔附近有导向孔时，导向孔形成的非均匀孔隙压力梯度影响压裂孔附近的有效应力产生变化。在图 5.2 中沿 A-A 面将煤层剖切，则压裂孔附近围岩应力变化如图 5.3 所示。

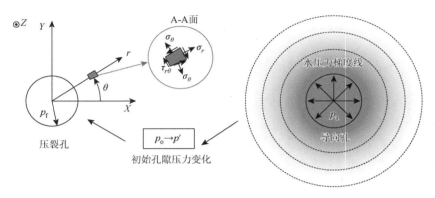

图 5.3　A-A 剖面图
（P_a 为注水压力）

根据厚壁平面径向流理论[2]，假设在无限大地层中，导向孔保持稳定注入高压水，其影响范围为 R，则距离导向孔 d 处的压力分布方程及边界条件可写成：

$$\begin{cases} \dfrac{\mathrm{d}}{\mathrm{d}d}\left(d\dfrac{\mathrm{d}p}{\mathrm{d}d}\right)=0, & (r_{\mathrm{w}}\leqslant d\leqslant R) \\ p(d=r_{\mathrm{w}})=p_{\mathrm{w}} \\ p(d=R)=p_{\mathrm{o}} \end{cases} \tag{5.2}$$

式中，r_{w} 为导向孔半径；p_{w} 为导向孔控制水压；p_{o} 为煤层原始孔隙水压力。

联合式（5.1）和式（5.2）解得导向孔附近压力分布为

$$p'=p_{\mathrm{w}}-\frac{p_{\mathrm{w}}-p_{\mathrm{o}}}{\ln\dfrac{R}{r_{\mathrm{w}}}}\ln\frac{d}{r_{\mathrm{w}}} \tag{5.3}$$

根据有效应力原理，在导向孔影响范围内的压裂孔附近应力发生变化。由于孔隙水压力只对正应力有影响，而对剪应力无影响。因此，式（5.1）中正应力变化为

$$\begin{cases} \bar{\sigma}_x=\sigma_x-p' \\ \bar{\sigma}_y=\sigma_y-p' \end{cases} \tag{5.4}$$

考虑到压裂孔内水压力与煤层孔隙压力间的差值，压裂孔壁处会存在滤失作用，引起孔壁围岩应力的改变。根据厚壁圆筒热弹性应力解得到径向渗流引起的孔壁上的切向应力的变化为

$$\Delta\sigma_\theta=(p_{\mathrm{f}}-p')\,\varphi\frac{1-2\nu}{1-\nu} \tag{5.5}$$

式中，φ 为煤层介质的 Biot 常数；ν 为介质的泊松比。因此，压裂孔壁处的切向应力变为

$$\sigma_\theta{}'=\sigma_\theta+\Delta\sigma_\theta \tag{5.6}$$

根据孔壁拉伸破坏理论，当压裂孔壁发生破坏时需满足条件：

$$\left|\sigma_\theta{}'\right| \geqslant Rt \tag{5.7}$$

联立式（5.1）、式（5.4）、式（5.5）～式（5.7）得到存在孔隙水压力梯度作用时，临界起裂压力为

$$p_{\mathrm{f}} = \frac{\sigma_x + \sigma_y - 2(\sigma_x - \sigma_y)\cos 2\theta - 4\tau_{xy}\sin 2\theta + Rt - \left(\varphi\dfrac{1-2\nu}{1-\nu} + 2\right)\left(p_{\mathrm{w}} - \dfrac{p_{\mathrm{w}} - p_{\mathrm{o}}}{\ln\dfrac{R}{r_{\mathrm{w}}}}\ln\dfrac{d}{r_{\mathrm{w}}}\right)}{1 - \varphi\dfrac{1-2\nu}{1-\nu}} \tag{5.8}$$

一般情况下，材料的泊松比小于 0.5，故 $\varphi\dfrac{1-2\nu}{1-\nu} + 2 > 0$。导向孔注入高压水时 $p' \geqslant p_{\mathrm{o}}$，因此固定其他参数，形成的孔隙水压力梯度场会降低压裂孔的起裂压力。

根据式（5.8），起裂压力 p_{f} 与导向孔注水压力 p_{w} 成正相关关系，与压裂孔距导向孔之间的距离 d 成负相关关系。当 p_{w} 越大，d 越小，起裂压力降低幅度越大；反之，当 p_{w} 越小，d 越大，起裂压力降低幅度越小。

5.2.2　孔隙压力梯度对裂缝扩展的影响

当水压裂缝形成后，裂缝扩展依然会受到孔隙压力梯度的影响。以下分析裂缝在受孔隙水压力梯度场影响时的扩展压力。假设忽略裂缝宽度，裂缝受力情况如图 5.4 所示。

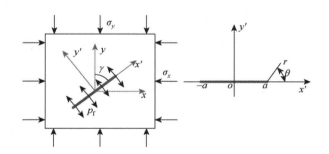

图 5.4　水压裂缝扩展受力示意图

将图 5.4 中的 xoy 坐标系转化为裂缝坐标系 $x'oy'$，得到裂缝所受远场应力状态为

$$\begin{cases} \sigma_x{}' = -(\sigma_x\sin^2\gamma + \sigma_y\cos^2\gamma) \\ \sigma_y{}' = -(\sigma_x\cos^2\gamma + \sigma_y\sin^2\gamma) \\ \tau_{xy} = (\sigma_x - \sigma_y)\sin\gamma\cos\gamma \end{cases} \tag{5.9}$$

学者研究[3]认为，岩体受压处于复杂应力状态时往往表现为Ⅰ-Ⅱ复合型特征。不考虑强压剪作用下的纯Ⅱ型裂缝，因此当不考虑诱导孔作用时，求得图5.4中长度为 $2a$ 的Ⅰ-Ⅱ复合型裂缝的周向拉应变为

$$\varepsilon_\theta = \frac{1}{2E\sqrt{2\pi r}} \left[\begin{array}{l} K_\mathrm{I}\cos\dfrac{\theta}{2}(1-3\nu+\cos\theta+\nu\cos\theta) - \\ K_\mathrm{II}\left(3\cos\dfrac{\theta}{2}\sin\theta+3\nu\sin\dfrac{\theta}{2}\cos\theta-\nu\sin\dfrac{\theta}{2}\right) \end{array} \right] \tag{5.10}$$

式中，应力强度因子为

$$\begin{cases} K_\mathrm{I}=[p_\mathrm{f}-(\sigma_x\sin^2\gamma+\sigma_y\cos^2\gamma)]\sqrt{\pi a}, K_\mathrm{I}>0 \\ K_\mathrm{II}=(\sigma_x-\sigma_y)\sin\gamma\cos\gamma\sqrt{\pi a} \end{cases} \tag{5.11}$$

根据最大周向拉应变理论，当 ε_θ 达到临界值 ε_e 时裂缝扩展，即

$$\varepsilon_\theta=\varepsilon_\mathrm{e} \tag{5.12}$$

联立式（5.9）～式（5.12），可得裂缝扩展水压为

$$p_\mathrm{f} = \frac{2E\varepsilon_\mathrm{e}\sqrt{2r}+B\sin\gamma\cos\gamma\sqrt{a}(\sigma_x-\sigma_y)}{A\cos\dfrac{\theta}{2}\sqrt{a}} + \sigma_x\sin^2\gamma +$$

$$\sigma_y\cos^2\gamma - \left(p_\mathrm{w} - \frac{p_\mathrm{w}-p_\mathrm{o}}{\ln\dfrac{R}{r_\mathrm{w}}}\ln\frac{d}{r_\mathrm{w}} \right) \tag{5.13}$$

式中，$A=1-3\nu+\cos\theta+\nu\cos\theta$，$B=3\cos\dfrac{\theta}{2}\sin\theta+3\nu\sin\dfrac{\theta}{2}\cos\theta-\nu\sin\dfrac{\theta}{2}$。

由式（5.13）可知，孔隙压力梯度会降低裂缝扩展压力，诱导裂缝向导向孔扩展。导向孔的水压与距离影响效果表现出与压裂孔起裂压力相同的规律。由于裂缝扩展的自组织行为，为了减小扩展所需要的能量，裂缝会沿扩展压力较低方向扩展。因此，孔隙压力梯度会有效诱导裂缝扩展。

5.2.3　孔隙压力梯度对煤层水压裂缝扩展数值分析

1. 模型的设计

通过理论分析孔隙水压力梯度对水力压裂起裂及扩展的影响，发现孔隙水压力梯度不仅能降低起裂压力，而且裂缝在扩展过程中也会向孔隙压力较高的地方偏转。为了验证以上理论模型的正确性，可采用 RFPA 软件来研究煤岩水力压裂问题，模拟复杂应力下的流固耦合情况，定性地研究在不同孔隙压力梯度条件下水力压裂的变化规律，得到水压裂缝的起裂、诱导扩展特征。

　　基于导向孔改变煤层孔隙水压力梯度，设计如图 5.5 所示压裂模型。模型在煤层走向和倾向的长度均为 20m，煤层及顶底板均厚 5m，共等分为 383900 个渗流单元。压裂钻孔位于模型的对称中心轴线，长度贯穿整个煤层，导向孔根据模型对比需要设计在压裂孔附近，压裂孔与导向孔之间距离为 d，其钻孔半径均为 0.2m。压裂孔初始水头为 500m（每100m 水头代表 1MPa 水压），每一步计算增加 20m 水头，导向孔保持水压为 p。由于岩层均质度比煤层均质度高，设置顶底板均质度 $m=10$，煤层均质度 $m=5$。根据W.R.McCutchen 的统计规律及实测地应力资料，设定模型在埋深为 500m 左右时 x 方向加载最大水平主应力为 20MPa，y 方向加载最小水平主应力为 10MPa，z 方向加载中间主应力为 13.5MPa。模型中涉及的煤岩层材料具体参数设置如表 5.1 所示。

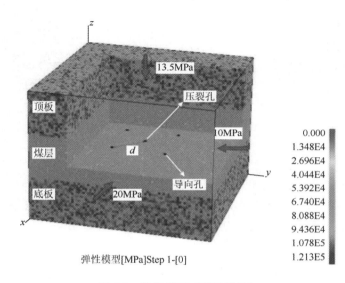

图 5.5　数值模型（弹性模量）

表 5.1　材料物理力学参数

地层	弹性模量 E/GPa	抗压强度 σ_c/MPa	压拉比	内摩擦角 ϕ/(°)	泊松比 ν	初始渗透系数 /(m/d)	孔隙水压力系数
顶、底板	100	75	10	30	0.25	0.001	0.5
煤层	45	30	17	33	0.35	0.01	0.8

2. 方案设计

　　根据理论研究，首先针对导向孔是否可以真正起到对裂缝的诱导作用进行计算分析。本书分别设计了常规压裂与右侧含有一个导向孔（$d=4\text{m}$、$p=5\text{MPa}$）的两组模型进行空白对照，裂缝扩展形态如图 5.6 所示。可以看出，常规压裂裂缝面基本沿最大地应力方向（x 方向）扩展，由于材料的非均质性，裂缝会因为细观强度的差别发生些许偏转，符合以往学者的研究。而当有导向孔时,裂缝变为向导向孔位置扩展,在孔隙水压力梯度作用下,裂缝扩展方向得到明显改变。

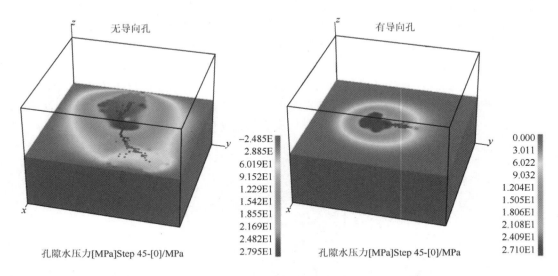

图 5.6　无导向孔与有导向孔条件下的水压裂缝扩展图

基于以上结果,设计如表 5.2 中 7 组计算模型。其中,A、B、C 为导向孔布置方式对照组,B、D、E 为导向孔控制距离对照组,B、F、G 为控制水压对照组。每个模型中导向孔的距离、水压、数量如表 5.2 所示。

表 5.2　导向孔设置参数

模型编号	导向孔距离 d/m	导向孔水压 p/MPa	导向孔数量/个
A	4	5	2
B	4	5	4
C	4	5	6
D	1	5	4
E	7	5	4
F	4	1	4
G	4	3	4

3. 结果分析

为方便观察裂缝形态,沿模型煤层中部($z = 7.5$m)做剖切,从 $+z$ 方向向 $-z$ 方向俯视,观察不同导向孔条件下水力压裂裂缝扩展基本稳定时的形态,如图 5.7 所示。

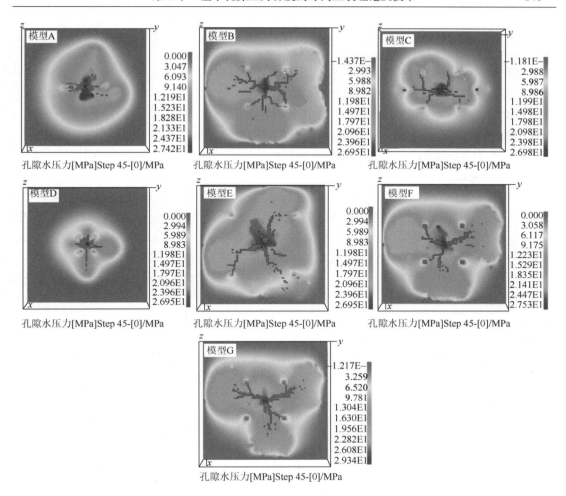

图 5.7　不同导向孔条件下水压裂缝扩展结果

根据各模型计算结果，得到不同导向孔条件下的起裂压力，如表 5.3 所示。结果显示，随着导向孔距离减小或导向孔控制水压升高，压裂孔的起裂压力逐渐降低，这与计算模型预测结果相符合。

表 5.3　不同导向孔条件下压裂孔起裂压力

模型编号	导向孔条件	起裂压力/MPa
A	—	10.2
B	$d = 4\text{m}$, $p_w = 5\text{MPa}$	6.8
C	$d = 4\text{m}$, $p_w = 5\text{MPa}$	6.8
D	$d = 1\text{m}$, $p_w = 5\text{MPa}$	6.4
E	$d = 7\text{m}$, $p_w = 5\text{MPa}$	7.2
F	$d = 4\text{m}$, $p_w = 1\text{MPa}$	8.6
G	$d = 4\text{m}$, $p_w = 3\text{MPa}$	8.2

　　煤矿井下水力压裂的目的是增加煤层透气性,因此,导向孔的诱导效果及裂缝的扩展形态是考察导向压裂的主要标准。

　　模型 A 主要表现为一条裂缝,扩展方向与诱导方向一致,增透面积有限。模型 B 中 4 个导向孔在压裂孔附近呈正四边形分布,形成的分支裂缝较多,并且裂缝沿导向孔方向扩展并沟通导向孔。模型 C 结合模型 A、B,设置 6 个导向孔,对比模型 B 发现,导向孔数量增加后裂缝数量反而减少,且诱导作用没有模型 B 效果好。对 A、B、C 三组结果进行对比发现导向孔并非数量越多诱导越明显,现场应用时要根据导向方向需求合理地布置导向孔位置。

　　结合图 5.7 中裂缝扩展形态和表 5.3 中各模型起裂压力发现,虽然模型 D 起裂压力最低,但是由于导向孔控制距离过小,水压裂缝在越过导向孔后扩展逐渐受最大主应力方向控制,表现出常规水压裂缝扩展的特征,导向孔控制范围太小。而模型 E 由于导向孔距离较远,裂缝在前期扩展时主要受地应力影响,沿 x 方向扩展,导致主裂缝数量较少,裂缝在后期接近导向孔时才向导向孔偏转,且起裂压力相对较高。模型 F、G 裂缝扩展形态类似,均由于导向孔控制水压偏低,部分导向孔失效,裂缝在导向孔的控制区域内形成的裂缝网分布不均匀。

　　对比以上模型计算结果可知,设置导向孔均对裂缝起到了有效的诱导作用。当压裂孔附近有导向孔时,水力压裂起裂压力相对常规压裂降低,且能通过这样的诱导方式形成有效的网络化裂缝,增透方向更明确,增透范围更大。通过合理的布孔方式,保持适当的导向孔距离和孔隙水压力梯度,使水压裂缝沿预设方向扩展。

5.3　水力割缝构建煤体内裂缝诱导区的作用机制

　　水压裂缝扩展方向一般与远场地应力中的最大主应力方向保持一致,因此探索水力割缝对煤岩体周围应力场的影响规律极为重要,本节主要开展煤岩体内部进行水力割缝后周围应力场的重新分布规律研究,揭示主应力的变化对后期水压裂缝扩展控制机理。

　　水力割缝联合水力压裂应用时一般有两方面的作用:水力割缝可以使煤体暴露面积增加,有利于内部煤颗粒表面的吸附瓦斯解吸,从而增加煤层透气性[4];水力割缝可以改变煤体的原始应力分布状态,合理地布置水力割缝使煤体在预设的方向改变最大主应力的值和方向,从而引导水力压裂裂缝扩展。

　　为了对煤体割缝后应力分布进行分析,本节做出以下假设:①忽略煤体内部节理裂隙,假设煤体为连续均匀介质;②煤体为各向同性,且为完全弹性体;③水力割缝周围煤体的位移和应变是微小的。基于以上假设,以下采用 FLAC3D 软件开展对水力割缝后煤体内部最大主应力的数值分析。

5.3.1　模型的建立及模拟参数确定

1. 模型的建立

综合考虑以往学者的研究及后续拟开展的割缝导向压裂相似模拟实验,本次数值模型尺寸确定为 300mm×300mm×300mm 的立方体，其中，σ_H、σ_h、σ_v 分别为模型加载的最大水平主应力、最小水平主应力及垂直应力，θ 为水力割缝与最大主应力之间的夹角（简称割缝偏差角）。考虑到对称性，模型内布置三条共线缝槽，缝槽长度为 30mm，宽度为 2mm，高度为 50mm。缝槽中心的距离均为 60mm，缝槽具体布置方式及应力加载方向如图 5.8 所示。采用六面体单元对模型进行网格划分，底部采用固定边界约束，两侧及顶部采用应力边界约束。

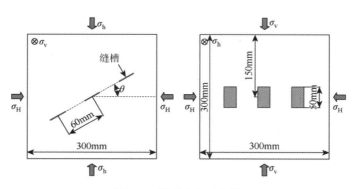

图 5.8　模型建立示意图

根据以上设计方案，建立如图 5.9 所示应力分析数值模型。在模型内部水力割缝面内设置两条测线来监测水力割缝前后应力值的变化，分别为测线 A 与测线 B，其中测线 A 距离模型顶部垂直距离为 75mm，测线 B 距离模型顶部垂直距离为 150mm（穿过水力割缝的中心），对两者进行对比来分析割缝区域和未割缝区域的应力改造差别。

2. 模拟参数的确定

结合以往学者的研究，本节模拟的参数变量主要有割缝偏差角及水平应力差异系数。由于相同埋深时不同地区的地应力数值差异较大，因此采用水平应力差异系数衡量远场地应力的变化更为合理，水平应力差异系数的计算表达式为

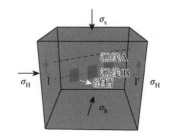

图 5.9　数值分析模型及测线布置

$$K_h = \frac{\sigma_H - \sigma_h}{\sigma_h} \tag{5.14}$$

式中，σ_H、σ_h 分别为最大及最小水平主应力；K_h 为水平应力差异系数。

根据景峰等统计的中国不同地区的地应力分布规律[5]，可以按照式（5.15）估算不同埋深的地应力：

$$\begin{cases} \sigma_v = 0.0271H \\ \sigma_H = 0.0216H + 6.7808 \\ \sigma_h = 0.0182H + 2.2328 \end{cases} \tag{5.15}$$

式中，H 代表不同的埋深。

目前，中国煤矿的开采深度一般为地下 400～1000m，有少部分煤矿处于 1000m 以上的开采深度[6]。根据地应力估算公式（5.15）得到 400～1200m 地应力的变化范围如表 5.4 所示。可以看出在当前的开采深度下，煤矿所处的应力状态中垂直地应力一般是三向应力中的中间主应力，因此形成的水力压裂裂缝一般为垂直裂缝。另外，随着埋深的加大，水平应力差异系数逐渐减小，在目前的开采水平下，水平应力差异系数大概为 0.3～1.0。

表 5.4　不同埋深条件下水平应力差异系数值

埋深/m	垂直应力/MPa	最大水平主应力/MPa	最小水平主应力/MPa	水平应力差异系数
400	10.84	15.4208	9.5128	0.621057943
500	13.55	17.5808	11.3328	0.551320062
600	16.26	19.7408	13.1528	0.500881941
700	18.97	21.9008	14.9728	0.462705706
800	21.68	24.0608	16.7928	0.432804535
900	24.39	26.2208	18.6128	0.408750967
1000	27.1	28.3808	20.4328	0.38898242
1100	29.81	30.5408	22.2528	0.372447512
1200	32.52	32.7008	24.0728	0.358412814

根据以上分析，水平应力差异系数设置 4 个水平，分别为 0.5、0.75、1.0 和 1.25。割缝偏差角设置 4 个水平，分别为 30°、45°、60°和 90°，具体模型设置的参数如表 5.5 所示。

表 5.5　模型参数设计表

模型编号	种类	垂直应力 σ_v/MPa	最大水平主应力 σ_H/MPa	最小水平主应力 σ_h/MPa	水平应力差异系数 K_h	割缝偏差角 θ/(°)
1		9	12	8	0.5	30
2	割缝偏差角对比组	9	12	8	0.5	45
3		9	12	8	0.5	60
4		9	12	8	0.5	90
5		9	14	8	0.75	45
6	水平应力差异系数对比组	9	16	8	1.0	45
7		9	18	8	1.25	45

5.3.2　割缝偏差角对煤体应力场影响规律

通过以上建模分析当水平应力差异系数为 0.5 时，割缝偏差角分别为 30°、45°、60°、90°时的最大主应力分布云图。我们在模型中部沿对称中心水平剖切（图 5.9I-I′剖面）后得到不同割缝偏差角模型的最大主应力云图，如图 5.10 所示。

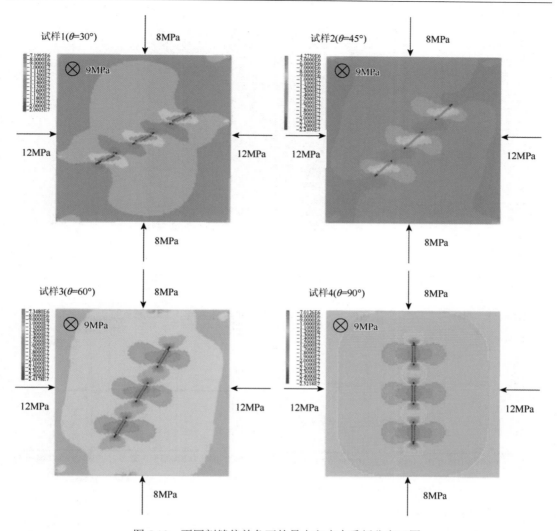

图 5.10 不同割缝偏差角下的最大主应力重新分布云图

从数值结果可以观察到，在有了水力割缝的存在后，最大主应力分布产生了一定的规律性变化。每两个缝槽之间形成新的最大主应力集中区，多个最大主应力集中区排列方向与缝槽连线方向保持一致，形成新的最大主应力集中条带，如图 5.11 所示。我们将缝槽最大主应力集中区域命名为"割缝导向压裂控制区"。相同水平应力差异系数随着割缝偏差角的增大，割缝导向压裂控制条带区在最大主应力方向上的分布范围越来越集中，即该条带区方向与缝槽连线方向越来越一致，说明越有利于水压裂缝在该区域的扩展沟通。

为了进一步分析缝槽连线上最大主应力值的变化，我们将模型中的测线 A 及测线 B 所得到的未割缝区域和割缝区域的应力值提取，并绘制如图 5.12 所示最大主应力峰值变化规律。图 5.12 中，黑色虚线为初始加载的最大主应力值，蓝色测线（测线 A）为得到的未割缝区域最大主应力变化值，而红色测线（测线 B）为缝槽中心位置的最大主应力变化值。

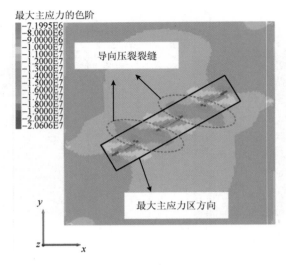

图 5.11　最大主应力集中条带及导向区范围示意图（模型 1）

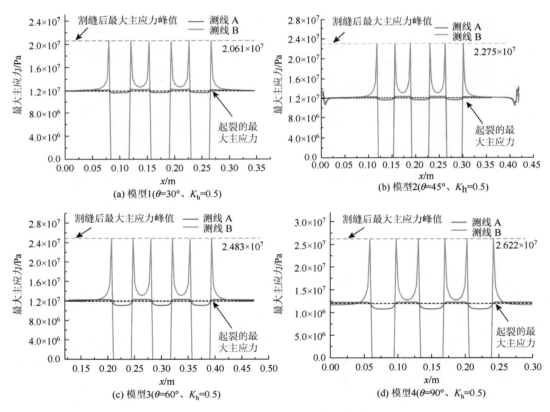

图 5.12　不同割缝偏差角时最大主应力测线监测曲线

　　测线 A 显示未割缝区域的最大主应力值在初始加载的最大主应力值 12MPa 附近波动，变化不大。而测线 B 显示割缝区域的最大主应力值变化较大，在缝槽尖端达到应力集中的峰值。随着割缝偏差角由 30°增大至 45°、60°、90°时，缝槽尖端应力集中的最大主应力峰值也逐渐增大。相对于初始加载的最大主应力，应力峰值增加的比例分别为172%、190%、207%、219%。

5.3.3　应力差异系数对煤体应力场影响规律

同样地，我们为了研究水平应力差异系数对煤体应力场的影响规律，我们将割缝偏差角固定为常量 45°，逐渐增加初始加载的最大主应力值，分别从 12MPa 增加至 14MPa、16MPa、18MPa，相应的水平应力差异系数分别从 0.5 增加至 0.75、1.0、1.25。分别沿 I - I 水平面剖切模型 2、模型 5、模型 6、模型 7，得到不同水平应力差异系数下的最大主应力分布云图，如图 5.13 所示。

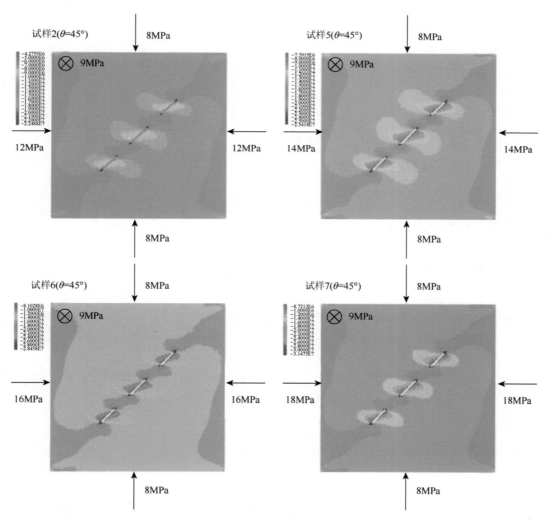

图 5.13　不同水平应力差异系数下的最大主应力重新分布云图

从图 5.13 中可以观察到，增加水平应力差异系数时，不同模型表现出的最大主应力集中范围变化很小，条带区和割缝导向压裂控制区的分布范围基本一致，也就是说增加水平应力差异系数只能改变割缝导向压裂的起裂条件，并不能对裂缝扩展的范围造成比较大的影响。

同样的，我们提取两条测线上的应力值，绘制相同割缝偏差角、不同水平应力差异系数条件下的最大主应力曲线，如图 5.14 所示。由于在改变水平应力差异系数时，仅对模型中的最大主应力值进行调整，差异系数由 0.5 增大至 0.75、1.0、1.25，缝槽尖端应力集中的最大主应力峰值必然会随之增大。相对于初始加载的最大主应力 12MPa，应力峰值增加的比例分别约为 190%、215%、241%、267%。

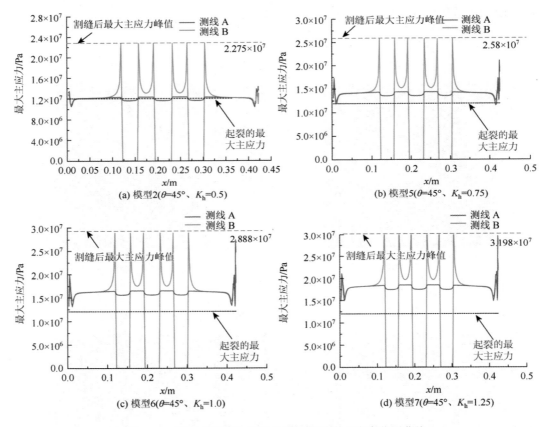

图 5.14　不同水平应力差异系数下的最大主应力监测曲线

5.3.4　水力割缝对最大主应力方向影响规律

从以上分析可以看出，在水力割缝后周围的煤岩体最大主应力的分布区域和应力值都产生了很大的变化，这是最大主应力引导水力压裂裂缝扩展的影响因素之一。而另外一个影响水压裂缝扩展的因素就是最大主应力方向的变化，最大主应力方向的变化也会引导水压裂缝在割缝导向压裂控制区内扩展。以下分析以模型 1 为例，分析水力割缝附近最大主应力方向的变化规律，图 5.15 所示为模型 1 中提取的最大主应力方向。

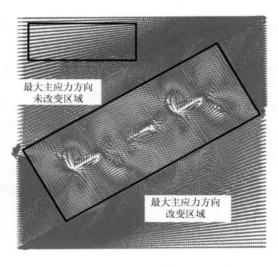

图 5.15　最大主应力方向变化总体图（模型 1）

由图 5.15 可知，在距离水力割缝较远处最大主应力方向受到的影响不大，而在缝槽附近的最大主应力方向发生了扭曲变形。为了更好地观察，将图中的最大主应力方向改变及未改变区域均进行放大，如图 5.16 所示，其中红色箭头方向为最大主应力方向总体趋势。图 5.16（a）为最大主应力方向未受到影响的区域，该区域内的最大主应力方向与模型边界加载的最大主应力方向一致。图 5.16（b）为单个缝槽周围最大主应力方向变化，可以看出最大主应力方向呈现出漩涡状围绕在缝槽旁，尤其是在缝槽两侧区域，最大主应力方向几乎与缝槽中心布置方向平行。图 5.16（c）显示在有多个缝槽时最大主应力方向呈现出 S 形连接缝槽边缘，从而控制水压裂缝沿 S 方向扩展并沟通缝槽。

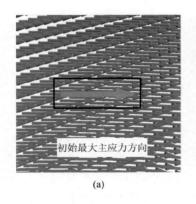
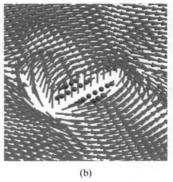
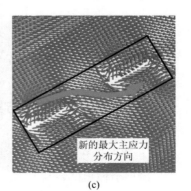

(a)　　　　　　　　　　(b)　　　　　　　　　　(c)

图 5.16　最大主应力方向局部放大图

5.4　割缝导向压裂裂缝扩展控制路径演化规律分析

5.4.1　真实破坏过程分析介绍

在压裂时，煤岩体破坏过程中充满了不规则性、复杂性和物理力学非线性[6-7]。本书采用真实破坏过程分析（realistic failure process analysis，RFPA）方法来对割缝导向压裂裂缝起裂及扩展规律进行分析，主要特点有：①将材料的非均质性参数引入计算单元，宏观破坏是单元破坏的积累过程；②模型单元及强度等参数服从威布尔分布；③当单元应力达到破坏的准则发生破坏，并对破坏单元进行刚度退化处理，故可以以连续介质力学方法处理物理非连续介质问题；④岩石的损伤量、声发射同破坏单元数呈正比[7-9]。

RFPA 用于描述多孔介质流-固耦合机制的数学模型主要由渗流场、变形场、渗流与变形耦合模型三部分组成。渗流场建模采用单相流渗流方程，变形场建模采用线弹性本构方程。

（1）渗流场方程：

$$k\nabla p^2 = \frac{1}{Q}\frac{\partial p}{\partial t} - \alpha\frac{\partial \varepsilon_\mathrm{v}}{\partial t} \qquad (5.16)$$

（2）变形场平衡方程：

$$Gu_{i,jj} + \frac{G}{1-2\nu}u_{j,ji} - \alpha p + F_i = 0 \qquad (5.17)$$

（3）渗流-应力耦合方程：

$$k(\sigma, p) = k_0\mathrm{e}^{-\beta(\sigma_{ii}/3 - \alpha p)} \qquad (5.18)$$

式中，k 为渗透系数；p 为孔隙压力；Q 为 Biot 常数；ε_v 为单元体应变；G 为剪切模量；ν 为泊松比；$u_{i,jj}$ 为位移分量；F_i 为体力分量；k_0 为初始渗透系数；α 为孔隙压系数；β 为耦合参数，表征应力对渗透系数的影响程度；t 为时间。

采用最大拉应变破坏准则，结合平直单裂隙中水流的线性立方定律，可推导出损伤后单元的渗透系数：

$$k_\mathrm{d} = \frac{\sqrt[3]{v^2}\,\rho_1 g}{108\mu_1}\varepsilon_\mathrm{v}^{\,2} \qquad (5.19)$$

式中，μ_1 为液体黏滞系数；g 为重力加速度；ρ 为液体密度；v 为流速。

5.4.2　模型设计及数值方案

1. 模型设计

模型中模拟的材料与 5.3 节保持一致，均采用砂岩，砂岩的物理力学性质如表 5.1 所示。数值分析采用的方案跟物理相似模拟实验考察因素一致，主要为割缝偏差角与水平应力差异系数。将模型简化为平面模型，设计方案如图 5.17 所示。

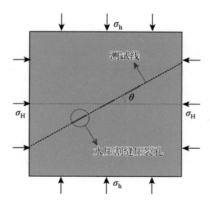

图 5.17 模型设计方案图

设计模型大小为 300mm×300mm，网格划分共计 320000 个。布置三个长轴在一条直线的水力割缝缝槽，缝槽形状是长轴为 30mm、短轴为 3mm 的椭圆形，每个缝槽之间的间距也是 30mm。缝槽内部初始注水压力为 1MPa，单步增加水压 0.1MPa，直到裂纹扩展稳定至模型失稳计算停止。

2. 数值方案

由于物理实验的实验量问题，本次将计算模型增加至 24 组，割缝偏差角提升至 6 个水平，分别为 15°、30°、45°、60°、75°、90°。水平应力差异系数有 4 个水平，分别为 0.5、0.75、1.0、1.25。模型设计编号及具体加载应力如表 5.6 所示。

表 5.6 模型编号及具体参数设计

模型编号	最大水平主应力 σ_H/MPa	最小水平主应力 σ_h/MPa	水平应力差异系数 K_h	割缝偏差角 θ/(°)
1#	4.5	3	0.5	15
2#	5.25	3	0.75	15
3#	6	3	1	15
4#	6.75	3	1.25	15
5#	4.5	3	0.5	30
6#	5.25	3	0.75	30
7#	6	3	1	30
8#	6.75	3	1.25	30
9#	4.5	3	0.5	45
10#	5.25	3	0.75	45
11#	6	3	1	45
12#	6.75	3	1.25	45
13#	4.5	3	0.5	60
14#	5.25	3	0.75	60
15#	6	3	1	60

模型编号	最大水平主应力 σ_H/MPa	最小水平主应力 σ_h/MPa	水平应力差异系数 K_h	割缝偏差角 θ/(°)
16#	6.75	3	1.25	60
17#	4.5	3	0.5	75
18#	5.25	3	0.75	75
19#	6	3	1	75
20#	6.75	3	1.25	75
21#	4.5	3	0.5	90
22#	5.25	3	0.75	90
23#	6	3	1	90
24#	6.75	3	1.25	90

5.4.3　割缝导向压裂裂缝扩展路径变化规律

根据物理相似模拟实验结果可知，割缝偏差角和水平应力差异系数对裂缝扩展的影响都比较重要。为了便于观察，将 24 组模型计算稳定后的孔隙水压力云图如图 5.18 所示排列，每一行模型对应的割缝偏差角是相同的，同理，每一列模型对应的水平应力差异系数是相同的。

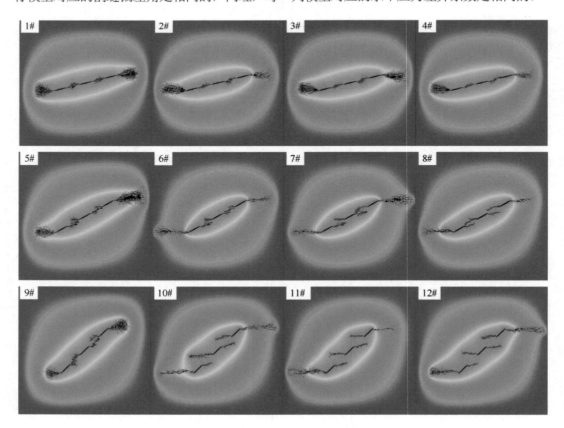

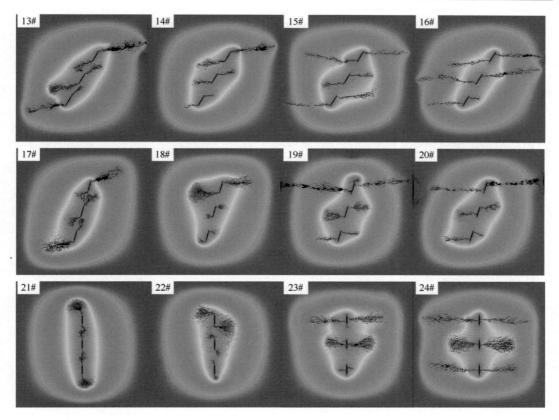

图 5.18　不同条件下割缝导向压裂裂缝形态

　　为了验证模型计算结果的正确性，首先根据模型加载条件，将数值模拟得到的裂纹扩展路径与 5.3 节中的物理实验结果进行对比，如表 5.7 所示。通过对比两者裂缝扩展形态发现，数值模型计算得到的裂缝形态与物理结果所得到的裂缝相比有微小的差异性，这是由于模型参数设置是理想的威布尔分布，整体来看，数值计算结果较好地重演了割缝导向压裂物理模拟实验的裂缝扩展过程，说明数值模型计算的结果是可靠的。

表 5.7　数值模型与物理实验编号对应表

编号	物理实验	数值模型
1	试样 1	5#
2	试样 2	9#
3	试样 3	13#
4	试样 4	21#
5	试样 5	10#
6	试样 6	11#
7	试样 7	12#

假设我们将预设割缝方向设定为割缝导向压裂水压裂缝扩展时的理想方向做出以下分析：图 5.18 中每一行模型从左到右的水平应力差异系数分别为 0.5、0.75、1.0、1.25。当割缝偏差角为 15°时（1#～4#模型），割缝导向压裂形成的水压裂缝完全按照预设割缝方向扩展，可以将各个缝槽完好地连接起来。此时，增加水平应力差异系数对导向压裂形成的裂缝方向并没有影响。当割缝为 30°时（5#～8#模型），水压裂缝依然能沟通缝槽，但是当水平应力差异系数逐渐增大时，水压裂缝出现了微弱的偏离预设方向，裂缝仍然在导向压裂控制区域扩展。当割缝偏差角为 45°时（9#～12#模型），只有水平应力差异系数为 0.5 时，水压裂缝可以较好地沿预设方向扩展，升高水平应力差异系数时，裂缝向最大水平主应力方向出现明显的偏转，并逐渐脱离导向压裂控制区。同理，当割缝偏差角为 60°（13#～16#模型）、75°（17#～20#模型）、90°（21#～24#模型）时，也仅有水平应力差异系数为 0.5 时水压裂缝可以按照预设方向扩展。尤其是在 75°及 90°的模型中，增大水平应力差异系数后，水压裂缝开始出现接近水平方向的扩展形态，说明割缝偏差角越大，原始地应力对水压裂缝控制的主导作用越来越明显。

对图 5.18 中 24 组结果进行考察，不同割缝偏差角与不同水平应力差异系数对割缝导向压裂裂缝定向扩展路径影响规律总结如下：

（1）当割缝偏差角小于 30°或水平应力差异系数 K_h 小于 0.5 时，割缝导向压裂形成的裂缝基本能沿割缝预设方向定向扩展，达到较好的沟通效果。

（2）当割缝偏差角≥30°且水平应力差异系数 K_h＞0.5 时，K_h 越大，裂缝扩展受到地应力作用明显增加，裂缝扩展方向转向角（即裂缝扩展方向与割缝方向的夹角）逐渐变大。

5.4.4　割缝导向压裂声发射演化过程分析

为了观察不同模型的起裂压力变化规律，从每个模型的声发射（acoustic emission，AE）图判定起裂压力。图 5.19 所示为 1#模型（割缝偏差角为 15°，水平应力差异系数为 0.5）在压裂过程中的 AE 图变化过程，图中红色圆圈为拉应力产生的声发射能量，白色圆圈为压应力产生的声发射现象，圆圈的大小代表了声发射能量的大小，数量代表了声发射事件的多少。从图中可以看出，在第 43-1 步时缝槽尖端开始产生少量拉伸破坏的声发射，代表水力割缝的缝槽尖端开始破裂，我们将这一步的注水压力视为起裂压力。随后，在第 48-1 步急剧产生大量的拉伸破坏，并在 48-12 步时稳定下来。对比图 5.19（a）裂纹扩

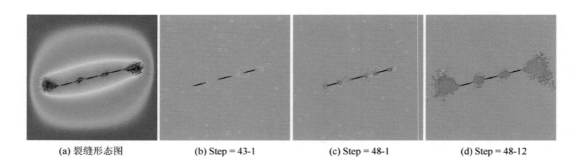

(a) 裂缝形态图　　　　(b) Step = 43-1　　　　(c) Step = 48-1　　　　(d) Step = 48-12

图 5.19　1#模型压裂过程的声发射演化图

展形态与图 5.19（d）AE 图可以看出，在裂纹扩展的过程中，声发射发生位置的先后顺序也能表现出裂纹扩展的轨迹，同时声发射显示的破坏形式与理论分析起裂准则一致，验证了理论模型的正确性。

5.5 煤矿井下多孔联合压裂技术工艺及参数研究

5.5.1 煤矿井下多孔联合压裂技术工艺

煤矿井下多孔联合压裂技术工艺主要包括布孔工艺、封孔工艺及水力压裂工艺，本节根据现场施工过程的先后顺序分别进行介绍。

1. 布孔工艺

5.4 节通过理论及数值模拟分析了孔隙压力对水压裂缝扩展压力及方向的影响。一方面，裂缝尖端附近受孔隙压力的影响，另一方面，在较大范围内受孔隙压力梯度的方向和分布的影响，裂缝通常会沿着高局部压力区域扩展。因此，可以在正式压裂开始之前，通过在压裂钻孔两侧按照人为预想的裂缝扩展方向预设若干保压注水钻孔，使得在压裂钻孔周围形成一个连续带状的高孔隙压力区域，如图 5.20 所示。一方面可以减小压裂钻孔的起裂及扩展压力，降低对煤层顶底板岩层的破坏，另一方面可以诱导水压裂缝按照人为预想的方向扩展，增大有效压裂范围。

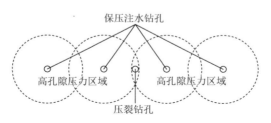

图 5.20 水力压裂钻孔布置示意图

2. 封孔工艺

孔内压裂管采用规格为：孔口前 10m 采用壁厚 13mm、直径为 25mm 的无缝钢管，孔内采用壁厚为 4mm、直径为 25mm 的普通焊管，每段长 2m，其中煤孔段内压裂管做成筛管，如图 5.21 所示。

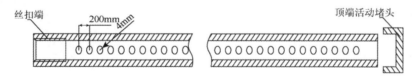

图 5.21 筛管

压裂孔封孔工艺图如图 5.22 所示，压裂钻孔采用 Φ75mm 钻头施工完成后，用 Φ94mm 直径的钻头扩孔至压裂煤层底板，确保 Φ20mm 注浆管能正常送入孔内至煤层底板；孔内压裂管为 Φ25mm、壁厚 8.0mm 的无缝钢管，每根长 2m，采用螺纹连接；压裂管前端为 2

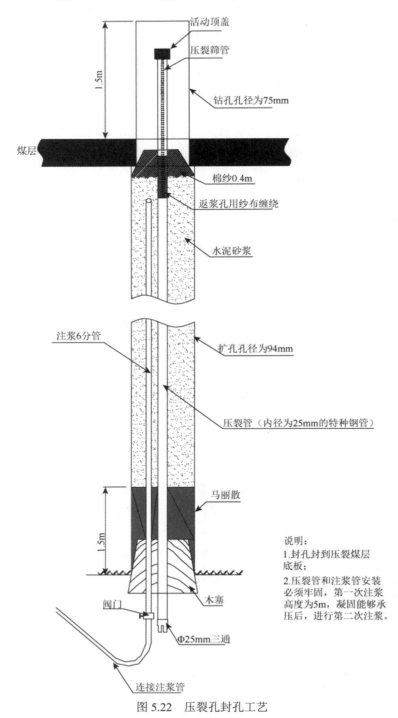

图 5.22　压裂孔封孔工艺

根筛管，筛管靠近"马尾巴"50～100cm 用纱布包裹，防止砂浆回流堵塞压裂管；压裂管每根长 2m，采用钻机送入，直接送入压裂钻孔孔底；封孔注浆管采用 Φ20mm 钢管，每根钢管长 2m，两头套丝，采用管箍连接，送入孔内压裂煤层底板下 0.6m；注浆管口与截止阀连接，截止阀与注浆泵注浆管连接；注浆时开启球阀，注浆结束后及时关闭截止阀；在第 3 根压裂管上捆绑棉纱，其形状如"马尾巴"，其方法是将棉纱一端绑在压裂管上，当压裂管筛管送至孔底时停止送管，向孔外方向拉动压裂管，棉纱收缩，起到封堵水泥砂浆及过滤水的作用；棉纱长度不小于 0.4m，数量以与孔壁较紧密接触为准，为与压裂管绑捆，可在压裂管上焊接小齿。压裂钻孔孔口采用马丽散加棉纱封堵，长度不低于 1.5m，同时在孔口打入木塞；压裂钻孔采用水泥砂浆机械封孔，水泥与白水泥混合比例（质量比）为 3∶1，注浆至压裂煤层底板位置。

压裂钻孔孔口采用马丽散加棉纱封堵，长度不低于 1.5m，马丽散必须混合均匀，且充分浇灌于棉纱上，待马丽散完全凝固后，方可进行注浆。注浆管口与截止阀连接，截止阀与注浆泵注浆管连接；注浆时开启球阀，注浆结束后及时关闭截止阀。

采用 BFK-15/2.4 型（防爆 7.5kW 电机）封孔泵进行注浆，封孔材料配比需严格按前文要求执行，一次注浆待压裂管内流出水后即停止，关闭注浆管上截止阀，断开注浆管与封孔泵的连接，再打开截止阀，将注浆管内水泥浆放完。养护 24h 后，再使用此注浆管进行二次注浆。二次注浆待压裂管内流出水后即停止，关闭截止阀，断开注浆管与封孔泵的连接，养护 72h 后方可进行压裂。

3. 水力压裂装置及工艺

（1）水力压裂装置。水力压裂装置由乳化泵、水箱、流量表、压力表、高压管、封孔器及相关装置连接接头等组成（表 5.8）。乳化泵安设在正反向风门外的新鲜风流中；流量表安设在乳化泵进水侧；将井下供水管连接至高压注水泵的水箱进水口，水箱出水口采用专用胶管与高压注水泵连接，压裂孔孔口处高压注水管必须安设高压闸门、卸压阀等，如图 5.23 所示。

表 5.8　水力压裂系统装置

序号	用途	名称	规格
1	压裂设备及材料	煤层注水泵	BZW200/56 型注水泵
2		高压胶管总成	KJ25*4SP-75MPa
3	封孔设备、材料及参数测定设备	连接直管	42mm×8.5mm/1.5m
4		筛管	42mm×8.5mm/（依照煤层厚度）
5		调节管	42mm×13mm/0.5m
6		BFK-15/24 型注浆机	7.5kw
7		白水泥	42.5 级
8		普通水泥	325#
9	参数测定设备	压力表	6MPa
		水表	Φ100mm

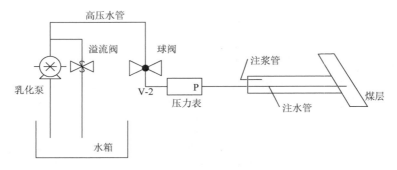

图 5.23　水压致裂设备连接示意图

（2）水力压裂系统工艺。水力压裂系统工艺主要步骤如图 5.24 所示。

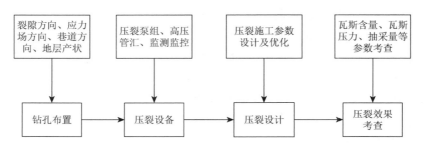

图 5.24　煤矿井下水力压裂技术工艺流程图

5.5.2　煤矿井下多孔联合压裂工艺参数研究

煤矿井下多孔联合压裂裂缝控制工艺中涉及的参数主要有钻孔布置方式以及保压注水孔的压力、注水时间参数的选取。其中，钻孔布孔参数有钻孔角度、开孔高度、孔径及钻孔间距等，钻孔角度遵循垂直于煤层的钻孔布孔原则；巷道尺寸及钻机的型号决定开孔高度。而通过前述研究表明，煤体内孔隙压力分布影响裂缝的扩展压力及延伸方向，水压裂缝会沿高孔隙压力梯度方向扩展。因此，通过在压裂钻孔两侧布置若干保压注水钻孔，在压裂钻孔周围形成一个连续带状的高孔隙压力区域，能够诱导水压裂缝沿着相邻钻孔连线发展。因此，需对钻孔间距与保压注水压力、时间参数的匹配关系进行相关研究。

煤层中含有初始孔隙压力，即瓦斯压力。因此，对于煤层注水的问题，可以将注水过程考虑为水驱替瓦斯的有动界面的流动问题处理。水在煤层中的流动过程是以钻孔为中心，形状为圆周面的平面一维径向流动。设定煤层润湿要求半径为 R，钻孔半径为 r_w，气液交界面的半径为 r_c，根据达西定律，并且不考虑重力及流体的可压缩性，气液动平面的位移随时间的变化可以表示为

$$y = r_w + r_c(t) \tag{5.20}$$

则气液动平面的运动速度为

$$\frac{dy}{dt} = \frac{\partial y}{\partial t} + u\frac{\partial y}{\partial r} \tag{5.21}$$

$$u = \frac{\mathrm{d}r_\mathrm{c}}{\mathrm{d}t} \tag{5.22}$$

在煤层注水过程中假设煤层孔隙率不发生变化，因此液区和气区的渗流方程可以表示为

$$\frac{\partial^2 p_1}{\partial r^2} + \frac{1}{r}\frac{\partial p_1}{\partial r} = 0 \quad r_\mathrm{w} < r < r_\mathrm{c} \tag{5.23}$$

$$\frac{\partial^2 p_2}{\partial r^2} + \frac{1}{r}\frac{\partial p_2}{\partial r} = 0 \quad r_\mathrm{c} < r < R \tag{5.24}$$

式中，p_1 为液区压力分布；p_2 为气区压力分布。

而根据气液动平面上压力分布和渗流速度的连续性，以及边界条件可得

$$p_1 = p_\mathrm{w}, \quad r = r_\mathrm{w} \tag{5.25}$$

$$p_2 = p_\mathrm{g}, \quad r = R \tag{5.26}$$

$$p_1 = p_2 = p, \quad r = r_\mathrm{c} \tag{5.27}$$

$$\frac{1}{\mu_\mathrm{w}}\frac{\partial p_1}{\partial r} = \frac{1}{\mu_\mathrm{g}}\frac{\partial p_2}{\partial r}, \quad r = r_\mathrm{c} \tag{5.28}$$

式中，p_w 为注水压力；p_g 为煤层初始瓦斯压力；μ_w 为水的黏度系数；μ_g 为瓦斯的黏度系数。

因此，液区和气区的压力分布、渗流速度由下述公式求得。

液区压力分布：

$$p_1 = p_\mathrm{w} + \frac{p_\mathrm{w} - p}{\ln \dfrac{r_\mathrm{w}}{r_\mathrm{c}}}\ln \frac{r}{r_\mathrm{w}} \tag{5.29}$$

液区渗流速度：

$$u_\mathrm{w} = \frac{k}{\mu_\mathrm{w}}\frac{\mathrm{d}p_1}{\mathrm{d}r} = \frac{k(p_\mathrm{w} - p)}{\mu_\mathrm{w} r \ln \dfrac{r_\mathrm{w}}{r_\mathrm{c}}} \tag{5.30}$$

气区压力分布：

$$p_2 = p_\mathrm{g} + \frac{p - p_\mathrm{g}}{\ln \dfrac{r_\mathrm{c}}{R}}\ln \frac{r}{R} \tag{5.31}$$

气区渗流速度：

$$u_\mathrm{g} = \frac{k}{\mu_\mathrm{g}}\frac{\mathrm{d}p_\mathrm{g}}{\mathrm{d}r} = \frac{k(p - p_\mathrm{g})}{\mu_\mathrm{g} r \ln \dfrac{r_\mathrm{c}}{R}} \tag{5.32}$$

其中，p 为气液动平面压力：

$$p = \frac{\mu_\mathrm{g}\ln \dfrac{r_\mathrm{c}}{R} p_\mathrm{w} + \mu_\mathrm{w}\ln \dfrac{r_\mathrm{w}}{r_\mathrm{c}} p_\mathrm{g}}{\mu_\mathrm{g} r \ln \dfrac{r_\mathrm{c}}{R} + \mu_\mathrm{w}\ln \dfrac{r_\mathrm{w}}{r_\mathrm{c}}} \tag{5.33}$$

根据气液动平面的物质导数与渗流速度，满足 Dupuit-Forchheimer 关系式：

$$u = \phi \frac{\mathrm{d}r_c}{\mathrm{d}t} \tag{5.34}$$

因此，可以求得气液动平面运动到半径为 R 时的时间为

$$t = \frac{\phi}{k(p_w - p_g)} \int_{r_w}^{R} (\mu_g - \mu_w) r_c^2 \ln r_c (\mu_w \ln r_c - \mu_g \ln R) \mathrm{d}r_c \tag{5.35}$$

因此，式（5.35）即为当保压注水钻孔间距为 $2R$ 时，所需保压注水时间。

而注水压力的取值需遵循大于煤层初始瓦斯压力而小于煤层的起裂压力，即

$$p_g < p_w < p_b \tag{5.36}$$

式中，p_b 为煤层的起裂压力。起裂压力可以根据 Hubbert 等学者提出的"孔壁应力集中诱发拉伸破裂"理论所建立的破裂准则进行简单计算[10]：

$$p_b = 3\sigma_h - \sigma_H + S_t \tag{5.37}$$

式中，σ_H 和 σ_h 分别为煤层的最大和最小水平主地应力；S_t 为岩石抗拉强度。

而 σ_H 和 σ_h 的取值根据 O.Stephansson 等实测地应力结果总结出的最大水平主应力和最小水平主应力随深度变化的经验公式：

$$\begin{aligned}\sigma_H = 6.7 + 0.0444H \\ \sigma_h = 0.8 + 0.0329H\end{aligned} \tag{5.38}$$

式中，H 为深度，m；σ_H、σ_h 的单位为 MPa。

因此，根据以上对钻孔间距与保压注水压力、时间参数的匹配关系研究，煤矿井下多孔联合压裂工艺参数的选取主要分为四个步骤。

（1）首先根据压裂煤层区域以及施工巷道情况确定中心压裂钻孔的位置以及钻孔参数。

（2）在压裂钻孔两侧，按照压裂煤层区域范围等间距布置保压注水钻孔，钻孔终孔点与压裂钻孔处于同一标高。根据现场压裂经验，保压注水钻孔间距不大于 20m。

（3）根据式（5.36）～式（5.38），确定保压注水孔的注水压力，注水压力越大，对水压裂缝方向的控制能力越大。

（4）根据所确定的保压注水钻孔间距和保压注水压力，利用式（5.35）确定保压注水所需的注水时间。

5.5.3 煤矿井下多孔联合压裂技术现场试验

为对比多孔联合压裂与常规钻孔压裂在压裂范围、所需泵压以及压裂后瓦斯抽采情况等方面的效果，在重庆松藻矿区逢春煤矿张狮坝矿区 S11203 下顺槽进行对比试验[11]。多孔联合压裂试验在 3#钻场进行，常规钻孔压裂在 10#钻场进行。

1. 试验地点概况

（1）压裂地点概述。本次压裂试验选择在张狮坝矿区 S11203 下顺槽，压裂为其上部 M8 煤层。S11203 下顺槽位于 +610S 边界石门与 +610 主石门之间，在 +610 主石门中沿

M12 煤层向南掘进，设计长度为 612m，埋深为 550m。该巷采用放炮掘进，梯形金属支架支护。

（2）瓦斯地质情况。根据地勘资料知，张狮坝矿区所回采的 M8 煤层原始瓦斯含量为 17.26m^3/t，煤层原始瓦斯压力为 3.5MPa。

（3）煤层顶底板情况。煤层顶底板情况如表 5.9 所示。

表 5.9　M8 煤层顶底板情况

编号	厚度/m	倾角/(°)	稳定性	直接顶	底板
M8	3.83	24～30	较稳定	粉砂岩、砂质泥岩	粉砂岩、砂质泥岩

2. 压裂孔布置方案及压裂参数的确定

（1）压裂孔布置方案。根据 5.5.2 节中分析得出的煤矿井下多孔联合压裂裂缝控制工艺参数的计算方法及步骤，并结合逢春煤矿 M8 煤层的物理力学性质（表 5.10）。首先，确定压裂钻孔位于 S11203 下顺槽 3#钻场内，压裂钻孔直径为 94mm，压裂控制区域范围为 100m，保压注水钻孔间距 20m 布置一个，注水钻孔终孔点与压裂孔处于同一标高，共设计 6 个钻孔，钻孔直径均为 75mm，如图 5.25 所示。

表 5.10　M8 煤层物理力学参数值

序号	参数	数值
1	孔隙率/%	5.31
2	渗透率/mD	0.02
3	原始瓦斯压力/MPa	3.5
4	抗拉强度/MPa	1
5	煤层埋深/m	550

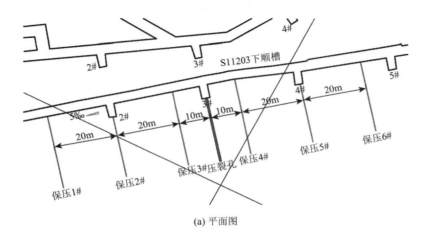

(a) 平面图

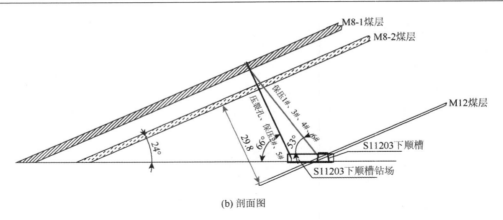

(b) 剖面图

图 5.25　钻孔布置图

为对比多孔联合压裂与常规压裂效果，在 S11203 下顺槽 10#钻场布置一个压裂钻孔进行常规压裂试验，钻孔布置如图 5.26 所示。

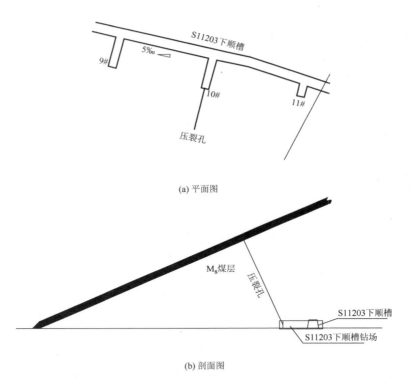

(a) 平面图

(b) 剖面图

图 5.26　钻孔布置图

（2）压裂参数的确定如下。

①保压孔注水压力。根据式（5.36）～式（5.38）以及 M8 煤层的埋深情况，可以确定保压注水压力范围为

$$3.5\text{MPa}<p_{\text{w}}<26.4\text{MPa} \qquad (5.39)$$

根据理论分析结果，保压注水压力越大，对水压裂缝扩展的控制效果越好，同时，考虑到实际煤层起裂压力存在一定的随机性和波动性，确定保压注水压力为 20MPa。

②单孔保压注水时间。根据所确定的保压注水钻孔间距为 20m，即注水半径需为 10m 以上，保压注水压力为 20MPa，水和瓦斯的黏度系数为 20°时的取值，利用式（5.35）确定单孔保压最小注水时间为 17min。同时，在保压注水环节采用清水，而在正式压裂中，在乳化泵水箱中添加洗衣粉作为对压裂后压裂范围考察的检测剂。

3. 现场试验过程及现象分析

（1）多孔联合压裂。压裂试验首先按照计算得出的单孔保压注水时间，以注水压力为 20MPa 对 6 个注水孔进行注水。注水完成后，立刻实施压裂，总计压裂时间为 120min。压裂过程中的压裂孔瞬时压力和瞬时流量监测曲线如图 5.27 所示。

从压裂孔瞬时压力和瞬时流量监测图可以看出，煤体的起裂压力为 29MPa，压裂过程大致可以分为三个阶段：应力累计阶段、起裂阶段、稳定延伸阶段。在压裂前期是压力急剧上升的阶段，此时压裂孔内能量积聚，注水压力和注水流量急剧升高，当孔内压力达到一定值时，注水流量急剧减小；当压裂孔开始压裂后，瞬时压力在裂缝开启瞬间骤降，裂缝反复起裂扩展使注水压裂不断波动，注水流量随注水压力增大而减小，随注水压力减小而增大。裂缝向远处扩展是处于不断向新区域重复压裂的过程，因此后续压裂过程中会出现压力的不断波动。

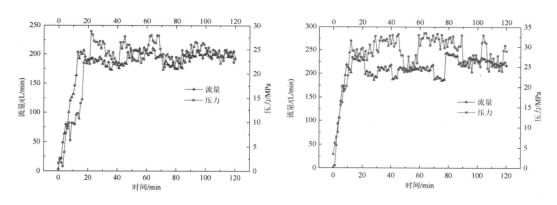

图 5.27　多孔联合压裂瞬时压力和瞬时流量监测曲线　图 5.28　常规压裂瞬时压力和瞬时流量监测曲线

（2）常规压裂。常规井下压裂时间同样也为 120min。压裂过程中的压裂孔瞬时压力和瞬时流量监测曲线如图 5.28 所示。

从图 5.28 可以看出，煤体的起裂压力为 32MPa，扩展压力为 30～34MPa。起裂及扩展压力与多孔联合压裂相比，均有所上升，同时瞬时注入流量也有所增加，主要是由于保压注水所形成的带状高孔隙压力区域，抵消了一部分煤层中的地应力，减小了有效应力，从而降低了水压裂缝在煤层中的起裂及扩展压力。同时，保压注水所形成的孔隙压力梯度，诱导了水压裂缝的扩展方向，在煤层中更容易形成主裂缝并减少了次生裂缝数量，从而降低了注入的流量。

4. 压裂范围考察及瓦斯抽采情况

（1）压裂范围考察。多孔联合压裂后，立刻对压裂孔及 6 个保压注水孔卸压放水发现，除保压孔 6#，其余保压孔均有洗衣粉水夹杂大量瓦斯喷出，说明本次多孔联合压裂范围在 80m 以上。

对于常规压裂范围的考察，本书采用对煤体含水量测定的方法。以压裂孔为中心，沿巷道方向，每隔 10m 布置一个检测孔，共计 8 个，检测结果如表 5.11 所示，压裂范围为40m 左右。

表 5.11 煤层含水率测试表

孔号	煤体含水率/%	与压裂钻孔距离/m
压裂前	1.15	—
检 1	7.83	左 10
检 2	5.66	左 20
检 3	1.81	左 30
检 4	1.29	左 40
检 5	5.28	右 10
检 6	3.07	右 20
检 7	1.05	右 30
检 8	1.18	右 40

（2）瓦斯抽采情况。根据多孔联合压裂范围，瓦斯抽采钻孔布置在 S11203 下顺槽 2#、3#、4#钻场内，每个钻场施工抽采孔 5 个，终孔于 M8 煤层，控制压裂钻孔终孔水平线上、下各 20m，如图 5.29 所示。

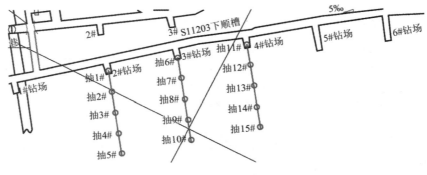

图 5.29 抽采孔布置图

对于常规压裂，瓦斯抽采钻孔布置在 10#钻场内，布置抽采孔 5 个，同样终孔于 M8煤层，控制压裂钻孔终孔上、下各 20m。

对前 33d 的瓦斯抽采情况统计发现（图 5.30），多孔联合压裂的 15 个瓦斯抽采钻孔平均单孔抽采纯量为 0.037m³/min。作为对比的常规压裂钻孔（10#钻场 5 个抽采钻孔），平均单孔抽采瓦斯纯量为 0.009m³/min（抽采 33d），而在 S11203 下顺槽的传统瓦斯抽采钻孔前 33d 的平均单孔抽放纯量为 0.003m³/min。采用多孔联合压裂技术之后，相比常规压裂工艺瓦斯抽采纯量提高了 4.1 倍，相比普通抽采钻孔瓦斯抽采纯量提高了 12.3 倍。

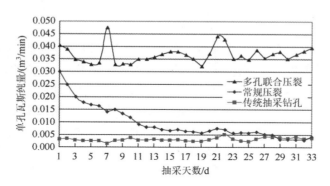

图 5.30　抽放纯量对比曲线图

　　从数据中可以看出，多孔联合压裂后瓦斯抽采纯量能够保持在较高的抽放水平，而常规压裂在抽放 14d 后基本恢复到普通钻孔抽放水平。因此，通过采用多孔联合压裂技术，能够较好地控制水压裂缝的扩展方向，实现了煤体有序大范围卸压及瓦斯的长时高间效抽采。

参 考 文 献

[1]　周哲. 组合射流冲击破碎煤岩成孔机理及工艺研究[D]. 重庆：重庆大学，2017.

[2]　孔祥言. 高等渗流力学[M]. 合肥：中国科学技术大学出版社，2010.

[3]　冯彦军，康红普. 受压脆性岩石 I - II 型复合裂纹水力压裂研究[J]. 煤炭学报，2013，38（2）：226-232.

[4]　Yan F，Lin B，Zhu C，et al. A novel ECBM extraction technology based on the integration of hydraulic slotting and hydraulic fracturing[J]. Journal of Natural Gas Science & Engineering，2015，22：571-579.

[5]　景峰，盛谦，张勇慧，等. 中国大陆浅层地壳实测地应力分布规律研究[J].岩石力学与工程学报，2007,26(10):2056-2062.

[6]　康红普. 深部煤矿应力分布特征及巷道围岩控制技术[J]. 煤炭科学技术，2013，41（9）：12-17.

[7]　杨天鸿. 岩石破裂过程渗透性质及其与应力耦合作用研究[D]. 沈阳：东北大学，2001.

[8]　富向，刘洪磊，杨天鸿，等. 穿煤层钻孔定向水压致裂的数值仿真[J]. 东北大学学报（自然科学版），2011，32（10）：1480-1483.

[9]　门晓溪，唐春安，韩志辉，等. 射孔角度对水力压裂裂纹扩展影响数值模拟[J]. 东北大学学报（自然科学版），2013，34（11）：1638-1641.

[10]　唐书恒，朱宝存，颜志丰. 地应力对煤层气井水力压裂裂缝发育的影响[J]. 煤炭学报，2011，36（1）：65-69.

[11]　宋晨鹏. 煤矿井下多孔联合压裂裂缝控制方法研究[D]. 重庆：重庆大学，2015.

第 6 章　射流割缝复合水力压裂增透理论及技术

我国 70%以上的煤矿是高瓦斯矿井，煤层赋存条件复杂，瓦斯含量高、压力大、煤层透气性低，此类条件的煤矿瓦斯治理是世界性难题。近年来，随着煤矿开采不断向深部迈进，煤层透气性越来越低，如何大幅度增强煤层透气性是实现煤矿井下瓦斯高效抽采和保障煤炭安全生产的关键。目前，水力压裂技术在煤矿井下瓦斯抽采中取得了一定的应用效果，但在现场施工中也出现裂缝无序扩展的问题，形成抽采"空白带"，且对煤层顶底板破坏严重，均为后续煤炭开采埋下隐患。

煤矿井下割缝复合水力压裂增强煤层透气性的新方法，为解决上述难题开辟了新途径，其技术原理依托于水射流割缝破煤岩理论与水力压裂技术的结合。本章将通过理论分析、数值模拟、实验室及现场试验的方法，对射流割缝复合压裂裂缝导向扩展机理、射流割缝复合压裂增透机理、压裂过程瓦斯运移机理及割缝复合压裂技术工艺进行阐述。

6.1　射流割缝复合压裂方法及原理

水力化增透措施在煤矿井下应用广泛，其中具有代表性的水力割缝、水力压裂技术，更是成为区域瓦斯治理的首选措施。水力割缝卸压效果好，能在缝槽周围形成裂隙带，增大煤体透气性，从而提高瓦斯抽采效率，但由于射流本身的衰减特性，缝槽半径约为 1~2m，增透范围仍然有限。水力压裂可形成长达 30~100m 的裂缝，改造范围广，效率高，但由于单一主裂缝对于裂缝垂向上的改造效果很小，煤层存在增透"空白带"，为煤矿后续生产埋下隐患。

为此，在分析水力割缝、水力压裂技术增透机理的基础上，结合水力割缝、水力压裂技术各自存在的优点，本章提出了煤矿井下射流割缝复合压裂方法，并对其技术构想及增透原理进行了分析。

6.1.1　高压水射流割缝卸压效果分析

1. 高压水射流割缝技术原理

水力割缝在巷道内向煤层中钻孔，利用高压水射流在煤层中沿钻孔径向切割煤体，在割缝过程中，大量瓦斯和破碎煤体沿钻孔排出，在煤层中形成圆盘形缝槽。一方面，高压水射流本身的冲击特性可以激发煤体应力场和裂隙场变化，促进瓦斯解吸；另一方面，由于缝槽的存在，周围煤体弹性能得到释放，暴露面增大，煤体内部萌生微观裂纹，渗透率增大，为实现煤层卸压增透与瓦斯解析运移创造了良好的条件。同时，通过改变割缝器在钻孔轴向上的位置，可以在同一钻孔中进行多次割缝，有利于提高煤层增透效果，从而有效地抽采瓦斯。

目前，煤矿井下水力割缝装置趋向于钻割一体化，集钻深长孔、切槽、冲屑为一体，主要包括矿用高压水泵、脚踏阀、多功能钻头、高压旋转密封输水器、高压水管、高压密封钻杆等设备，具体组成如图 6.1 所示。

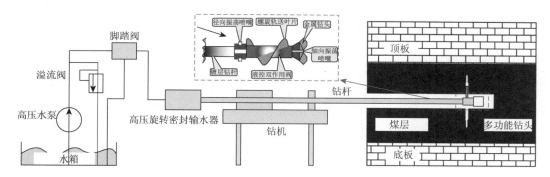

图 6.1　煤矿井下射流割缝装置系统图

具体工艺流程及技术特点：开启泵压至 5MPa，由钻头轴向振荡喷嘴产生的射流先冲击破碎煤岩体，钻进导向孔，伴随着射流粉碎煤渣。钻头上切齿可进一步将煤渣研磨成更细的煤粒，并可实现导向孔扩孔；由于刀齿无须直接切割破碎煤体以及水的快速冷却作用，极大地降低了刀齿的磨损。细小的煤粒随孔内回水快速排出至钻孔外。钻进至目标深度后开始回退，钻头轴向振荡喷嘴关闭，开启径向振荡喷嘴，升高泵压开始进行径向切槽。由于煤层较软，遇水又进一步软化，因此，当进行煤层顺层孔割缝施工时，需合理避开软分层，避免松软煤层瓦斯抽采孔的垮塌，提高煤层钻孔的深度和成孔率。

形成的缝槽深度主要与射流的压力及流量有关，在煤矿井下高压泵设备额定工作压力及流量受限的情况下，缝槽半径大约能达到 1～1.5m。近年来，重庆大学研究团队利用自激振荡喷嘴形成的振荡射流进行割缝，由于振荡射流的脉冲峰值压力是平均压力的 2.5 倍，高度聚能的射流束作用在煤岩上产生冲蚀、空化以实现对煤岩体切割破碎，破碎产生的煤渣十分细小，可随回流水快速排出至孔外，从而有效避免抱钻及喷孔发生，并极大地增加了切槽的宽度与深度，缝槽半径可达 1.5～2m[1]。同时振荡射流的振动、冲击与气蚀等动力效应易诱发煤岩体的应力场与裂隙场动态演化，致使煤体裂隙率增大，增加煤层透气性，可有效促进吸附瓦斯解析为游离瓦斯，达到提高瓦斯抽采半径、抽采率，降低低透气性煤层钻进过程瓦斯灾害发生的风险。

近年来，伴随着国内煤炭行业高速发展，煤矿井下水力割缝增透技术进入高速发展阶段。国内学者针对各个矿区煤层赋存特性，根据高压水射流技术原理，分别提出了高压水射流割缝[2]、高压磨料射流割缝[3]、高压脉冲射流割缝[4]、自激振荡脉冲水射流割缝[5]、高压旋转水射流[6]等水力割缝增透技术。虽然这些技术方法运用的水射流形态不同，但是总体上都能够有效增加煤层透气性，提高瓦斯抽采效率。但是由于射流的衰减，其割缝半径有限，一般为 1～2m，限制了增透范围。

目前，基于高压水射流技术的煤层水力割缝增透手段已在单一高瓦斯低透气性煤层瓦斯防治领域得到了广泛应用。虽然该技术提出时间较早，目前也比较成熟，但众多基于水力割缝的新技术仍然层出不穷,主要原因在于其卸压增透机理被认为是煤矿瓦斯治理最有效的手段之一。能否利用卸压增透与水力压裂相结合,充分发挥两者的优势成为创新煤矿井下水力压裂技术研究的新课题,而且在高瓦斯低透气性煤层钻孔水力割缝增透作用机理方面已取得了大量的研究成果,但对于割缝卸压带的裂纹具体扩展模式及分布特点的研究还鲜有报道。

2. 缝槽周围应力分布

高压水射流割缝技术利用水射流的冲击破岩特性沿煤层钻孔径向方向切割煤体形成圆盘状缝槽为煤体提供卸压空间。为分析缝槽的卸压效果,采用有限差分程序 FLAC3D 研究水力割缝后引起的煤体卸压效应。对此,建立了一个 15m×15m×15m 的三维模型,模型单元个数为 250560 个,模型网格划分和边界条件如图 6.2(a)所示。钻孔半径为 0.05m,沿 y 轴(坐标原点在模型的几何中心处)贯穿整个模型。在钻孔中心处生成因水力割缝而形成的垂直于钻孔的半径为 1.3m、厚度为 0.05m 的圆盘缝槽,如图 6.2(b)、图 6.2(c)所示。根据实际情况施加重力加速度(9.8m/s²)和反演地应力场,最终在模型几何中心处生成的主应力分别为 12.97MPa、10.55MPa 和 6.80MPa,方向分别沿 x、z 和 y 轴。模型所用本构模型为应变软化模型。煤体力学参数如表 6.1 所示。

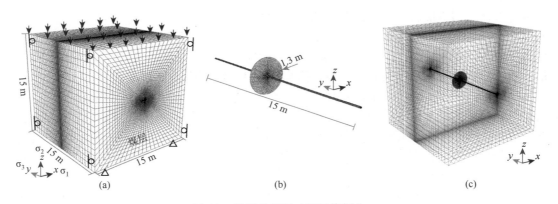

图 6.2　模型几何尺寸和网格划分

表 6.1　煤体物理力学参数

密度/(kg/m³)	体积弹性/GPa	剪切模/GPa	摩擦角/(°)	黏聚力/MPa	剪胀角/(°)	抗拉强度/MPa	抗剪强度/MPa
1450	1.67	1.25	18	1.07	12	0.5	1.51
a_g	b_g	k_0/mD	P_0/MPa	ϕ_0/%	A/%	W/%	摩擦因子
34.47	1.30	0.05463	2.90	4.73	13.67	1.07	0.40

数值求解时,首先反演地应力场,待平衡后分别进行含普通钻孔和含割缝钻孔的两种模型的计算,直到分别计算平衡为止。计算平衡后,普通钻孔与割缝钻孔的 σ_{xx}、σ_{yy}、σ_{zz} 分布云图如图 6.3 所示,直观地展示了割缝后缝槽周围煤体应力显著减低。

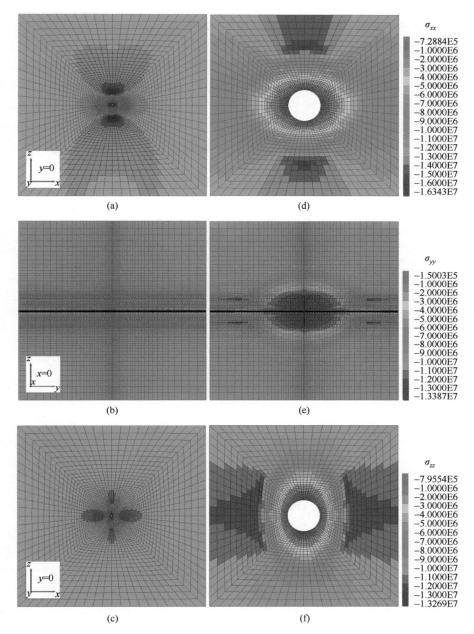

图 6.3　普通钻孔（a）～（c）与割缝钻孔（d）～（f）周围煤体中 σ_{xx}、σ_{yy}、σ_{zz} 云图

图 6.4 所示为普通钻孔和割缝钻孔沿 x 轴（测线 1）、平行并距离 y 轴 1.3m（测线 2）和 z 轴（测线 3）的测线分别监测的 σ_{xx}、σ_{yy}、σ_{zz}。以应力降低 10% 为卸压范围的边界，则普通钻孔周围煤体中 σ_{xx} 在测线 1 上的卸压范围是 4.8m，而割缝钻孔即使在模型边界应力仍降低了 30%，也即是说割缝钻孔周围煤体中 σ_{xx} 在测线 1 上的卸压范围远大于 15m，至少是普通钻孔的 3.13 倍，至少是缝槽直径的 5.77 倍。在测线 2 上，普通钻孔周围煤体中 $\sigma_{yy}=6.33\text{MPa}$，仅降低了 6.88%，而对于割缝钻孔，测线 2 正好垂直穿过缝槽的末端。

即使在缝槽的末端，缝槽两侧应力降低达 10%的区域达 7.2m，是缝槽宽度的 144 倍。在测线 3 上，普通钻孔周围煤体中 σ_{zz} 卸压范围为 1.8m，而割缝钻孔达 15m，是普通钻孔的 8.33 倍，是缝槽直径的 5.77 倍。同时可知在圆盘缝槽所在平面上，贯穿圆盘缝槽中心沿最大主应力方向（x 轴方向）的卸压效果最为显著。以上结果表明，割缝钻孔相较于普通钻孔具有十分显著的卸压效果[注：图 6.4 中曲线呈阶梯状是因为等间距布置测点导致的。因为几何模型（图 6.2）构建时采用了等比例放大单元的方法，所以在某些较大的单元中会有多个测点，但这些测点只能得到一个相同的数据，所以会出现阶梯状]。

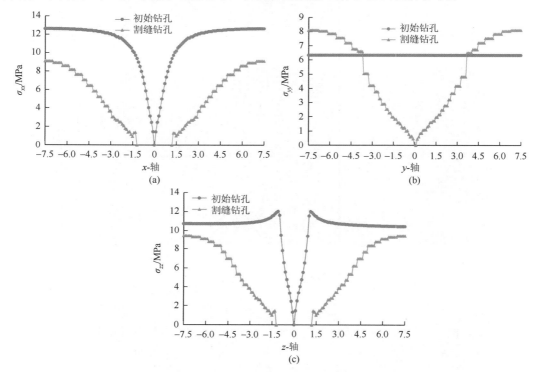

图 6.4　普通钻孔与割缝钻孔周围煤体应力数据

图 6.5 所示为普通钻孔［图 6.5（a）～图 6.5（c）］与割缝钻孔［图 6.5（d）～图 6.5（f）］周围煤体中最大、中间和最小主应力降低达 10%的区域。从图 6.5（a）～图 6.5（c）可知，普通钻孔周围煤体中主应力降低 10%的区域很小，相应体积分别是 44.36m³、85.99m³、31.25m³。而割缝后主应力降低 10%的区域显著增大，相应体积分别是 282.85m³、658.00m³、401.27m³，分别是普通钻孔的 6.38、7.65、12.84 倍。然而缝槽的体积仅为 0.265m³。可见缝槽虽小，但其卸压效果却是显著的。

另外，从图 6.5（d）～（f）可以预见割缝后缝槽周围将形成一个以缝槽为中心的核心卸压区域。图 6.6 展示了割缝后缝槽周围煤体中的平均应力 $\sigma_m=(\sigma_1+\sigma_2+\sigma_3)/3$ 降低 10%的区域。从图 6.6 中可明显看出，割缝后缝槽周围煤体的卸压是有一个以缝槽为中心的核心区域的。以应力降低 10%为卸压范围边界，则在此工况条件下该核心区域是以 5.53 倍割缝半径为半径的球体。

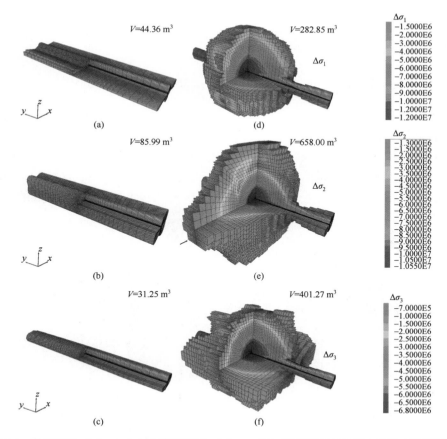

图 6.5　普通钻孔（a）～（c）与割缝钻孔（d）～（f）周围煤体中主应力降低 10%的区域

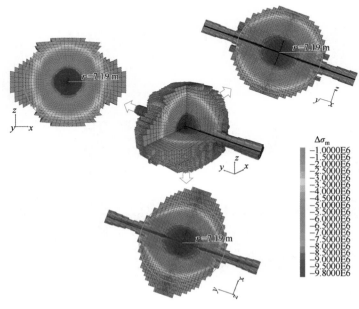

图 6.6　割缝钻孔周围煤体中平均应力降低 10%的区域

6.1.2　缝槽周围塑性破坏区域分析

1. 缝槽塑性区范围

如图 6.7 所示，对于不割缝的普通钻孔，由于钻孔空间小，煤体仅在钻孔周围小范围内发生塑性破坏。水力割缝后产生缝槽空间显著增加了煤体暴露面积（煤体表面积增加了 11.008m²），缝槽附近煤体卸压，应力重分布。在远场地应力作用下，缝槽周围煤体发生压剪破坏，破坏范围直接受缝槽半径影响。在此工况条件下，割缝后以缝槽为中心，形成一个以 3.83 倍缝槽半径为赤道半径、以 2.82 倍缝槽半径为极半径的椭球体塑性破坏区域。

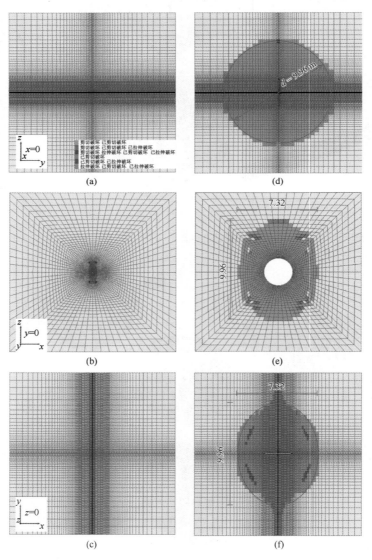

图 6.7　普通钻孔（a）～（c）与割缝钻孔（d）～（f）周围煤体中塑性区分布（单位：m）

煤体发生塑性破坏后，煤体强度明显下降，有效应力快速减小，裂隙大量生成并扩展，煤体透气性显著增加，从而有效提高煤层气开采率降低煤层的突出风险。

2. 裂隙的扩展演化过程

为进一步直观观察水力割缝后缝槽周围煤体中裂隙的扩展演化过程，采用颗粒流分析程序 PFC2D 模拟了这一过程。模型尺寸为 15m×15m，包含 42418 个黏结键、16334 个颗粒。煤体物理力学参数、边界条件、应力环境、割缝钻孔尺寸均如前设置。计算所得缝槽周围煤体中裂隙演化过程如图 6.8 所示。

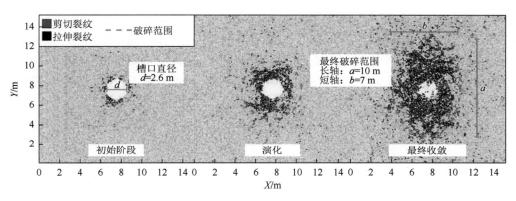

图 6.8　缝槽周围煤体中裂隙演化过程

随着模拟过程中计算步骤的增加，割缝卸压引起的裂隙发育加剧。连接键因拉伸或旋转导致破裂，生成拉伸裂纹；因剪切破坏而生成剪切裂纹。裂纹数量随计算步骤增加而增加，最终形成了一个以缝槽为中心、2.69～3.85 倍缝槽半径的椭圆形裂隙带［该区域与图 6.7（e）有很好的一致性］，有效地改变了缝槽周围煤体中的裂隙场，从而增加了煤层透气性。

裂隙带的水力压裂扩展与均质连续介质存在明显不同，其起裂过程：首先，裂隙在弱面产生、扩展，在水压的作用下，内部弱面产生内水压力，形成对弱面的法向拉应力并在裂缝尖端处产生拉应力集中，致使裂缝尖端应力、应变值急剧增加。其次，当弱面法向拉应力超过煤岩体抗拉强度与地应力在该方向分量之和时，弱面发生破裂产生微裂隙并逐渐扩展连通形成宏观裂隙，在持续的水压作用下，引起次级的弱面及下一级的弱面继续起裂、扩展，最终在煤层内形成贯通的宏观裂隙网络，增加煤岩体的渗透性。

根据弹性力学相关理论，考虑水力裂缝沿结构弱面延伸，从弱面端部起裂扩展需满足以下表达式[7]：

$$p_i - \Delta p_{nf} \geqslant \sigma_n + T_0 \tag{6.1}$$

式中，σ_n 为作用在内部弱面上的正应力；T_0 为岩石抗张强度；p_{nf} 为压裂裂缝与弱面交点与裂缝端部间的流体压降；p_i 为裂缝与弱面交点处的流体净压力。

考虑水力裂隙在与弱面相交点被弱面所钝化，水力裂隙弱面交点处流体净压力为

$$p_i = \sigma_3 + p_{net} \tag{6.2}$$

式中，p_{net} 为压裂施工净压力；σ_3 为最小主应力。

弱面上的正应力为

$$\sigma_n = \frac{\sigma_1 + \sigma_3}{2} + \frac{\sigma_1 - \sigma_3}{2}\cos(180° - 2\theta) \tag{6.3}$$

式中，σ_1 为最大主应力；θ 为水力裂缝与弱面的夹角。

将式（6.2）和式（6.3）代入式（6.1）可得

$$p_{net} \geqslant \frac{1}{2}(\sigma_1 - \sigma_3)(1 - \cos 2\theta) + T_0 + \Delta p_{nf} \tag{6.4}$$

式中，Δp_{nf} 可由弱面内流体的流动方程计算得到[8]。由式（6.4）可知，应力差越小时，卸压带中的弱面更容易被沟通。另外，较小的起裂压力也有助于弱面的充分沟通。

Olson 等[9]针对含裂隙储层压裂时多裂缝延伸扩展过程中与弱面间的相互作用，采用边界元法模拟研究裂缝延伸过程，提出采用净压系数 R_n 表征施工净压对压裂裂缝延伸的影响：

$$R_n = \frac{p_{net} - \sigma_3}{\sigma_1 - \sigma_3} \tag{6.5}$$

模拟结果表明施工净压力系数越大，动态扩展裂缝的延伸形态越复杂。

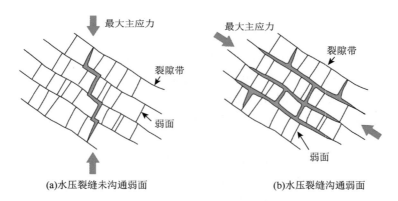

(a)水压裂缝未沟通弱面　　　　　　(b)水压裂缝沟通弱面

图 6.9　裂隙带水力压裂裂缝形态示意图

在水力压裂过程中，压裂裂缝与弱面相交后沿弱面端部起裂扩展，将导致水力裂缝分支和转向，进而形成复杂的水力裂缝网络。这时水力裂缝与弱面相交点处流体压力需要克服相交点至弱面端部的流体压力降，同时需要满足端部起裂条件。可以抽象出水力侵入裂缝与弱面相交作用的平面构架，如图 6.9 所示。且由于煤层松软的力学物性的特点，其水力裂缝与砂岩形成的两翼对称单一线性裂缝不同，多形成 T 形裂缝、两翼不对称、裂缝高度限于储层的体积性裂缝。另外，由于煤层中含有大量的节理及裂隙，水压裂缝极容易沟通这些不连续面，形成体积改造的效果。

6.1.3　射流割缝复合压裂方法的提出

1. 射流割缝复合压裂方法

由前所述可知，常规井下水力压裂技术虽然在一定范围内能够致裂增透，其主要形成单一主裂缝，并沿主应力方向扩展。一方面在主裂缝两侧形成抽采"空白带"，给后续煤炭开采埋下隐患；另一方面起裂压力大导致煤层顶底板破坏严重，后续煤炭开采时支护困难。而水射流割缝技术具有高效破岩、割缝卸压的优点，利用振荡射流高效的破岩能力在煤体内构造缝槽，降低局部煤体应力，释放储存弹性能，然后通过合理布置缝槽参数，形成网络化卸压增透缝槽和裂隙（图 6.10），该方法能够有效释放煤体内储存的势能和瓦斯能，防治煤与瓦斯突出危险。

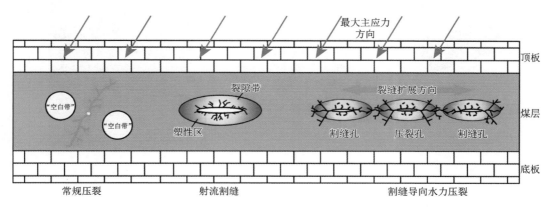

图 6.10　射流割缝复合压裂增透原理示意图

新型煤矿井下水力压裂技术需要进行大范围高效增透的同时避免煤层气抽采盲区的出现。根据 6.1.1 节、6.1.2 节对水力割缝技术卸压增透原理的分析，结合水力压裂技术的优点，提出煤矿井下射流割缝复合压裂技术：首先通过射流造缝形成缝槽和次生裂隙，控制裂缝起裂扩展方向，然后实施水力压裂，促进裂缝的连通和扩展（图 6.10）。

新技术的增透原理大致可归为三点：①在传统钻孔上利用高压水射流冲蚀煤体形成圆盘缝槽，大幅度增加瓦斯涌出自由面，同时为煤体提供卸压空间；②卸压空间使缝槽周围煤体应力得到释放，应力场重新分布，导致缝槽周围围岩主应力差增大，缝槽尖端射流冲击初始裂纹开裂、扩展、连通，煤体内部损伤逐渐累积并派生出新的拉剪裂隙，形成缝槽周边裂隙网络；③通过低压、大排量注入高压水，致使周围裂隙进一步扩展，形成复杂的裂隙网络，实现煤层大面积高效增透。通过该方法能够实现大范围的裂缝有序扩展增透，避免了传统压裂技术单一主裂缝的问题，防止增透空白带的出现，实现了煤层大范围网络化卸压增透。

2. 射流割缝复合压裂增透技术思路及优势

煤矿井下射流割缝复合压裂增透技术思路主要是利用高压水射流在煤体中构造出孔、

缝、裂隙网络，再实施水力压裂，增加煤层透气性。技术实现方法如图 6.11 所示。首先，通过在岩层大巷中使用钻机施工穿层钻孔至煤层，由高压旋转输水器连接柱塞泵提供高压水源，利用高压密封钻杆前段连接的自动切换式射流割缝器在煤层中切割出缝槽；其次，将压裂管置入钻孔中，使用注浆管往钻孔中泵入封孔材料对钻孔进行封孔，待封孔材料凝固后，连接压裂管及柱塞泵进行压裂，在压裂过程中对压裂压力及流量进行监控，使用大流量、低压压裂方式；最后，在压裂孔周围布置瓦斯抽采钻孔，进行瓦斯抽采。

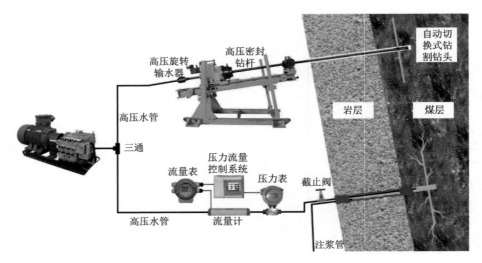

图 6.11　射流割缝复合压裂方法示意图

　　一方面，射流割缝在煤层中形成缝槽及次生裂隙，有利于水力压裂时裂缝大范围扩展，消除抽采"盲区"，大幅增加煤层透气性；另一方面，射流割缝使煤体产生局部卸压区，弱化原始地应力对裂缝扩展方向的控制作用，同时有效降低水力压裂的起裂压力，减少对煤层顶底板的损害，保障后续安全高效开采煤炭。技术思路及施工方法适应性强，可以在煤矿井下受限空间使用，便于大规模推广。

6.2　射流割缝复合压裂裂缝扩展机理

　　对煤层进行压裂的根本目的是利用水力裂缝为瓦斯流动提供通道，以此提高煤层的整体渗透性能，因此，水力压裂形成的裂缝形态直接决定了煤层改造的效果。地应力状态是影响裂缝形态的主要原因，水力裂缝一般沿着最大主应力的方向扩展。但是由于割缝后缝槽周围卸压带裂隙场的存在，复合压裂的裂缝扩展是原始地应力和裂隙场相互叠加的结果。原始地应力场是赋存地层经过长期地质作用积累和演化而成的，不受人为因素的控制。因此，想要实现割缝复合压裂裂缝可控扩展，研究缝槽卸压带裂隙场的影响是关键。

　　因此，本节首先通过水力割缝缝槽实际形态，进行缝槽受力分析，并建立了割缝复合压裂起裂压力计算模型；其次，建立了含瓦斯煤岩损伤模型，通过 RFPA^{2D} 软件求解得到割缝缝槽周围裂隙带分布，并分析了不同侧压系数对裂隙带形态的影响规律；最后，建立了非均质煤岩渗流-损伤模型，以裂缝形态为几何模型，应用 RFPA^{2D}-Flow 计算得到割缝复合压裂裂缝扩展过程，并分析不同侧压系数对复杂裂缝形态的影响。

6.2.1　非均质煤岩水压裂缝卸压扩展模型

由于煤岩强度小、非均质，煤岩中的弱面在应力下极容易发生破坏，形成宏观裂纹。煤层射流割缝后，缝槽周围形成卸压区及应力集中区，从而发生复杂的拉伸、剪切破坏。国内外学者针对割缝后缝槽周围的应力分布进行了大量的研究，但由于分析手段为有限元，无法反应裂纹的形态特征[10]。RFPA^{2D} 软件是基于有限元理论和全新的材料破裂过程算法思想，研究岩石破坏过程复杂现象的岩石破裂过程分析系统。假设岩体强度服从威布尔统计分布，构造了能够表征岩石介质的非均匀性特征与非线性变形关联的弹性损伤本构模型，基于判定网格单元的弱化程度来反映岩石介质的非连续性变形与破坏行为，其可适用于对典型非均质岩石介质材料从细观损伤到宏观破坏整个过程进行探索研究[11]。RFPA^{2D} 软件从开发完成以来，已经成功应用于探索非均质岩石介质的破裂过程以及破裂过程中的声发射特征、多岩层构造开挖移动等实际工程问题、脆性非均质岩石介质中的裂纹扩展延伸和混凝土断裂等问题，其模拟结果同实验结果呈现出良好的一致性。因为该软件在非均质材料破坏模拟方面的优势，且可以实现裂纹形态的模拟，因此可在建立缝槽卸压过程气固耦合模型的基础上，使用 RFPA^{2D} 软件对缝槽周围裂隙演化及分布进行研究。

1. 缝槽卸压过程气固耦合控制模型方程

瓦斯等气体在多孔介质岩石内流动时，煤岩体变形与气体流动过程相互作用、相互影响。因此，基于多孔介质有效应力理论，构建了考虑瓦斯流动作用煤岩体破裂的气固耦合控制模型。

考虑瓦斯气体运动方程符合线形渗透规律，其在煤岩体内的渗流速度为

$$q = -\lambda \frac{\mathrm{d}P}{\mathrm{d}L} \tag{6.6}$$

式中，q 是气体在煤岩体内渗流速度矢量，m/d；λ 是煤岩体的透气性系数，m^2/（MPa^2·d）；P 是煤层内赋存瓦斯绝对压力的平方，MPa^2；L 为渗流方向长度，m。

瓦斯在煤层中以两种状态赋存，第一种状态为在煤体孔隙裂隙内的自由游离赋存状态，即自由游离瓦斯（W_1），第二种状态为瓦斯在煤体颗粒表面以吸附的形式赋存，即吸附瓦斯（W_2）。单位体积煤体中总的瓦斯含量可以表示为

$$W = Bnp + f(T,M,V)\frac{abp}{1+bp} \tag{6.7}$$

式中，B 为公式的修正参数，m^3/（t·MPa）；n 为煤体孔隙率；p 为煤层内的绝对瓦斯压力，MPa；a 为 Langmuir 体积常数，m^3/t；b 为 Langmuir 压力倒数，MPa^{-1}；$f(T,M,V)$ 是与温度以及煤体所含水分和灰分有关的修正参数，取值为 1。

然而在工程条件实际应用过程中，工程误差允许范围内，煤体赋存瓦斯含量方程可采用近似计算的方法，其表达式为

$$X = A\sqrt{p} \tag{6.8}$$

式中，X 是煤体内赋存总的瓦斯含量，m^3/t；A 是煤层内瓦斯含量系数，$m^3/(t·MPa^{1/2})$；

假设煤层内瓦斯流体为理想气体且忽略重力的影响，则等温条件下煤层中瓦斯压力与瓦斯密度的关系可表示为

$$p = \rho RT \tag{6.9}$$

式中，R 是普适气体常数，等于 8.314J/（mol·K）；T 是煤层绝对温度，K；ρ 是煤层中瓦斯的密度，kg/m^3。

基于质量守恒方程，煤层内瓦斯气体的质量平衡方程可以表示为

$$\mathrm{div}(pq) + \frac{\partial X}{\partial t} = 0 \tag{6.10}$$

将式（6.6）、式（6.8）和式（6.9）代入式（6.10），整理后可得

$$\alpha_p \nabla^2 (\lambda_i P) = \frac{\partial P}{\partial t} \tag{6.11}$$

式中，$\alpha_p = 4A^{-1}P^4$。

考虑孔隙压力变化对煤体变形的影响，则煤岩体的变形本构方程可表示为

$$(K + G)u_{j,ji} + Gu_{i,jj} + f_i + (\alpha p)_{,i} = 0 \tag{6.12}$$

式中，G 是煤岩体的剪切模量，K 是煤岩体的体积模量。

数值模型中的煤岩体细观单元在满足某一应力或应变状态时则会产生损伤，损伤后，该细观单元的弹性模量可以采用以下公式进行计算：

$$E = (1 - D)E_0 \tag{6.13}$$

式中，D 为某一应力或应变状态下细观单元的损伤变量；E 为细观损伤单元的弹性模量，E_0 为细观损伤单元无损伤时的弹性模量。

煤岩体材料损伤后，其透气系数会增加，增大的倍数可以采用 ξ 进行表征，ξ 根据室内试验实测得出，则煤岩体细观损伤单元的透气系数可以采用以下公式进行计算：

$$\lambda = \begin{cases} \lambda_0 e^{-\beta(\sigma_3 - \alpha p)} & D = 0 \\ \xi \lambda_0 e^{-\beta(\sigma_3 - \alpha p)} & 0 \leqslant D \leqslant 1(1-D)E_0 \\ \xi' \lambda_0 e^{-\beta(\sigma_3 - \alpha p)} & D = 1 \end{cases} \tag{6.14}$$

式中，λ_0 为煤岩体材料无损伤时的透气性系数；p 为煤层瓦斯压力；ξ 是煤岩体细观单元产生损伤时的透气性突跳系数；ξ' 是细观单元完全损伤时的煤岩体透气性突跳系数；α 是 Biot 系数；β 是压力对 Biot 系数的影响系数。以上这类系数都能够通过试验测得。

由于非均质岩石材料在受载状态下会受长期强度的影响，因此采用以下公式对流固耦合煤岩体损伤过程中煤岩体的长期强度进行计算：

$$\sigma = \sigma_\infty + (\sigma_0 - \sigma_\infty)\exp(-Bt) \tag{6.15}$$

式中，σ_0 是煤岩体细观单元的瞬时抗压强度；σ_∞ 是煤岩体细观单元的长期强度；B 是煤岩体细观单元强度的折减经验常数。

式（6.12）~式（6.15）即为考虑煤岩体损伤变形与煤层瓦斯渗流作用的气固耦合控制数学方程[12]。

2. 水压致裂过程渗流-损伤耦合模型

由于煤体属于典型的多孔介质，在煤层中进行水力压裂时，多孔隙结构为压裂液和瓦斯赋存和流体渗流提供了条件，这些因素对压裂效果的作用必不可少。针对这些因素，以下对压裂过程中渗流时细观单元的损伤判定方程和单元的渗透系数进行了阐述。

基于莫尔-库仑准则，可知当煤岩体材料细观单元受到压应力或剪切应力时，如果应力值超过某一阈值时，材料将发生破坏即损伤，该判定方程为

$$F = \sigma_1 - \sigma_3 \frac{1+\sin\phi}{1-\sin\phi} \geqslant f_c \tag{6.16}$$

式中，ϕ 是受载材料的内摩擦角；f_c 是材料的单轴抗压强度。

基于应变状态定义的损伤变量 D 可以采用以下公式进行判定：

$$D = \begin{cases} 0 & \varepsilon \leqslant \varepsilon_{c0} \\ 1 - \dfrac{f_{cr}}{E_0\varepsilon} & \varepsilon_{c0} < \varepsilon \end{cases} \tag{6.17}$$

式中，f_{cr} 是材料发生破坏后的残余强度；ε 是材料在应力状态下的应变值；ε_{c0} 是材料单轴抗压强度时的最大压主应变。

单元的渗透系数 k 由下式计算：

$$k = \begin{cases} k_0 e^{-\beta(\sigma_1 - \alpha p)} & D = 0 \\ \xi k_0 e^{-\beta(\sigma_1 - \alpha p)} & D > 0 \end{cases} \tag{6.18}$$

当基质单元达到抗拉强度 f_t 损伤阈值时：

$$\sigma_3 \leqslant -f_t \tag{6.19}$$

损伤变量 D 由下式确定：

$$D = \begin{cases} 0 & \varepsilon \leqslant \varepsilon_{t0} \\ 1 - \dfrac{f_{tr}}{E_0\varepsilon} & \varepsilon_{t0} < \varepsilon < \varepsilon_{tu} \\ 1 & \varepsilon \geqslant \varepsilon_{tu} \end{cases} \tag{6.20}$$

式中，f_{tr} 为单元初始损伤所对应的残余强度；ε_{t0} 为拉伸损伤应变阈值；ε_{tu} 为单元的极限拉伸应变。

单元的渗透系数 k 由下式计算：

$$k = \begin{cases} k_0 e^{-\beta(\sigma_3 - \alpha p)} & D = 0 \\ \xi k_0 e^{-\beta(\sigma_3 - \alpha p)} & 0 < D < 1 \\ \xi' k_0 e^{-\beta(\sigma_3 - \alpha p)} & D = 1 \end{cases} \tag{6.21}$$

3. 求解方法及物理模型

煤层固气耦合损伤模型是高度非线性的偏微分方程组，通过转换得到其解析解十分困难。因此，可采用 RFPA^{2D}-Flow 软件对煤层内瓦斯流动与煤岩体损伤破坏变形两个模块

进行全耦合求解。针对重庆某煤矿8#煤层赋存条件，数值模拟割缝后缝槽周围的裂隙演化及分布规律。由于煤岩极其非均质，细观单元的力学性能参数得值都服从威布尔函数随机分布（弹性模量、泊松比、单轴/抗拉强度、渗流系数等）。

通过实验室水力割缝相似模拟试验得到射流割缝缝槽，然后往缝槽中注入水泥砂浆，待其成型，即可得到缝槽的空间几何形态，如图 6.12 所示，从图中可以看出，缝槽类似圆饼，其径向剖面为圆形，轴向剖面为椭圆形。

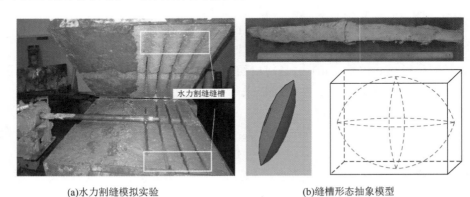

(a)水力割缝模拟实验   (b)缝槽形态抽象模型

图 6.12 水射流割缝空间几何形态

物理模型如图6.13所示，水平方向为15m，垂直方向为15m，划分为400×400 = 160000个单元，割缝缝槽位于中间，根据大量实验数据及现场煤层参数，设定缝槽长轴为2m、短轴为 0.3m。图中颜色代表模型参数随机赋值，绿色为平均值，红色偏大，蓝色偏小。煤层参数及模型赋值如表 6.2 所示。

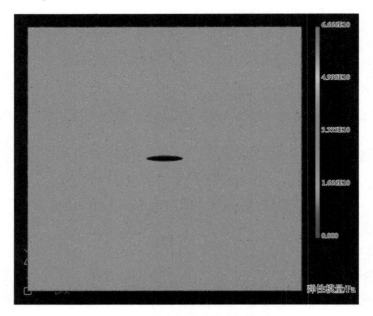

图 6.13 射流割缝缝槽计算模型

表 6.2　煤层参数及模型赋值

力学参数	参数值
均值度	3
弹性模量/GPa	13
内摩擦角/(°)	33
抗压强度/MPa	20
压拉比	17
残余强度系数	0.1
孔隙水压系数	0.8
渗透系数/（m/d）	1.0
泊松比	0.3
孔隙率	0.15

　　煤体压裂后，抽采效果主要受煤层被压裂后裂缝的发育状态影响。裂缝发育越长，煤层压裂有效压裂区域就越大，瓦斯抽采率则越大。而井下煤层水压致裂受到诸多因素的影响，包括：压裂施工工艺、压裂煤层赋存特性、钻孔/钻井的几何形态、压裂注水流量和压裂煤层赋存的储层应力等，这些影响因素中最主要的是煤层赋存环境的地应力。根据资料显示，煤岩体所受水平应力与垂直应力一般不等，以松藻矿区为例，其侧压系数一般为 0.49～1.49，这与世界范围内的统计情况（0.5～2.0）大致相符[13]。因此，为研究侧压系数对缝槽周围裂纹扩展的影响规律，保持垂直应力不变，设定了 7 种不同的侧压系数 λ：0.5、0.7、0.9、1.0、1.1、1.3、1.5、具体实验方案如表 6.3 所示。在构造的数值模型中，对煤层顶部上边界施加垂直地应力 σ_v，模型左右边界施加水平应力 σ_H，模型的下边界进行位移限制即固定约束，其下边界同时设置为无流动边界。注水压力 p 作用在压裂孔内部边缘并以 0.05MPa 的步长逐步进行递增。初步注水压力 p_0 可根据实际压裂情况进行确定。

表 6.3　数值模拟实验方案

序号	垂直应力/MPa	水平应力/MPa	侧压系数
1	10	5	0.5
2	10	7	0.7
3	10	9	0.9
4	10	10	1.0
5	10	11	1.1
6	10	13	1.3
7	10	15	1.5

6.2.2　缝槽卸压区裂隙带分布及对水压裂缝扩展的影响

1. 缝槽卸压裂隙带分布

（1）割缝缝槽周围裂纹扩展过程。割缝后煤体的原始应力平衡被打破，应力重新分布。图 6.14 为地应力下缝槽周围裂隙的形成过程，图中背景填充色反映剪应力分布情况，颜色越亮表示剪应力值越大，黑色部分基本反映了缝槽周围裂隙分布情况。根据图 6.14 可以分析在缝槽卸压过程中，周围裂缝的形成过程及原因。由于缝槽尖端应力比较集中，其边缘首先形成剪切裂缝。随着应力的加载，缝槽上、下两边煤体开始发生移动，缝槽缩小，同时，在两边区域出现卸压区，进而形成一系列垂向分布的张拉裂缝。

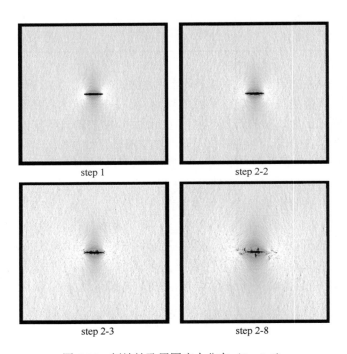

step 1　　　　　　　　　　step 2-2

step 2-3　　　　　　　　　　step 2-8

图 6.14　割缝钻孔周围应力分布（$\lambda = 0.5$）

（2）不同侧压系数对缝槽周围裂纹分布的影响。图 6.15 为不同侧压系数下割缝缝槽周围的裂纹分布情况。这些组图可以明显地反映出缝槽周围裂缝的分布区域，主要包括：尖端区域（Ⅰ区）及两侧区域（Ⅱ区）。

可以看出，当 $\lambda < 1.0$ 时，压应力主要分布在缝槽尖端（最小主应力方向），拉应力主要集中在缝槽两侧（最大主应力方向），裂纹主要为Ⅰ区沿水平方向扩展的剪切缝和Ⅱ区沿垂直方向的张拉缝；当 $\lambda = 1.0$ 时，由于在缝槽两侧区域出现压应力区域，导致剪切裂纹出现；当 $\lambda > 1.0$ 时，压应力集中于缝槽两侧（最小主应力方向），拉应力沿缝槽尖端分布（最大主应力方向），沿垂直方向的剪切裂纹进一步发育，分布更广、更长。

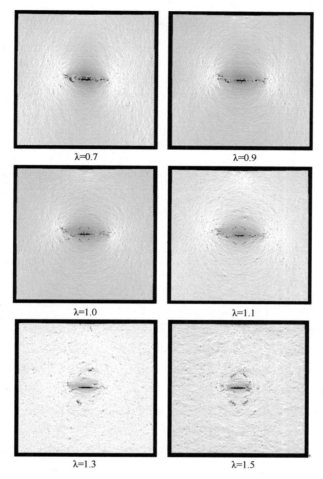

图 6.15　不同侧压系数下割缝钻孔周围裂纹分布

　　各区不同类型裂纹长度统计，如表 6.4 及图 6.16 所示。随着侧压系数的增大，缝槽尖端Ⅰ区裂纹长度先增大后减小，此外，缝槽两侧Ⅱ区的拉伸裂纹不断减小，而剪切裂纹则不断增大。以裂纹总长作为卸压效果的评判值，发现在侧压系数 $\lambda = 1.0 \sim 1.1$ 时，裂纹总长度达到一个峰值，因此可以认为此应力状态下的缝槽卸压效果最佳。

表 6.4　各区不同类型裂纹长度统计

序号	侧压系数	尖端Ⅰ区	两侧Ⅱ区	
			拉伸裂纹	剪切裂纹
1	0.5	1.08	0.55	0
2	0.7	1.23	0.46	0
3	0.9	1.57	0.33	0
4	1.0	1.53	0.30	0.51
5	1.1	1.69	0.27	0.52
6	1.3	1.18	0.12	0.58
7	1.5	0.73	0.16	0.78

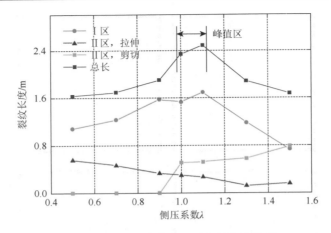

图 6.16　裂纹长度随侧压系数的变化关系

2. 割缝卸压压裂裂缝扩展规律

（1）割缝复合压裂裂缝扩展过程。图 6.17 给出了侧应力系数为 1 的情况下随水荷载增加，模型的水力压力分布云图。与传统压裂起裂裂纹扩展规律相似，在射流割缝复合压裂时，压裂裂纹的延伸过程同样可以划分成裂前、微裂和破裂 3 个阶段。

裂前阶段（step1 至 step8，注入水压力为 0.5～4MPa）：材料位于弹性变形阶段，此时材料没有发生损伤破坏现象。在裂前阶段，材料所受应力在不断积累增加，尤其是割缝缝槽的上、下端。由于缝槽周边附近裂隙场的存在，煤层内水压分布形态形状近似椭圆状，由于水压力较小，此时缝槽和周围缝隙均为发生明显变形，缝槽内处于不断憋压状态。

裂纹起裂阶段（step9 至 step42，注入水压力为 4.5～21MPa）：由于缝槽内注水压力逐步递增，当缝槽及裂隙所受应力超过材料的损伤应力状态阈值时，在裂隙尖端的水压克服围压及煤岩抗压强度后，材料细观单元会逐渐出现损伤破坏。随着损伤单元数量变多，损伤单元从随机分布状态开始逐渐聚集形成宏观微裂纹。注水压力的继续加大，宏观微裂纹整体呈沿垂直应力方向扩展趋势，同时在多个微裂纹裂纹的尖端周边均发现了有零星的初始裂纹存在。

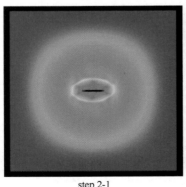

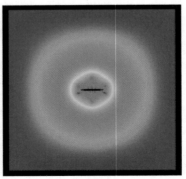

step 2-1　　　　　　　　　　　　　　　　step 8-1

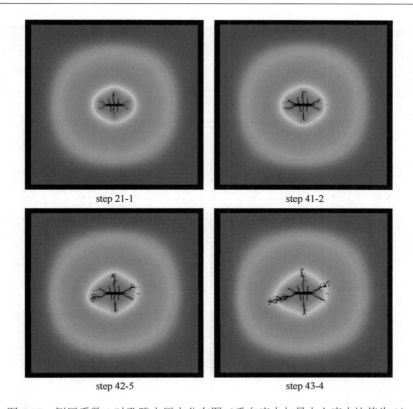

step 21-1　　　　　　　　　　step 41-2

step 42-5　　　　　　　　　　step 43-4

图 6.17　侧压系数 1 时孔隙水压力分布图（垂向应力与最大主应力比值为 1）

　　破裂阶段（step43，注入水压力为 21.5MPa）：随着缝槽内注入水压持续变大，损伤破坏的微裂纹各自向前延伸，宏观裂纹的方向未有明显变化，直至计算失稳。从图 6.17 中能够发现这些致裂裂纹的延伸方向、扩展长度、裂缝宽度具有差异性，这主要是因为煤岩体本身的非均质结构引起的。从 step43 的压裂结果能够发现，压裂裂缝与裂隙带裂纹相互交织，形成复杂的网络裂缝形态。形态基本上呈多裂纹。水压致裂主要是由拉应力引起的拉伸破坏，裂纹的较远处主要是剪切破坏，其最终致裂后裂缝的形态为扇面状且发散。因此，如果在注水压力足够大的时候，这种破坏形式就能够渗透到足够远的地方。但是，当材料所受载荷垂直地应力与最大主应力比值超过一定值时，水压致裂裂纹会快速进入微裂纹损伤区域，不能形成较长的致裂水压裂缝。

　　水压致裂煤岩体自出现损伤到完全损伤破坏是煤岩体不断劣化的过程。当缝槽内注入压力逐步递增，在煤岩体内部的弱面及应力集中点首先出现了微裂缝与微小孔洞，且经过多种外力因素的诱导，微裂缝和微小孔洞不断地张开、延伸扩展直到相互贯通，使致裂对象煤岩体的力学性能逐渐劣化，导致煤岩体材料出现损伤，进一步损伤叠加从而形成宏观裂缝。致裂煤岩体的损伤过程是一个由量变引起质变的演变过程。这个演变过程中，因为非均质煤岩体出现损伤的非均匀性，导致压裂最终结果的非均匀性和非连续性。

　　（2）不同侧压系数下割缝复合压裂裂纹扩展规律。其他侧应力系数下的水压裂纹最终形态如图 6.18 所示。割缝复合压裂形成的裂纹主要可分为 3 种：①垂直于最小主应力方向的主裂纹 a；②裂隙带尖端产生的次生裂纹 b；③由于水压撑开的卸压区裂隙 c。射流割缝复合压裂可以产生 a、b、c 相互连通的复杂网状裂纹，这与传统压裂只能形成单一主裂缝 a 明显不同。另外，由于模型的简化，实际缝槽裂隙带中的裂隙数量要更多，压裂时，水压将对缝槽裂隙带充分刺激，形成大量次生裂纹。

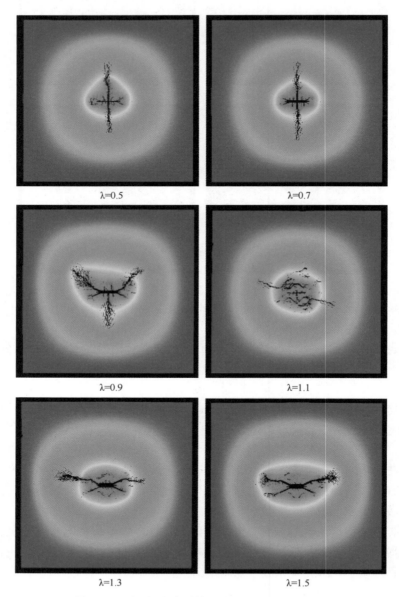

图 6.18　不同侧应力系数下的水压裂纹最终形态

对比这 7 组不同侧应力系数的模拟结果可以看出，侧应力系数越接近 1 时，割缝孔压裂形成的裂缝越多，分布形态越复杂，侧应力系数越偏离 1 时，裂缝越少，分布形态也越简单。这主要是由于当侧应力系数接近 1 时，应力差较小，缝槽周围裂隙带中的弱面起主导作用，裂缝沿着弱面扩展，但随着应力及应力差的不断增大，弱面的主导作用逐渐减弱，而应力差的作用逐渐凸显并在最后起主导作用，这导致裂缝逐渐偏离缝槽周围裂隙方向并沿着应力较大的方向（轴向）扩展。

其次，对裂缝的缝宽及缝间距进行统计，可以看出，侧应力系数为 1 时的裂缝缝宽较大，缝间距也越小。因为渗透率与裂缝宽度的 3 次方成正比，与裂缝间距成反比；所以，侧应力系数越接近 1 时的复合压裂效果最好。由此可见，割缝复合压裂可以形成复杂的裂隙网络，同时割缝缝槽具有明显的卸压效果，在其周围产生的裂隙带可以对水压裂纹的扩展产生明显的影响。

6.2.3　射流割缝复合水压裂缝扩展过程分析

综合以上研究发现：射流割缝缝槽在煤层中形成的卸压带不但可以形成复杂裂纹，而且其可以大大改变周围应力分布，水压裂纹在扩展过程中一旦触及卸压带，将导通裂隙，从而转变扩展方向，沿裂隙带沟通缝槽，对水压裂纹存在明显的诱导作用。

割缝压裂可以利用缝槽裂隙带，引导裂缝扩展，形成复杂网络分布，但由于卸压带有限，均衡增透范围只占水力压裂范围的一小部分。割缝缝槽具有明显的卸压效果，在其周围产生的裂隙带不仅可以对自身水压裂纹的扩展产生明显的影响，同时将对其他水压裂缝的扩展产生影响。因此，可以在割缝压裂孔周围布置割缝孔，进行射流割缝复合压裂，通过射流割缝使煤层在局部卸压，诱导水压裂缝的扩展方向，使水压裂缝尽可能在煤层扩展，实现大范围均衡增透。后文将对割缝复合压裂在穿层、顺层及遇天然裂缝的情况进行分析。

1. 射流割缝复合穿层钻孔压裂

（1）射流割缝辅助穿层钻孔压裂模型。穿层钻孔是煤矿井下瓦斯治理和抽采的主要手段，其利用岩层瓦斯巷，在煤层底板施工穿层孔至煤层，对煤层瓦斯进行预抽。近年来，煤矿纷纷采取穿层孔进行压裂，增加煤层透气性。以某矿 8#煤层穿层压裂为模型，煤层参数及地应力参数与前述情况相同，煤层倾角为 45°，煤层厚度为 2.8m。模型大小为 15m×9m，一共有 500×300＝120000 个细观单元，模型中间为煤层，上、下为岩层，煤层倾角呈 45°。首先在模型中心开挖一个椭圆，长轴为 1.0m，短轴为 0.2m，以此来表示正在扩展中的宏观裂缝，如图 6.19 所示。模型的两侧边界采用位移方式控制，并施加最大主应力 σ_H，在模型上、下边界施加最小主应力 σ_h。注水压力 p 作用在压裂孔内部边缘并以 0.2MPa 的步长递增。初步注水压力 p_0 可根据实际压裂情况进行确定。

（2）模拟结果分析。模拟结果如图 6.20 所示，水压裂缝沿缝槽尖端扩展，直接穿透顶底板，沿最大主应力方向在岩层中扩展。但在煤层中预制多个缝槽时，由于缝槽产生的卸压效果，其裂隙带邻近天然裂缝，当水压裂缝扩展至天然裂隙时，沿缝槽裂隙扩展，从而连通缝槽，避免了顶底板的破坏。

图 6.19　射流割缝复合穿层钻孔压裂模型

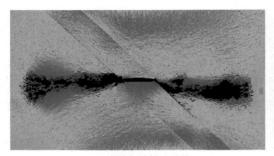

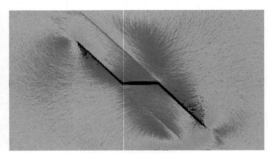

无射流割缝辅助压裂　　　　　　　　　　　　　射流割缝辅助压裂

图 6.20　在煤岩交界面导向裂缝扩展

2. 射流割缝复合本煤层压裂

为研究割缝缝槽对水压裂缝的影响，分别在煤层中垂直及水平预制 3 个间距为 3m 的缝槽，缝槽尺寸与 6.2.1 节相同。中间缝槽为水力压裂缝槽，两侧为导向缝槽，如图 6.21 所示。地应力参数取值 10MPa、9MPa。注入水压作用于缝隙的内部边缘，且以 0.05MPa 的步长递增。

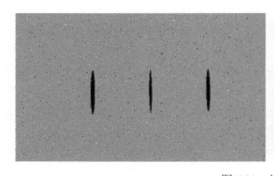
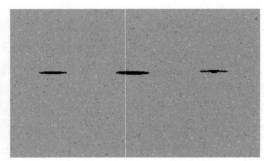

图 6.21　计算模型一

图 6.22 给出垂直布置缝槽对压裂裂缝扩展形态的影响，代表了在水力压裂过程中，诱导裂纹的起裂产生和延伸扩展过程。主应力方向为垂直方向，可以看到水压裂缝起初在

缝槽周围裂隙带均有发育，当水压裂缝到达相邻侧缝槽卸压带影响范围时，水压裂缝沿裂隙带裂缝沟通相邻缝槽，从而达到裂缝控制的目的。

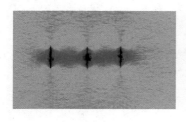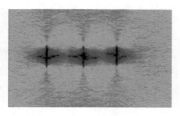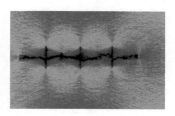

图 6.22　射流割缝复合压裂裂缝扩展

图 6.23 给出水平布置缝槽对水压裂缝的影响情况，主应力方向同样为垂直方向。从模拟结果可以看出，水压裂缝起初在缝槽周围裂隙带均有发育，当水压裂缝到达相邻侧缝槽卸压带影响范围时，水压裂缝沿裂隙带裂缝沟通相邻缝槽，从而达到裂缝控制的目的。

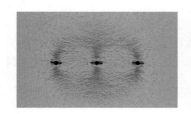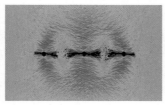

图 6.23　射流割缝复合压裂裂缝扩展

3. 遇天然裂缝割缝复合压裂

煤层中含有大量节理、裂隙、断层等不连续面，在煤层中进行压裂时，水压裂缝将会受到这些不连续面的干扰。为研究缝槽对水压裂缝经过不连续面的影响，在煤层中预制 3m 长的不连续面，同时在不连续面右侧添加 1m 长的缝槽，如图 6.24 所示。地应力、注水压力、煤岩参数与之前一致。

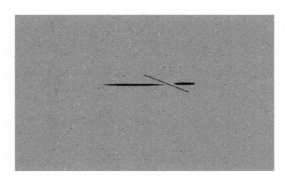

图 6.24　计算模型二

模拟结果如图 6.25 所示，水压裂缝沿缝槽尖端扩展，经过天然裂缝后，沿裂缝扩展。但当天然裂缝右侧存在缝槽时，由于缝槽产生的卸压效果，其裂隙带邻近天然裂缝，当水压裂缝扩展至天然裂隙时，沿缝槽裂隙扩展，从而连通缝槽。

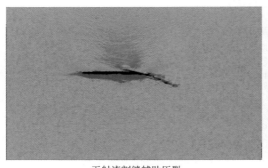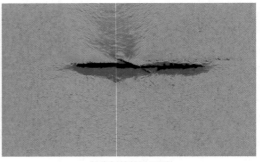

无射流割缝辅助压裂　　　　　　　　　　　射流割缝辅助压裂

图 6.25　射流割缝复合压裂裂缝扩展

6.2.4　射流割缝复合压裂裂缝扩展影响因素分析

水压裂缝能否在煤层中扩展，是射流割缝复合压裂成败的关键。影响煤层水压裂缝扩展的因素主要包括：水平主应力差、相交角、煤岩层弹性模量。下面针对这三个因素对射流割缝复合压裂裂缝扩展的影响进行分析。

1. 水平主应力差和相交角对水压裂缝扩展的影响

由式（6.4）、式（6.5）可知，随着水平主应力差或者相交角变大，水压裂纹在岩体中延伸扩展的临界水压保持恒定，而煤岩体交界面的剪切破坏临界水压呈现逐步升高的趋势，这表明如果相交角与水平主应力差为较低值时，因为在煤岩体交界面出现剪切破坏所需的临界水压较小，裂缝更容易沿煤岩交界面方向延伸扩展。当相交角与水平主应力差逐渐变大时，煤岩交界面上发生剪切破坏所需的临界扩展水压会逐渐升高，裂缝延伸扩展方向会出现沿煤岩交界面或者穿过煤岩界面两种共存状态。随着相交角和水平主应力差逐步增加至一定值时，裂缝会穿过煤岩交界面并持续扩展。

表 6.5 给出水平主应力差和相交角的影响。可以看出，随着水平主应力差或相交角的持续增大，水力压裂裂缝呈现出直接穿过煤岩交界面继续扩展的趋势。本节共进行 9 组模拟，水平主应力和相交角的参数分别为 1MPa、3MPa、5MPa 及 30°、40°、50°，煤岩层力学参数不变。

表 6.5　水平主应力差和相交角的影响

水平应力差	相交角	是否穿过煤岩交界面
	30°	否
1MPa	45°	否
	60°	是
	30°	否
3MPa	45°	是
	60°	是

续表

水平应力差	相交角	是否穿过煤岩交界面
	30°	否
5MPa	45°	是
	60°	是

由表 6.5 可知，当煤岩交界面的相交角 $\theta=30°$ 时，其裂缝更容易顺着煤岩交界面进行持续扩展；当煤岩交界面的相交角 $\theta=45°$ 时，当水平主应力差逐渐增大时，水压裂缝出现顺着煤岩交界面扩展一段距离后终止而继续沿垂直最小主应力方向继续延伸扩展的情况，这表示在水平主应力差或者相交角增大到一定程度时，水力裂缝更容易出现直接穿过煤岩交界面后继续扩展的情况。当煤岩交界面的相交角 $\theta=60°$ 时，水压裂缝主要受应力差的影响沿原有方向扩展并穿过煤岩交界面。从以上模拟结果中能够发现，存在一个裂缝直接穿过界面扩展临界值（ $\Delta\sigma=3\mathrm{MPa}$ 、 $\theta=45°$ ），在低于临界值时裂缝更容易顺着煤岩交界面延伸扩展，在交接面的附近区域两种扩展方式都存在。

2. 煤层界面内聚力的影响

水压裂缝能否穿透顶底板与煤岩交界面的性质直接相关，其中交界面的内聚力是最主要的影响因素，因此根据第 3 组裂缝扩展情况，本节模拟了煤岩交界面内聚力分别 2MPa、7MPa、15MPa 时的割缝辅助水压裂缝扩展情况，煤层其余力学参数同 6.2.3 节。

两组模拟结果如表 6.6 所示，当内聚力较小时，裂缝沿煤岩交界面扩展的趋势越明显。随着交界面的内聚力变大，裂缝在煤岩交界面处延伸扩展的距离明显变短，且呈现出穿过交界面扩展的趋势。当煤岩交界面抗剪强度达到一定值时，扩展中的裂缝将直接穿过交界面。但是，因为水力压裂裂缝的扩展结果是许多因素同时作用引起的，所以并不能定量地表示煤岩交界面强度对水力压裂裂缝扩展的影响。

表 6.6　煤岩交界面内聚力的影响

内聚力	是否穿过煤岩交界面
2MPa	否
7MPa	是
15MPa	是

3. 煤岩层弹性模量差异性对裂缝扩展的影响

研究表明，当煤层上岩层弹性模量很大时，则裂缝在上岩层中扩展的临界水压就越大，水压裂缝更加趋向于在煤岩交界面延伸扩展；反之则裂缝更易穿过煤岩交界面扩展。就前述当内聚力为 15MPa 时的水力压裂裂缝延伸情况，只对煤岩层的弹性模量进行改变，研究煤岩层的弹性模量对水力压裂裂缝扩展结果的影响。

煤岩层弹性模量差异的影响模拟结果如表 6.7 所示，对不同弹性模量的模拟结果进行对比发现，当其他模拟参数都恒定时，顶底板岩层与煤层的弹性模量差异越大，则水力压裂裂缝更趋于沿煤岩交界面进行扩展，反之更加容易穿过交界面沿主应力方向扩展。

表 6.7　煤岩层弹性模量差异的影响

煤岩层弹性模量差异($E_{岩}/E_{煤}$)	是否穿过煤岩交界面
1.5	是
3.0	是
6.0	否

6.3　射流割缝复合压裂瓦斯运移机理

常规水力压裂形成单一主裂缝，裂缝两侧区域的瓦斯渗流距离仍然较大。根据上一节的数值模拟研究可知，通过依靠水力割缝缝槽的卸压裂缝带，实现水压裂缝的多点起裂，并形成相互交织的复杂裂缝。通过相邻割缝孔的导向作用，在煤层中形成大范围沿煤层扩展的裂缝网络，大大降低了整个区域的瓦斯渗流通道，可提升压裂范围的煤岩整体渗透率，实现体积增透。而原有的单一水压裂缝渗流模型无法适用于割缝复合压裂形成的复杂裂纹中的瓦斯运移规律。

首先，利用割缝复合压裂裂纹形态分析，简化出复杂裂纹模型，通过引入裂缝连通系数，建立复杂裂缝等效渗流模型；其次，结合水-气驱替理论，建立复杂裂纹区域水-气两相运移模型，得到复合压裂瓦斯运移规律；最后，通过现场实验，分析割缝复合压裂前后含水率、瓦斯压力变化，验证复合压裂瓦斯运移模型的正确性。

6.3.1　复杂裂缝渗流特性理论研究

1. 射流割缝复合压裂裂缝形态简化

在水压主裂缝扩展过程中，缝槽周围煤岩体应力场的改变以及流体介质的作用，易使原生裂隙发生剪切滑移和张开，导致在煤岩体中构造出原始裂缝和水压力裂缝相互交织的复杂裂缝网络，从而对储层进行体积改造。相对于常规砂岩储层简单的单翼平面裂缝形态而言，煤层气储层水压裂缝的形态为大规模的网络裂缝。由于煤岩是一种特别的沉积岩，其弹性模量低、泊松比高，且割理发育［图 6.26（a）］，与页岩、致密砂岩等裂隙储层相比，煤岩中含有近似正交分布的割理（面割理和端割理），同时强度较低、储层较薄，在压裂时将更容易出现复杂多裂缝，实现体积改造的目的。扰动后的裂隙更难闭合，从而为煤层气流动提供通道。因此，体积压裂的效果主要在两方面体现：一是形成复杂裂缝网络；二是裂缝网络的自支撑。

结合上一节的数值模拟结果可以看出，割缝复合压裂形成的复杂裂缝的形态近乎垂直相交。这种形态类似煤岩本身的节理结构，如图 6.26（b）所示。

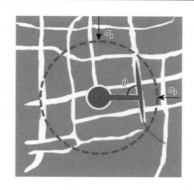

图 6.26　煤层割缝复合压裂裂缝形态示意图

2. 复杂裂缝等效渗流模型

在传统的压裂改造渗流理论模型中，水力裂缝是对称的双翼断裂，这一主裂缝的缝长和缝宽对提高储层渗流能力起主导作用[14]。但在主裂缝的垂直方向上，瓦斯从基质运移到裂缝的距离很长，因此不必考虑裂缝两侧整体区域的渗透率变化。但是，从上一节的模拟结果可以看出，割缝复合压裂形成的裂缝是相互交错的复杂裂缝，而且由于煤层中天然节理的大量存在，导致裂缝的形态多为相互垂直交错的缝网，类似煤层中的相互垂直分布的面割理和端割理。因此，可以将射流割缝复合压裂形成的复杂裂缝的渗流等价为大缝宽、大缝间距的煤岩节理渗流。

Bundled Matchstick 概念模型被广泛应用于描述煤岩中的裂隙系统，并由此推导出许多渗透率的表达式。在这一概念模型中，采用了平行板间流动的立方定律，描述单一裂隙中的流体流动。对于一个坐标系中平行排布的裂纹，假设单缝缝宽为 b_i，缝间距为 a_i，则根据立方定律可知[15]：

$$q_j = -\frac{b_i^3}{12\mu a_i}\frac{\partial p}{\partial x_j} \tag{6.22}$$

式中，μ 为流体黏度；p 为流体压力；x_j 为坐标系中的方向，$j = 1,2,3$。式（6.22）是裂隙系统在 j 方向上流量表达式，同样可以类推到其他方向。

考虑到裂缝表面粗糙度及迂曲度等的影响，流体在裂缝中流动的实际缝宽通常比测量值要小，可通过计算得到，称为有效水力缝宽。

通过式（6.22）可得，裂隙煤岩的渗透率为

$$k_i = \frac{b_i^3}{12a_i} \tag{6.23}$$

或

$$k_i\frac{k_i}{k_{i0}} = \left(\frac{b_i}{b_{i0}}\right)^3 \tag{6.24}$$

式中，下角标 0 表示一个参考状态，并假设缝宽远小于缝间距。

对于图 6.26（b）所示各向异性的情况，孔隙率可以表达为

$$\phi = \frac{b_1}{a_1} + \frac{b_2}{a_2} + \frac{b_3}{a_3} \tag{6.25}$$

在岩石各向同性情况下，$\phi = 3b/a$。类似于 Bundled Matchstick 概念模型在煤岩节理中的应用，对于常用的二维简化模型，$\phi = 2b/a$。此时，渗透率表达式可以写成[16]：

$$k = \frac{1}{96} a^2 \phi^3 \tag{6.26}$$

但体积压裂不能保证所有节理的连通，因此我们定义一个连通性系数 β，孔隙率 $\phi = 2\beta b/a$。则渗透率可以写作：

$$k = \frac{\beta^3 b^3}{12a} \tag{6.27}$$

当然，由于射流割缝复合压裂形成复杂裂纹并不一定完全垂直分布，因此其裂缝比图 6.26（b）中所呈现的简单概念模型要复杂得多。但实际上，该模型可以适用于最具有代表性的体积改造区域尺度上的煤岩渗透率平均值。

在煤层气储层中，裂缝渗透率和有效应力的关系可以通过以下关系式表达[17]：

$$k_f = k_0 \exp\left\{-3C_f(\sigma_e - \sigma_{e0})\right\} \tag{6.28}$$

式中，k_0 为初始应力下复杂裂缝渗透率；C_f 为裂缝的应力敏感系数；σ_{e0} 为初始有效应力。

根据 Boit 原理，有效应力 σ_e 的表达式为

$$\sigma_e = \sigma - \alpha p \tag{6.29}$$

式中，σ 为围压；α 为 Biot 系数。

在围压 σ 恒定的情况下，复杂裂隙的等效渗透率式（6.28）可以简化为

$$k_f = k_0 \exp\left\{3C_f\alpha(p - p_0)\right\} \tag{6.30}$$

式中，p、p_0 分别表示当前瓦斯压力和初始瓦斯压力。

应力敏感系数 C_f 随着净压力系数的减小而突增。当体积改造效果较好时，形成的复杂裂缝其裂缝对应力的感应越小，从而在地应力情况下，仍能保持很好的渗透率。

因此，煤层气增产过程中，相比与追求单一缝长及缝宽的传统压裂，实现煤层体积改造对于煤层渗透率有显著的改善效果。更重要的是，在生产过程中，随着应力的恢复及孔隙压力的减小，常规压裂形成的裂缝逐渐闭合，导致渗透率快速降低。而体积改造裂缝的自支撑能力较强，形成的复杂缝网不易闭合，在原位应力下，仍能保持较高的渗透率，延缓煤层气抽采量的衰减。

6.3.2　压裂后煤层瓦斯运移计算模型

1. 煤层水力压裂水驱瓦斯机理

在煤层水力压裂过程中，裂缝前端出现应力集中，促使裂缝发生扩展或产生新裂缝。同时，高压水在水压梯度作用下沿水压裂缝进入煤体原始孔隙裂缝，使压力水和煤体中原生游离瓦斯接触，导致压力更高的水介质压缩游离瓦斯，形成瓦斯压力局部升高区。在瓦

斯压力梯度作用下，瓦斯由高压区运移到低压区，使水压钻孔周围煤体瓦斯重新分布，即水驱赶瓦斯效应。然而，由于煤层煤质松软，水力压裂完成后水压裂缝在地应力作用下很容易闭合，致使瓦斯封锁在流道内无法反向流动，因此形成瓦斯富集区。

　　水力压裂煤层的过程一方面会构造大量的水压裂缝，另一方面高压水会驱替瓦斯。射流割缝复合压裂后煤体大范围破碎，而非单一裂缝，可以看作对整体渗透率进行了改造。因此，将煤层水力压裂过程视为水驱替瓦斯的水-气动界面的流动问题处理。高压水以钻孔中心向周围辐射状径向驱替瓦斯，并忽略天然裂缝对煤层水驱瓦斯的影响。如图 6.27 所示，r_0 为水压钻孔半径，r_c 为水驱瓦斯交界面位置，R 为压裂半径。

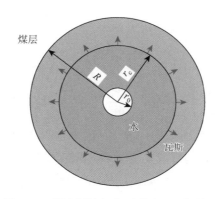

图 6.27　射流割缝复合压裂水驱瓦斯模型

　　在煤层压裂过程中，动界面随时间不断沿压裂钻孔中心向外推移，为二维径向流，则水驱瓦斯交界面位置函数与作用时间的关系为

$$F(r,t) = r + r_c(t) \tag{6.31}$$

式中，$r_c(t)$ 为作用时间 t 时水驱瓦斯交界面的坐标位置。

　　交界面向外运动的速度为

$$\frac{\mathrm{d}F}{\mathrm{d}t} = \frac{\partial F}{\partial t} + u \frac{\partial F}{\partial r} \tag{6.32}$$

结合式（6.31）和式（6.32），可以得到实际流体质点向周围煤体径向流动的速度：

$$u = -\frac{\mathrm{d}r_c}{\mathrm{d}t} \tag{6.33}$$

　　基于 Dupuit-Forchheimer 方程[18]，压裂水实际的质点速度 u 与流动速度 v 之间的关系为

$$v = \phi u \tag{6.34}$$

式中，ϕ 为煤层孔隙率。

　　由式（6.33）和式（6.34）可得

$$\mathrm{d}t = -\frac{\phi}{v} \mathrm{d}r_c \tag{6.35}$$

　　将煤层近似各向同性，均质、渗透率为常数，并假设为活塞式驱替；在水力压裂过程中，煤层中的水和气体渗流符合达西定律。不计重力及流体的可压缩性，因而可近似认为

水、气两驱为稳定渗流，则渗流方程为

$$\frac{\partial^2 p_1}{\partial r^2} + \frac{1}{r}\frac{\partial p_1}{r} = 0, \quad r_0 \leqslant r \leqslant r_c \tag{6.36}$$

$$\frac{\partial^2 p_2}{\partial r^2} + \frac{1}{r}\frac{\partial p_2}{r} = 0, \quad r_c \leqslant r \leqslant R \tag{6.37}$$

由于动界面上流体压力不会发生突变，并根据连续性，交界面两侧的流体介质法向流动速度也相等，则有

$$p_w = p_g, \quad v_w = v_g \tag{6.38}$$

结合图 6.27，边界条件为

$$\begin{cases} p_1 = p_w, & r = r_0 \\ p_2 = p_g, & r = R \\ p_1 = p_w, & r = r_c \\ \dfrac{k_f}{\mu_w}\dfrac{\partial p_1}{\partial r} = \dfrac{k_f}{\mu_g}\dfrac{\partial p_2}{\partial r}, & r = r_c \end{cases} \tag{6.39}$$

式中，p_1、p_2 分别为水驱和气驱压力；p_w、p_g 分别为压裂压力和煤层原始压力；μ_w、μ_g 分别为水和瓦斯的黏度；k_f 为煤层复合压裂体积改造后渗透率。

联立式（6.36）～式（6.39），可得到水驱和气驱的压力分布：

$$p_1 = p_w + \frac{\mu_w(p_w - p_g)}{\mu_w \ln\dfrac{r_0}{r_c} + \mu_g \ln\dfrac{r_c}{R}}\ln\frac{r}{r_0}, \quad r_0 \leqslant r \leqslant r_c \tag{6.40}$$

$$p_2 = p_g + \frac{\mu_g(p_w - p_g)}{\mu_w \ln\dfrac{r_0}{r_c} + \mu_g \ln\dfrac{r_c}{R}}\ln\frac{r}{R}, \quad r_c \leqslant r \leqslant R \tag{6.41}$$

由式（6.39）可求得水气动界面上的压力 p_c：

$$p_c = \frac{\mu_g \ln\dfrac{r_c}{R}p_w + \mu_w \ln\dfrac{r_0}{r_c}p_g}{\mu_w \ln\dfrac{r_0}{r_c} + \mu_g \ln\dfrac{r_c}{R}} \tag{6.42}$$

根据达西定律，可得到水驱和气驱的渗流速度分布：

$$v_w = \frac{k_f(p_w - p_c)}{\mu_w \ln\dfrac{r_0}{r_c}}\frac{1}{r}, \quad r_0 \leqslant r \leqslant r_c \tag{6.43}$$

$$v_g = \frac{k_f(p_c - p_g)}{\mu_g \ln\dfrac{r_c}{R}}\frac{1}{r}, \quad r_c \leqslant r \leqslant R \tag{6.44}$$

由上述公式，可求得水气动界面上的渗流速度：

$$v_c = \frac{k_f(p_w - p_g)}{\mu_w \ln \dfrac{r_0}{r_c} + \mu_g \ln \dfrac{r_c}{R}} \frac{1}{r_c} \tag{6.45}$$

随压裂过程的进行，交界面位置与作用时间的联系可根据式（6.35）和式（6.45）计算得到：

$$dt = -\phi \frac{\mu_w \ln \dfrac{r_0}{r_c} + \mu_g \ln \dfrac{r_c}{R}}{k_f(p_w - p_g)} r_c dr_c \tag{6.46}$$

当压裂进行到 T 时，交界面将由钻孔壁移动到 R 远处，则式（6.46）等号两侧同时积分为

$$\int_0^T dt = -\frac{\phi}{k_f(p_w - p_g)} \left[(\mu_w \ln r_0 - \mu_g \ln R)\int_{r_0}^R r_c dr_c + (\mu_g - \mu_w)\int_{r_0}^R \ln r_c \cdot r_c dr_c \right] \tag{6.47}$$

由此可得煤层水力压裂过程中瓦斯运移的动力学模型：

$$\frac{\phi}{4k_f(p_w - p_g)} \left\{ 2(\mu_w \ln r_0 - \mu_g \ln R)(R^2 - r_0^2) + (\mu_g - \mu_w)\left[(2\ln R - 1)R^2 - (2\ln r_0 - 1)r_0^2 \right] \right\} + T = 0$$

$$\tag{6.48}$$

式中，k_f 为复合压裂煤体的渗透率，其表达式如式（6.30）所示。

由以上分析可知，水气动界面移动到达的位置是大部分瓦斯被驱赶至此的区域，即压裂后的瓦斯富集区。通过式（6.48），可以得到水驱瓦斯影响半径随压裂时间的变化关系，分析煤层瓦斯赋存条件和压裂施工参数对压裂范围的影响。现场煤层瓦斯参数和水力压裂施工参数如表 6.8 所示。由于式（6.48）无法求出压裂影响半径与时间的解析解，故将表中参数代入动力学模型，得到压裂影响半径随时间的变化关系，如图 6.28 所示。从图中可以看出，压裂初期，水气动界面移动速度快；随着压裂的进行，动界面移动速度逐渐变缓。其原因是：随着压裂的进行，煤层压裂的区域越大，产生的裂隙容积也越大，维持裂隙继续扩展或产生新裂隙的能量就越多；而现场高压水能量是由压裂泵提供，单位时间内提供的能量是不变的，所以动界面移动相同的距离需要更久的时间。

表 6.8　现场煤层瓦斯参数和压裂参数

参数	值	参数	值
25℃时清水的动力黏度 μ_w	8.94×10^{-8} Pa·s	煤层气压力 p_g	1.74MPa
25℃时煤层气的动力黏度 μ_g	1.11×10^{-7} Pa·s	煤层渗透率 k	0.003mD
压裂孔半径 r_0	0.05m	煤层孔隙率 ϕ	0.03
压裂平均压力 p_w	35MPa	—	—

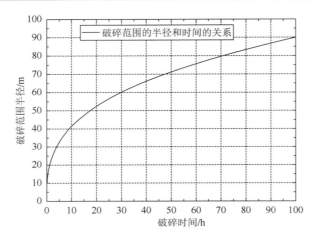

图 6.28　压裂影响半径随时间的变化关系

2. 煤层水力压裂瓦斯富集机理分析

水力压裂完成后，煤层水压裂缝中的水压迅速下降，即煤体孔隙水压降低。根据有效应力定理［式（6.49）］，煤体孔隙压力降低会导致有效应力增大：

$$\sigma_e = \sigma - \sigma_p \tag{6.49}$$

式中，σ_e 为煤体所受有效应力；σ 为煤体原始应力；σ_p 为煤体内孔隙压力。

杨建政[19]在 B&S 模型[20]的基础上，不考虑裂缝闭合时剪应力的作用，由赫兹弹性接触理论得到了接触面微凸体所受正向有效应力和闭合量的关系：

$$\sigma_e = \frac{1}{A_c} \sum_i \frac{2E}{3(1-v^2)} R^{1/2} h^{3/2} \tag{6.50}$$

式中，E 为煤体弹性模量；v 为煤体泊松比；R 为裂缝面微凸体半径；h 为微凸体的变形；i 为微凸体数量；A_c 为微凸体的接触面面积，可由下式计算得到：

$$A_c = \sum_i \pi(2Rh - h^2) \tag{6.51}$$

通过式（6.50）可知，煤体裂缝的闭合主要与裂缝所受的有效应力、煤基质的力学性质以及裂缝表面微凸体的尺寸有关。煤体有效应力的增大会导致裂缝闭合的变形量增加。同时，当裂缝承受相同的应力时，对松软煤层而言，煤基质松软，弹性模量低，则裂缝变形量大，裂缝更易发生闭合。

水力压裂使煤层中的原生孔隙裂隙相互贯通，并产生新的水压裂缝，为瓦斯运移提供通道。由于高压水的驱替作用，煤层中瓦斯会沿着裂缝扩展的方向流动，使煤层局部瓦斯含量升高，瓦斯压力增大。水力压裂完成后，由于松软煤层水压裂缝更容易闭合，导致瓦斯封锁在通道内无法反向流动，因此形成瓦斯富集区。

6.3.3　瓦斯运移富集区现场实验

1. 实验地点

为验证煤层水力压裂水驱瓦斯动态模型的可靠性，并分析煤层水力压裂后煤层瓦斯富集规律，在某矿开展了现场试验。如图 6.29 所示，试验地点为该矿 W2706 南工作面的 W10# 瓦斯巷，其上方对应 W2706 准备工作面运输巷。W10#瓦斯巷上段共施工 4 个压裂钻孔（F1#～F4#），间距为 150m，钻孔参数如表 6.9 所示。该矿为煤与瓦斯突出矿井，煤层透气性系数低，煤质松软，煤层瓦斯含量大，主采煤层为 M7、M8 煤层。试验地点煤层埋深约为 500～590m。为考察试验地点原始瓦斯参数，在 W10#瓦斯巷上平巷施工测压孔，并取样测试煤层原始瓦斯含量及含水率，测定结果如表 6.10 所示。

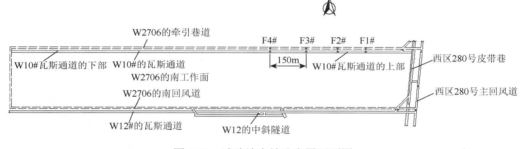

图 6.29　试验地点钻孔布置平面图

表 6.9　钻孔参数表

孔号	孔径/m	倾角/(°)	孔深/m	终孔位置
F1#	94	90	57.2	穿煤至 M7 煤层顶板 1.5m
F2#	94	90	48.0	穿煤至 M7 煤层顶板 1.5m
F3#	94	90	55.6	穿煤至 M7 煤层顶板 1.5m
F4#	94	90	51.0	穿煤至 M8 煤层顶板 1.5m

表 6.10　试验地点原始煤层瓦斯参数

煤层	瓦斯含量/（m³/t）	瓦斯压力/MPa	含水率/%
M7	19.22	1.74	1.15
M8	20.85	2.55	1.05

2. 实验工艺及设备

水力压裂工艺流程如图 6.30 所示，首先进行压裂钻孔的施工，然后布置压裂管，煤层中压裂管为压裂筛管（筛孔孔径为 4mm，间距为 0.2m），其余段为无缝钢管；随后进行封孔，封孔材料和封孔工艺参照文献[21]。养护一段时间后，连接压裂设备及管路，进行水力压裂。压裂同时检测系统压力和流量，若压力和流量达到相对稳定，且长时间维持稳定，则停泵完成压裂。水力压裂完成后，在压裂孔周围施工考察孔，并取煤样测试煤层水力压裂后的瓦斯含量和含水率，以研究煤层水力压裂后瓦斯运移富集规律。

现场煤层水力压裂由压裂泵组、高压胶管、水箱、压力-流量测试系统、封孔器及控制柜等组成，其连接示意图如图 6.31 所示。压裂泵为宝鸡航天动力泵业有限公司生产的 HTB500 型高压泵，如图 6.32 所示，其额定压力为 50MPa，最大流量为 1100L/min。煤层瓦斯含量和含水率的测量仪器为煤炭科学研究总院重庆研究院生产的 DGC 型瓦斯含量直接测试装置，如图 6.33 所示。

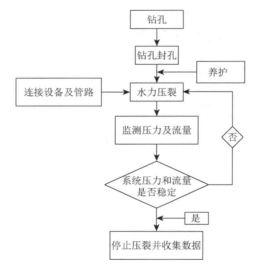

图 6.30　煤层水力压裂工艺流程图

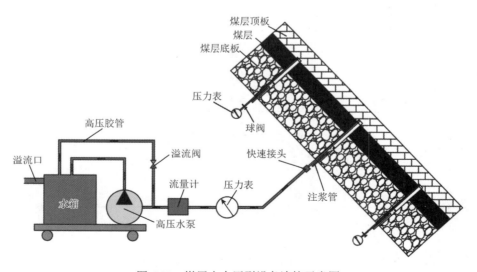

图 6.31　煤层水力压裂设备连接示意图

图 6.32　HTB500 型高压泵

图 6.33　DGC 型瓦斯含量直接测试装置

3. 实验结果及分析

（1）水力压裂过程。以压裂孔 F1# 为例，其压裂过程中的压力-流量变化如图 6.34 所示。F1# 孔累计注水 310.39m³，施工泵压为 26.7~41.6MPa，注入流量波动较大，为 0.6~13.7m³/h。从图中可以看出，压裂过程中流量、压力与时间关系曲线，呈现波浪形态。实施水力压裂后，随着注入压裂液的不断增加，系统压力迅速上升，煤层破裂压力达到 41.6MPa 时，钻孔周围产生了裂缝；当压裂液进入已产生的裂缝后，水力压力迅速下降，导致水力裂缝扩展停止。随着压裂泵组对裂缝内高压水的不断注入，裂缝内水压再次升高，当超过煤体破裂压力时，煤体发生二次起裂及扩展，致使水压裂缝不断向前循环延伸发展。在压裂过程中，经过反复多次压力下降过程（图中较为明显的有 7 处：①~⑦），均对应明显的流量上升，但压力呈小区间的波动。原因是裂缝发生了扩展延伸或煤层内形成了较多次生裂缝，使压裂液滤失量增大，注水量增加；但松软煤层内含有大量原生裂隙，且裂缝起裂为韧性起裂，裂缝扩展尺寸较小，所以压力波动不大。这说明松软煤层水力压裂的过程是多裂缝起裂—扩展—起裂……的过程。最终裂缝体积量和滤失量与高压泵注入量达到平衡后，可认为裂缝在高压水作用下已充分扩展，压力、流量变化相对稳定，压裂过程终止[22]。

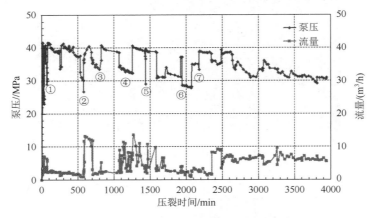

图 6.34　泵压、流量与压裂时间的关系

（2）煤层含水率的变化。为验证瓦斯运移模型的正确性和考察煤层瓦斯运移规律，需要在压裂孔周围布置考察孔。考察孔布置原则为：在煤层走向范围内，于钻孔一侧布置考察孔，倾向方向上、下两侧均布置考察孔。F1#孔累计施工效果考察孔 20 个，孔距为 10m，其中煤层倾向方向为 12 个，沿煤层走向布置 8 个，如图 6.35 所示。

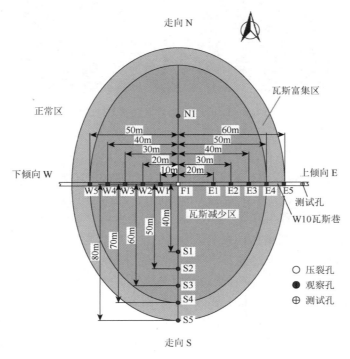

图 6.35　F1#压裂孔考察孔布置及瓦斯富集区域示意图

F1#孔沿 M7 煤层倾向和走向考察孔压裂后含水量变化如图 6.36 所示。在压裂范围内，煤层压裂前后含水率变化曲线表明：随着高压水不断注入，煤层中闭合的原生裂隙会重新张开并会产生大量新裂缝，高压水会在裂缝内发生渗流；同时，由于毛细管力的作用，水会进入煤基质孔隙空间驱替瓦斯，从而占据煤层孔隙空间，使煤体含水率升高。F1#孔压裂后，煤层在倾向 60m 和走向 70m 范围内含水率均有较大幅度升高，且倾向下方含水率明显高于上方含水率，其原因是高压水在重力作用下更容易向低处流动。由现场检查可知，M7 煤层倾向最大压裂影响范围为 60m，走向压裂影响范围是 70m。同时根据钻孔压裂时压力、流量变化曲线可知，当压裂时间达到 55h 后，压力和流量几乎保持相对稳定，说明水压裂缝停止扩展，压裂范围不再扩大；将压裂时间、试验地点煤层瓦斯参数和现场施工参数代入瓦斯运移动力学模型［式(6.48)］，可计算出压裂影响范围为 74m，与现场结果很接近，在一定程度上验证了该模型的正确性。

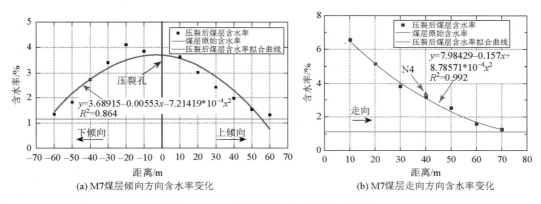

(a) M7煤层倾向方向含水率变化　　　　　　　(b) M7煤层走向方向含水率变化

图 6.36　M7 煤层压裂后煤层含水率变化

将 M7 煤层压裂范围内各测点煤样含水率进行回归拟合，拟合程度较好。从拟合曲线可知，距离压裂孔越远，水力压裂后煤层含水率呈二次抛物线型降低至煤层原始含水率；通过拟合方程可预测该煤层压裂范围内各处的含水率。

（3）煤层瓦斯含量的变化。煤层进行水力压裂过程中，由于"水驱瓦斯"效应导致煤层瓦斯发生重新分布，使局部煤层瓦斯增多。因此，需要通过打考察孔取样检测煤层瓦斯和水含量的变化，从而分析水力压裂煤层瓦斯运移和富集规律。本次试验考察了 F1#孔倾向上方、倾向下方和走向方向的考察孔。所有考察孔均在完成压裂后 3～7d 内施工，瓦斯含量数据能较好反映水力压裂对煤层瓦斯分布影响。图 6.37 为考察孔 M7 煤层瓦斯含量的变化。

从图 6.37 可以看出，水力压裂导致煤层游离瓦斯重新分布，且松软煤层压裂完成后水压裂缝易闭合，从压裂钻孔为中心依次形成瓦斯含量降低区、富集区和正常区（图 6.35 和图 6.37）。实施水力压裂后，由于高压水产生的驱替作用，煤层游离瓦斯向压裂孔远场方向运移，从而在邻近钻孔处形成瓦斯含量降低区；压裂完成后裂缝闭合，使得游离瓦斯在压裂影响范围界限附近区域富集（F1#孔的压裂影响范围是 50～70m）处富集，形成瓦斯富集区；压裂影响范围以外的瓦斯含量与煤层原始瓦斯含量相当，为瓦斯含量正常区。此外，由图 6.37 可以看出，瓦斯含量降低区与富集区的瓦斯含量变化幅度并不大，主要是因为煤层瓦斯大部分为吸附态,游离瓦斯占比较少,而水压驱替作用仅对游离瓦斯起作用。同理对压裂范围内各测点煤样瓦斯含量进行了拟合,拟合效果好。由拟合曲线可知,随着距压裂孔距离越远,煤层压裂范围内瓦斯含量先呈抛物线型增长,形成瓦斯富集区,然后再降低至煤层原始瓦斯含量。

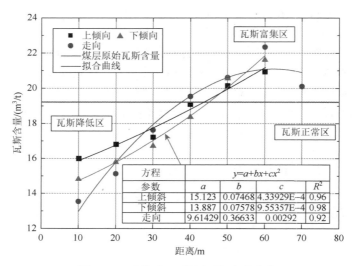

图 6.37　压裂后 M_7 煤层瓦斯含量变化

（4）抽采效果。W10#瓦斯巷上段压裂后,在压裂孔周边施工预抽钻场和网格孔,进行预抽煤层瓦斯。对 F1#压裂孔周围的 8 个预抽钻场进行重点考察,抽采结果如图 6.38 所示,煤层瓦斯抽采浓度呈抛物线变化。压裂孔附近区域游离瓦斯含量随着距离的增加而增大,在压裂影响范围界限附近区域达到最高（压裂范围为 50～70m）,钻场抽采浓度高达 85%;随距离进一步增加,游离瓦斯含量反而降低至未压裂前的煤层原始瓦斯含量。随着距压裂孔距离增加,依次形成瓦斯降低区、富集区和正常区,在该方向上瓦斯富集区为 65～75m,即压裂影响范围界限附近区域。

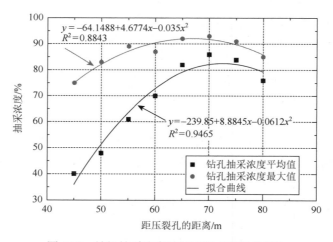

图 6.38　钻场抽采浓度随与压裂点距离的变化

同样对 W10#瓦斯巷上段其余 3 个压裂孔进行了网格化预抽，为考察整个瓦斯巷上段水力压裂效果，比对了 W10#瓦斯巷下段未进行水力压裂区域的瓦斯抽采效果，对比结果如图 6.39 所示。抽采结果表明：对比未压裂区域，实施水力压裂区域抽采稳定后主管道抽采浓度较高，且保持相对稳定，约为 62%～75%，提高 18%～37%。煤层实施水力压裂后，单孔平均抽采量保持较大值，约为 0.013m³/min；随着时间的推移，抽采量有明显的下降，原因是一些瓦斯抽采钻孔发生垮塌堵塞导致；而未进行水力压裂区域，单孔抽采纯量始终处于较低值。6 个月累计抽采瓦斯 84.84 万 m³，提高了 3 倍。以上数据说明水力压裂技术能显著增加煤层透气性，提高瓦斯抽采效果。其原因是：水力压裂使煤体裂隙扩张贯通，孔隙增大，从而大范围增加煤层的透气性，提高瓦斯抽采率。

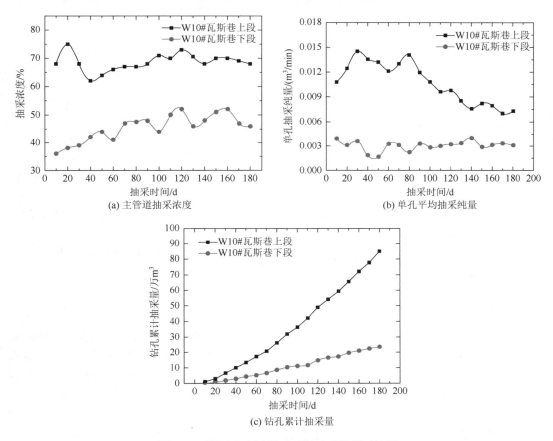

图 6.39　煤层水力压裂后瓦斯抽采效果对比图

6.4　射流割缝复合压裂技术及工艺

本节根据井下水力压裂增透原理，分析不同地质条件下水力压裂钻孔布置规律及施工工艺要点，建立井下水力压裂参数计算模型。针对开采煤层气抽采及瓦斯灾害治理的主要技术难题，结合现场应用情况，最终形成一套完整煤矿井下水力压裂技术体系。

6.4.1 射流割缝复合压裂工艺参数计算

井下水力压裂施工参数是进行现场施工的依据,施工参数优化设计包括施工压力的计算以及施工时间的确定。

1. 施工压力计算

煤层割缝钻孔水力压裂起裂可按照式(6.52)计算:

$$
\begin{aligned}
p_{\mathrm{w}} \geqslant \frac{1}{2(\cos 2\theta' + 1)} &\Big[(\sigma_x + \sigma_y + \sigma_{z\theta}) - 2(\sigma_x + \sigma_y - \sigma_{z\theta})\cos 2\theta' \\
&- 2(\sigma_x - \sigma_y)(\cos 2\theta + 2\cos 2\theta \cos 2\theta') - 4\tau_{xy}(1 + 2\cos 2\theta)\sin 2\theta - 4\tau_{z\theta}\sin 2\theta' - \frac{\tau_{\theta z}^2}{\sigma_{z\theta}} \Big]
\end{aligned}
$$

$$(6.52)$$

根据压裂施工地点上覆岩石平均容重 γ、煤体抗拉强度 R_{t}、煤层埋深 H、地层应力系数 k 等参数,可计算煤体起裂压力临界值 p_{w}。

水力压裂管路摩阻为

$$\Delta p_{\mathrm{g}} = 0.51655 \rho^{0.8} \mu_{\mathrm{pv}}^{0.2} Q^{1.8} \sum_{i=1}^{n} \frac{L_i}{d_i^{4.8}} \tag{6.53}$$

式中,ρ 为压裂液密度,g/cm³;μ_{pv} 为塑性黏度,Pa·s;L_i 为管路长度,m;Q 为排量,L/s;d_i 为管路内径,cm。

故施工压力下限为 $p_{\mathrm{wh}} = p_{\mathrm{w}} + \Delta p_{\mathrm{g}}$,由于管路转弯摩阻相应增加,因此施工压力要比计算的 p_{wh} 稍大。

2. 施工时间

施工时间的确定主要根据水力压裂煤层的赋存条件(倾角、埋深等)及水力压裂影响范围来确定的,不同矿井煤层条件不同,水力压裂施工时间也不同。通常情况下,倾斜或急倾斜煤层,埋深相对较浅,压裂压力相对较小;对于近水平煤层、埋深相对较深,水力压裂时压力相对较大,原则上压裂时间应尽可能增大一些。

6.4.2 射流割缝复合压裂现场施工步骤

在射流割缝复合水力压裂之前,应制定相应完整的技术安全防范规则。煤矿井下射流割缝复合压裂施工工艺包括以下几点,在实施过程中,按照如下步骤实施。

(1)根据钻孔布置形式,采用重庆大学设计的钻割一体化装置根据钻孔布置参数钻进压裂孔,如图6.40(a)所示。

(2)连接并检查高压管路,对压裂孔进行割缝。

(3)退出钻头及钻杆,对压裂孔封孔,如图6.40(b)所示。

（4）连接压裂泵，确认各个管路接口的连接情况。

（5）打开注水阀，对高压泵水箱进行注水。

（6）启动高压水泵，对煤层进行注水压裂。

在注水压裂时，实时观测压裂钻孔附近巷道的顶底板，如果存在异常情况，马上停止注水，关闭高压水泵。

(a) 钻割一体化施工　　　　　　　　　　　　　(b) 注浆封孔压裂

图 6.40　射流割缝复合压裂现场施工图

从压裂后抽采结果能够发现，新型射流割缝复合压裂方法可以使得钻孔的瓦斯抽采纯量在长时间内保持较高的抽采水平，而常规压裂方法在抽采 14d 后即与普通钻孔抽采结果相似。因此可以发现，射流割缝能够导向裂缝扩展，实现了煤体的有效卸压及瓦斯的长时间高效抽采。

参 考 文 献

[1]　葛兆龙，周哲，卢义玉，等. 影响自激振荡脉冲射流性能的喷嘴结构参数研究[J]. 工程科学与技术，2013，45（5）：160-165.

[2]　段康廉，冯增朝，赵阳升，等. 低渗透煤层钻孔与水力割缝瓦斯排放的实验研究[J]. 煤炭学报，2002，27（1）：50-53.

[3]　林柏泉，吕有厂，李宝玉，等. 高压磨料射流割缝技术及其在防突工程中的应用[J]. 煤炭学报，2007，32（9）：959-963.

[4]　李晓红，卢义玉，赵瑜，等. 高压脉冲水射流提高松软煤层透气性的研究[J]. 煤炭学报，2008，33（12）：1386-1390.

[5]　卢义玉，葛兆龙，李晓红，等. 脉冲射流割缝技术在石门揭煤中的应用研究[J]. 中国矿业大学学报，2010，39（1）：55-58.

[6]　张建国，林柏泉，翟成. 穿层钻孔高压旋转水射流割缝增透防突技术研究与应用[J]. 采矿与安全工程学报，2012，29（3）：411-415.

[7]　赵金洲，任岚，胡永全. 页岩储层压裂缝成网延伸的受控因素分析[J]. 西南石油大学学报（自然科学版），2013，35（1）：1-9.

[8]　Crank J. The Mathematics of Diffusion[M]. Oxford：Oxford University Press，1975.

[9]　Olson J E，Taleghani A D. Modeling simultaneous growth of multiple hydraulic fractures and their interaction with natural fractures[C]. Society of Petroleum Engineers，2009.

[10]　林柏泉，刘厅，邹全乐，等. 割缝扰动区裂纹扩展模式及能量演化规律[J]. 煤炭学报，2015，40（4）：719-727.

[11]　唐春安，赵文. 岩石破裂全过程分析软件系统 RFPA（2D）[J]. 岩石力学与工程学报，1997，16（5）：507-508.

[12]　徐幼平，林柏泉，翟成，等. 定向水力压裂裂隙扩展动态特征分析及其应用[J]. 中国安全科学学报，2011，21（7）：

104-110.

[13] 巫显钧. 松藻矿区地质构造规律的认识[J]. 中国煤炭地质，2009，21（a02）：6-8.

[14] Wang H，Ran Q，Liao X，et al. Study of the CO_2 ECBM and sequestration in coalbed methane reservoirs with SRV[J]. Journal of Natural Gas Science & Engineering，2016，33：678-686.

[15] Pan Z，Connell L D. Modelling permeability for coal reservoirs：A review of analytical models and testing data[J]. International Journal of Coal Geology，2012，92：1-44.

[16] Bai M，Elsworth D. Coupled processes in subsurface deformation，flow，and transport[J]. Reston Va American Society of Civil Engineers，2000（7）：88.

[17] Seidle J. Fundamentals of Coalbed Methane Reservoir Engineering[M]. Oklahoma：Pennwell Corp.，2011.

[18] 孔祥言. 高等渗流力学[M]. 合肥：中国科学技术大学出版社，2010.

[19] 杨建政. 裂缝性储层的应力敏感性研究[D]. 成都：西南石油大学，2002.

[20] Brown S R，Scholz C H. Closure of rock joints[J]. Journal of Geophysical Research Solid Earth，1986，91（B5）：4939-4948.

[21] 葛兆龙，梅绪东，卢义玉，等. 煤矿井下新型水力压裂封孔材料优化及封孔参数研究[J]. 应用基础与工程科学学报，2014（6）：1128-1139.

[22] 蔺海晓，杜春志. 煤岩拟三轴水力压裂实验研究[J]. 煤炭学报，2011，36（11）：1801-1805.

第7章 煤层清洁压裂液增透抽采机理与技术

我国煤层气地质资源量丰富,高效抽采煤层气是能源发展战略和煤炭安全生产的重大需求,但大部分煤层气资源赋存条件复杂,透气性低,抽采难度大。近年来,水力压裂技术被广泛应用于煤矿井下,取得了一定的煤层增透效果。目前,煤矿井下水力压裂主要以低黏度的清水为压裂液,压裂过程中滤失量大导致压裂效率低,同时大量清水进入煤层孔隙和裂隙,容易产生水锁效应,抑制瓦斯解吸渗流,限制煤层气抽采效率。因此,研制一种强化瓦斯解吸渗流的新型压裂液对于提高低透煤层井下增透抽采效果具有重要意义。

本章基于煤层瓦斯赋存特征及煤矿井下水力压裂工艺特点,采用理论分析、实验室和现场试验相结合的方法,阐述了不同配比压裂液流变性及其对煤样物理化学性质影响测试结果,优选新型高效压裂液,通过解吸渗流实验,分析压裂液对煤体解吸渗流特性的影响机理,并进行现场应用。主要内容如下:①分析不同配比清洁压裂液流变特性及其对煤样润湿、组分、孔隙和官能团影响规律,研制出适用于低透煤层的清洁压裂液配方;②构建固-气-液三相作用瓦斯吸附模型,揭示清洁压裂液对煤层瓦斯吸附解吸性能影响机理;③建立清洁压裂液作用下孔隙瓦斯渗流模型,揭示清洁压裂液对煤层瓦斯渗流特性影响规律;④开展清洁压裂液现场试验,对比增透抽采煤层气的效果。

7.1 压裂液对煤层压裂效果的影响

煤层地质条件与常规油气层存在很大差异,瓦斯主要以吸附形式赋存在煤层孔隙内,要求压裂液能够促进瓦斯解吸渗流,而油气储层压裂液以压裂造缝和携砂为主,因此传统油气藏压裂液不适用于煤层压裂。目前,煤矿井下水力压裂的压裂液主要选择清水,但是清水的黏度低,滤失量大,导致水力压裂效率低,大量清水压入煤层不仅容易导致煤层中的黏土矿物成分膨胀,降低煤层气有效预抽时间,也会造成顶底板的损伤,从而影响后续煤炭的开采,同时煤层中积聚的水分堵塞煤层孔隙裂隙通道,导致水锁效应的发生,抑制了煤层气的解吸和渗流,因此研制一种强化瓦斯解吸渗流的新型压裂液是提高煤层气抽采效果亟需解决的问题。

7.1.1 煤层压裂液研究现状

水力压裂技术作为一种储层有效增透方法,已经在实践中得到广泛推广应用,而高效压裂液是保证压裂效果的关键因素。最早的压裂液为油基压裂液,20 世纪 50 年代,水基压裂液开始应用并迅速推广,80 年代以后泡沫压裂液与清洁压裂液开始出现并运用,美国是水力压裂技术应用较广泛和成熟的国家,其压裂液应用发展趋势如图 7.1 所示[1, 2]。根据压裂储层性质差异,学者不断对各类压裂液进行优化改进。

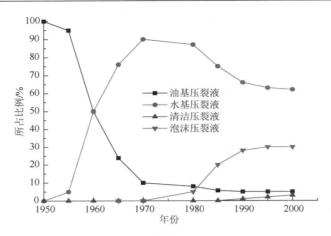

图 7.1　压裂液发展趋势

　　活性水压裂液由水和表面活性剂组成，由于配置简单，对储层伤害小，已在我国多个煤层进行了现场试验，并得到广泛应用。但是由于流变特性影响，滤失大，压裂范围受到限制。同时压裂裂缝纵向延伸不易控制，不利于提高煤层气储层改造效果[3, 4]。

　　瓜胶压裂液利用瓜胶及其衍生物容易成黏的特点配制而成，具有高黏度、流变性好以及造缝能力强等特点，图 7.2 给出了瓜胶压裂液的常见交联方法以及形态。但是瓜胶类压裂液在煤层中难以破胶，需要添加破胶剂，且容易留下大量残渣，特别是强吸附性的煤层，更容易造成伤害。王思宇等、孙海林等[5, 6]研究了瓜胶压裂液交联剂，有效提高了压裂液的耐温性能，但是压裂液的残渣和伤害问题依然存在。吴亚等、郭建春等[7, 8]对瓜胶进行改性，通过改变原有基团连接方式使压裂液体系保持良好的抗剪切性能和抗高温性能，同时对储层损伤略有减少。赵辉等、徐先宾等[9, 10]通过实验配置并优选了聚丙烯酰胺压裂液，与传统瓜胶相比更易破胶，降低了对储层的伤害。但是瓜胶压裂液及其衍生物在煤层压裂中的破胶和残渣问题仍然显著。

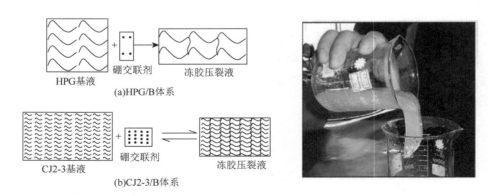

图 7.2　瓜胶及其衍生物形成的压裂液

　　泡沫压裂液是占比较大的气体与少量液体均匀分散形成的体系，由液相、气相和起泡剂组成，常用气体为氮气以及二氧化碳，起泡剂为各类活性剂，具有良好的携砂性能[11]，如图 7.3 所示。卢拥军等[12]通过瓜胶与二氧化碳配置了泡沫压裂液，表明该压裂液同时具有剪切变稀、黏弹性和触变性，黏弹性可用广义麦克斯韦黏弹性方程描述。吴金桥等[13]配置了清洁泡沫压裂液，具有良好的流变性能与携砂性能，且易破胶、无残渣，对岩心的伤害低，最佳的二氧化碳泡沫质量分数为 55%～75%。实验室及现场应用的结果表明泡沫压裂液能够提高水力压裂效果[14]。但是泡沫压裂液气相与液相要求高，现场配置困难，特别是对于煤矿井下水力压裂，由于空间与设备限制，不能够进行泡沫压裂液配置，因此目前应用存在局限。

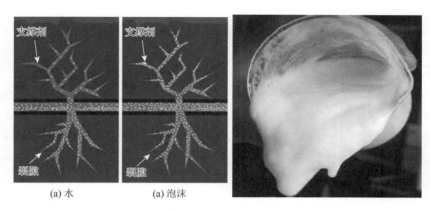

图 7.3 　 泡沫压裂液形态及携砂能力

　　针对传统水基压裂液破胶困难、伤害大的问题，在表面活性剂基础上，首先由美国斯伦贝谢研制出清洁压裂液，由黏弹性表面活性剂、胶束促进剂、盐以及其他添加剂组成，如图 7.4 所示，具有造缝效果好，对储层伤害小以及无残渣等特点，成为压裂液研究主要趋势。Khair 等、林波等[15,16]在此基础上通过对组分进行改进，研制了抗温、携砂效果更好的清洁压裂液。李曙光等、Wu 等[17,18]通过微观测试研究了清洁压裂液的成黏机理，表明黏弹性表面活性剂具有亲水与亲油两个基团，在水中胶结成胶束，在有机盐作用下形成三维网状结构，溶液黏度大幅增加，同时具有一定的弹性。刘通义等、焦克波[19,20]通过实验室测试发现清洁压裂液降低了摩阻，对储层伤害小，具有良好的流变特性，能够应用于煤层压裂增透。崔会杰等[21]通过在低渗透煤层中的应用发现，与传统的压裂液相比，使用清洁压裂液能够取得更好的煤层增透效果；李亭[22]在中国沁水等地进行了地面煤层钻井的清洁压裂液现场测试，表明清洁压裂液具有很好地制造和沟通裂缝能力，对煤层中的黏土有很好的防膨效果，有效增加了煤层气井的抽采量。学者通过实验室分析和现场试验发现，清洁压裂液能用于煤层压裂，但是针对煤矿井下压裂方法所用的清洁压裂液尚缺乏研究，且单从压裂液流变特性方面进行改进存在局限性。

　　综上所述，目前煤层水力压裂使用压裂液主要针对地面煤层气井压裂，考虑大流量和压力条件下压裂液携砂、造缝和破胶等性能，而地面压裂与煤矿井下水力压裂的施工工艺和施工方法存在明显差异，因此油气藏和煤层气井地面水力压裂采用的压裂液并不适用于煤矿井下水力压裂。

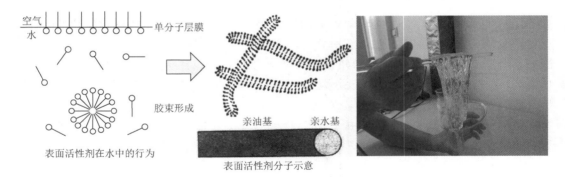

图 7.4 清洁压裂液形成方式及形态

7.1.2 压裂液对煤层瓦斯吸附解吸影响

煤体强度低、变形量大，具有双孔隙的微观结构，煤层气主要以吸附态赋存在微孔隙表面，产出是一个微孔解吸、大孔扩散、裂隙渗流的过程。煤层气的吸附解吸机理分为单分子层和多分子层两类，具体模型包括 Langmuir 等温吸附扩展模型、BET 多分子层吸附模型、吸附溶液模型、吸附势理论模型和实验数据拟合分析模型等，Weishauptová 等[23]进行了煤样二氧化碳与甲烷对比吸附试验，表明煤样表面存在竞争吸附作用，与甲烷相比，二氧化碳吸附性更强，能够驱替原有的吸附态瓦斯。而与气体相比，溶液在煤样表面具有更强的吸附能力，因此压裂液的侵入必然对煤体吸附特性产生影响[24]。

煤矿井下水力压裂以清水为主，Joubert 等[25]进行了不同平衡水条件下煤样的吸附等温实验，发现在一定含水率范围内随着含水率的增加，吸附量逐渐降低，当到达临界值后随着含水率增加，对瓦斯吸附量无影响，含水率临界值与煤样氧含量相关。降文萍等[26]从粒子结构分析了煤样对水分及甲烷吸附能力的差异，表明甲烷气体与煤样表面吸附的有效作用间距为 0.55nm 左右，以单分子层吸附为主，吸附势阱为 $-2.7 \sim -1.8$ kJ/mol，而水在煤样表面的吸附势阱为 $-11.21 \sim 24$ kJ/mol，远大于甲烷分子，表明煤表面对水分子的吸附能力大于甲烷分子，因此水分增加会导致甲烷吸附量减少。李祥春等、聂百胜等[27-28]则通过计算煤对水分子和甲烷分子范德瓦尔斯力和氢键作用大小，发现水分子氢键作用力远大于甲烷分子，认为水分的作用降低了甲烷吸附能力。通过 6 种不同水分含量的煤样解吸扩散试验发现，水分对煤体甲烷解吸扩散有显著影响，随着水分增加，初始解吸、扩散能力和极限解吸量均有减小。牟俊惠等[29]研究了不同变质程度煤样在不同含水率情况下瓦斯放散速度变化，表明放散速度与含水率呈对数关系，可表达为 $y=a\ln(x)+b$，其中 y 为瓦斯放散初速度，x 为含水率，水分减缓了放散初速度，煤样变质程度越高，水分的影响就越大，水分为 2%~7% 时影响最大。

与水相比，压裂液中含有一系列添加剂，对煤层瓦斯吸附特性影响更加复杂。秦跃平等[30]通过煤的分形理论分析了煤样自然状态下对水的吸收能力，结果显示吸水指数与最大孔隙半径及溶剂有关，受溶液表面张力的影响。胡友林等[31]发现水分能够通过竞争吸附促进瓦斯解吸，实际煤样解吸速率降低主要是水锁因素的影响，发生水锁伤害的条件是孔隙内外压力小于毛细管力，通过添加防水锁剂降低溶液表面张力，改变接触角，降低了毛细管阻力,同时改变了煤样的润湿性,减少水锁伤害,从而促进瓦斯解吸。张国华等[32] 的实验也验证了这个观点,他进行了水与添加了表面活性剂的溶液对吸附瓦斯解吸的影响对比,发现加入活性剂促使煤样中赋存瓦斯快速解吸和运移,从而提高瓦斯的解吸速度。You 等、Marsalek 等[33,34]通过实验分析了不同表面活性剂对煤层瓦斯吸附解吸的影响,表明表面活性剂对煤层吸附影响与表面活性剂对溶液接触角影响有关,表面活性剂减小了溶液接触角,能够促进吸附瓦斯的解吸,利于煤层气开采。

当压裂液改变溶液性质,影响煤样表面吸附特性时,压裂液组分也可能在煤样表面产生吸附。Crawford 等[35]通过电位和接触角测试了多种表面活性剂在煤样表面的吸附特性,表明表面活性剂降低了溶液表面张力,与水相比,表面活性剂更易在煤样表面产生吸附,吸附量与煤阶有关。随着煤样变质程度增高,表面活性剂吸附量上升。Sokolov 等[36]进行了不同浓度黏弹性表面活性剂吸附测试,表明活性剂分子与煤样表面存在多种力作用,能够在煤样表面有效吸附,并给出了吸附量估算模型。张鹏等[37]通过表面张力和接触角测定研究了四种结构互异的阳离子表面活性剂在煤表面的吸附润湿规律,认为表面活性剂的吸附由分子间作用力主导,在煤样表面,表面活性剂间黏附力差别大,吸附能力存在差异。陈尚斌等[38]将含水煤样与含压裂液煤样进行对比,研究了压裂液对煤层气吸附特性的影响,认为含活性剂压裂液在煤层基质表面形成了有效的浓度差,在浓度梯度驱动下,影响煤层气的吸附性能,促进解吸,提高了采收率,影响大小与煤阶密切相关。

目前,学者仅通过实验初步分析了压裂液在煤样表面吸附作用对煤层瓦斯的影响,未深入分析固-气-液三相条件下的影响机理和规律,同时压裂液种类多样,不同压裂液进入煤层可能对煤层物理化学性质产生影响,进而影响煤层瓦斯吸附状态,压裂液对吸附的作用是不全面的。

7.1.3　压裂液对煤层瓦斯渗流影响

煤是一种复杂的多孔介质,在多相耦合作用下,煤层内瓦斯压力分布及流动规律是国内外学者研究的重点,针对地球物理场作用下煤样渗流特性变化规律,学者已取得了丰富的成果。Saghafi 等[39]认为影响煤层透气性的因素有地层应力、瓦斯压力和煤体收缩等,同时受裂隙网络影响。游离瓦斯通过扩散由微小孔径向较大孔隙流动,满足 Fick 扩散规律,扩散系数取决于毛细管几何形状和孔隙内瓦斯压力,通道内瓦斯遵循达西定律向外运移,裂隙通过能力受裂隙的数量、宽度以及连通性的影响。Brown[40]、Tsang[41]进一步研究了渗透率与孔隙度分布、连通性、粗糙度以及弯曲度关系,而 Somerton 等[42]通过三轴应力条件下煤样渗透特性,获得了煤样渗透率随应力的变化规律,表示为

$$k = k_0 \left[e^{(-3\times10^3 \sigma k_0 - 0.1)} + 2\times10^{-4} \sigma^{\frac{1}{3}} k_0^{\frac{1}{3}} \right] \tag{7.1}$$

式中, k_0 为原始渗透率, $10^{-3} \mu m^2$; σ 为有效应力,MPa。式(7.1)表明,随煤样所受有效应力加大,渗透率大致呈指数形式下降。后续国外学者不断进行参数优化和改进,但总体上仍以指数形式变化为主[43]。

Gary 模型则首次提出了煤岩体发生基质收缩,量化了收缩效应对煤层渗流的影响,

表明煤岩基质收缩量与吸附压力间呈线性关系变化,由于压力的变化会导致煤体渗透率单调减小或增加;在此基础上,Mckee 等分析了煤样孔隙度、渗透率与所受应力之间的函数关系[44],该方程表示为

$$\varphi = \varphi_0 \frac{e^{-C_p \Delta\sigma}}{1 - \varphi_0 (1 - e^{-C_p \Delta\sigma})} \tag{7.2}$$

式中,φ 为煤样孔隙度,%;φ_0 为初始孔隙度,%;C_p 为孔隙压缩系数,MPa^{-1};$\Delta\sigma$ 为有效应力变化大小,MPa。

基于 Somerton 和 Gary 的研究,Palmer 等提出了 P&M 模型,更进一步的给出了应力、变形与渗流的关系[45]。该式被广泛应用到数值计算和理论分析中[44-46],表明煤样渗透率与孔隙度变化呈立方关系。后来学者发现计算与实际存在一定偏差,于是 Shi 等[47]用定向的火柴杆模型提出了新的 Shi&Durcan 模型:

$$\Delta\sigma = -\frac{\nu}{1-\nu} \alpha \Delta p + \frac{E}{3(1-\nu)} \Delta\varepsilon_s \tag{7.3}$$

式中,Δ 表示增量;σ 为总应力;ν 为泊松比;α 为 Biot 有效应力系数;p 为孔隙压力;E 为煤岩体弹性模量;ε_s 为吸附作用引起的应变。并将渗透率视为有效应力的函数:

$$k = k_0 e^{-3c_\phi \Delta\sigma'} \tag{7.4}$$

式中,k 为煤岩体渗透率;k_0 为煤岩体初始渗透率;c_ϕ 为孔隙压缩系数;$\Delta\sigma'$ 为有效应力。式(7.3)~(7.4)即构成了新的 Shi&Durcan 模型,该模型比 P&M 模型具有更好的试验拟合度。

近年来,国内学者也开展了一系列的相关研究。姜德义等[48]通过煤中孔隙变形分析,认为煤样渗透率与有效应力呈一元多次函数关系,与微观裂纹参数有关,并与实际测试结果取得了良好的一致性。林柏泉等[49-50]通过测试含瓦斯煤体渗透率与围压以及孔隙压力的关系,初步分析了变形特征对渗透率的影响,许江等、尹光志等[51-52]通过实验进一步分析了煤层渗透率与孔隙结构的对应关系,表明随着变质程度加深,内外孔隙发育,渗透率随之增加。张健等、薛东杰等[53-54]通过不同力学参数煤样渗透率对比测试分析发现储层渗透率受到基质、裂隙收缩效应、煤岩力学性质和储层孔隙压力的影响,煤样弹性模量、泊松比越大,渗透率变化幅度越大。

上述研究只考虑了应力等作用,而在实际压裂过程中,压裂液侵入会引起煤体孔隙变化,导致渗透率的变化。Durucan 等[55]通过不同煤阶样品在不同含水饱和度条件下渗透率对比试验,测试了水分对气体渗透率的影响,影响程度与裂隙形态有关。Chen 等[56]使用几何裂缝代替传统的束状管结构,考虑了残余相含量、形状因子和孔隙度对渗透率的影响,获得了较完善的两相流相对渗透率模型,表明水分侵入会明显影响煤样孔隙,从而改变煤体产气效率。Chen 等[57]进行了不同国家不同形状和弯曲程度煤样渗透率结果分析,结果与该两相流相对渗透模型拟合度良好,验证了模型的准确性。Wang 等[58]研究了含不同裂缝煤样水分对渗透率的影响,表明水分能够影响煤样渗透率、吸附以及变形情况,水分作用下煤层渗透率下降了两个数量级。李明助[59]通过气水两相流实验发现,在气水相对渗

透曲线中，等渗点两侧分别是水与瓦斯占主导的流动，水分造成的渗流变化呈非线性，残余水影响下煤体渗透性受到明显损伤，煤具有极强的亲水性。尹光志等[60]通过不同含水率煤样瓦斯渗透率测试实验发现，在恒定有效应力条件下，随着煤体含水率下降，有效瓦斯渗透率增加，可用线性函数表述。杨永利[61]研究发现，压裂液侵入对煤层气渗透率影响主要体现在低渗储层，大小与压裂液润湿性有关，加入表面活性剂有效减小了压裂液对渗透率的伤害。刘谦[62]通过水锁伤害和煤水相自吸实验探讨了不同表面活性剂的加入对煤层气渗透率的影响，表明水造成的损伤大于高分子活性剂溶液。

压裂液侵入煤体也会引起物理化学性质变化，从而改变应力作用下煤样渗透率。周哲等、秦虎等[63, 64]研究发现随着煤样含水率增加，煤样抗压强度逐渐减小，在相同应力下变形量大，峰值强度呈指数降低。张文勇等[65]对煤层注 CO_2 后煤层渗透率变化进行研究发现，注入 CO_2 能够溶解附着矿物质，提高渗透率。李瑞等[66]通过酸化处理煤样增加了煤样孔隙度，以 $1\mu m$ 尺寸孔、裂隙为主，提高了渗透率，可以作为压裂液应用的研究方向。郭红玉等[67]使用了强氧化剂二氧化氯进行煤层改造，发现能够对煤样产生不同程度的刻蚀，有效提高了煤层渗透率，效果与煤阶有关，郭红玉等认为二氧化氯可以应用于煤层压裂中。

目前，学者主要以水为研究对象，实验分析气液两相条件下的瓦斯渗流特性，而不同压裂液性质对煤层渗流特性的影响机理以及压裂液对煤层物理化学特性改变对渗流特性影响规律尚不明确。

7.2　煤矿井下低透煤层压裂液优选

水力压裂技术广泛应用于煤矿井下，取得了一定的煤层增透效果。由于储层结构及压裂工艺差异，传统地面压裂的压裂液不适用于煤层压裂，煤矿井下水力压裂的压裂液主要选择清水。由于黏度低，滤失量大，水力压裂效率低，大量清水压入煤层不仅容易导致煤层中的黏土矿物成分膨胀降低煤层气有效预抽时间，也会造成顶底板的损伤影响后续煤炭的开采，同时煤层中积聚的水分堵塞煤层孔隙裂隙通道，导致水锁效应的发生，不利于煤层气解吸渗流产出，因此需要一种能够取代清水并强化煤层气解吸渗流的煤矿井下高效压裂液。

本节基于煤层瓦斯赋存特征及煤矿井下水力压裂工艺特点，确定压裂液的性能参数要求，测试分析不同压裂液的流变特性，对比水与压裂液作用下煤样润湿、组分、孔隙和官能团等影响解吸渗流的煤体物理化学性质的变化，优选适用于煤矿井下的压裂液配比。

7.2.1　煤矿井下低透煤层压裂液性能分析

1. 煤矿井下水力压裂特点

水力压裂技术是利用高压泵将压裂液注入储层，当压裂液注入速度超过储层吸收能力时，形成局部高压，压裂超过储层破裂压力则产生裂缝并不断扩展。20 世纪 40 年代，水力压裂技术开始应用于油气储层，取得了良好的增产效果，并于 50 年代被引入煤层地面增透中。近年来，夏彬伟等、程亮等[68, 69]将水力压裂增透方法应用于西南地区松软煤层煤矿井下，取得了良好的煤层气增产效果，煤矿井下水力压裂工艺布置如图 7.5 所示。

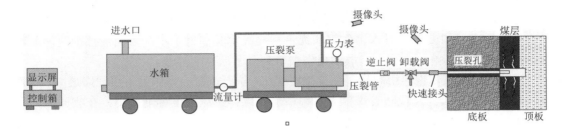

图 7.5　煤矿井下水力压裂工艺布置

压裂液是压裂施工的工作液，其性能直接影响压裂施工和增产效果，不同压裂施工工艺和对象对压裂液性能提出了相应的要求。与传统地面煤层压裂相比，煤矿井下水力压裂存在明显差异，主要包括：

（1）地面进行压裂作业时将各类大型车辆并联，压裂过程中压力流量高，而煤矿井下空间受限，要求降低压裂液滤失，增加压裂效率。

（2）煤矿井下采掘接替速度快，要求压裂煤层抽采达标时间短，对顶底板损伤小，压裂液需要促进煤层气的解吸渗流，提高抽采效率。

目前，由于来源广泛，经济性好，煤矿井下水力压裂主要使用清水作为压裂液，通过现场应用取得了一定的增加煤层气抽采效果，同时也发现由于清水黏度低，滤失速度快，压裂过程中清水消耗量大，目前压裂影响钻孔周围半径 30m 左右需要清水数百吨[70]，大量清水进入煤层容易产生水锁效应，抑制瓦斯解吸渗流，引起黏土矿物膨胀，降低煤层气抽采效果。另一方面，清水黏度低，造缝效果差，需要增大压力保证裂缝起裂扩展，导致煤层顶底板破坏，影响煤炭开采安全。研究滤失小、造缝性能强、能够促进煤层气解吸渗流的新型压裂液是煤矿井下水力压裂技术不断推广应用的需求。

2. 煤矿井下低透煤层压裂液性能要求

煤层水力压裂受地应力、储层物理性质以及断层褶皱等地质构造的影响，同时压裂液黏度也是影响压裂液增透效果的主要因素。压裂液滤失是压裂过程中的基本现象之一，煤储层孔隙结构发育，赋存复杂，压裂液滤失更是压裂液损失的主要原因。压裂液滤失速率表示为

$$V_f = \frac{C}{\sqrt{t}} \tag{7.5}$$

式中，V_f 为滤失速率，m/min；C 为综合滤失系数，$\text{m}/\sqrt{\text{min}}$；$t$ 为滤失时间，min。

到某一位置压裂液的累计滤失量为

$$dV_L = \int V_f dt dA = \int_\tau^t \frac{C}{\sqrt{t-\tau}} dt dA \tag{7.6}$$

式中，τ 为裂缝前缘到该位置的时间，min；A 为裂缝面积，m^2；V_L 为滤失量，m^3。

式（7.6）表明，随着压裂液综合滤失系数增大，压裂液滤失速率增加。综合滤失系数与压裂液黏度、造壁性和储层流体的压缩性有关，其中滤失系数与压裂液黏度关系表示为

$$C_1 = 0.171 \left(\frac{K \Delta p \phi}{\mu} \right)^{\frac{1}{2}} \tag{7.7}$$

式中，K 为地层有效渗透率，μm^2；Δp 为缝中净压差，MPa；ϕ 为地层孔隙度；μ 为压裂液视黏度，mPa·s。

由式（7.6）和式（7.7）可知，随着压裂液黏度增加，压裂液滤失速度降低，清水黏度为 1mPa·s，滤失量大，因此使用高黏度压裂液能够提高压裂效率。

针对不同性质压裂液作用下煤样影响范围，学者开展了一系列研究，其中常用的水力压裂二维模型包括两类：PKN 模型和 GDK 模型，PKN 模型对图 7.6 所示垂直的裂缝扩展进行了分析。

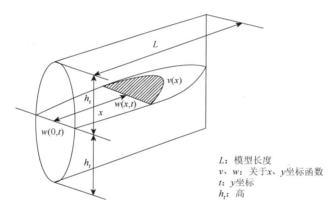

L：模型长度
v、w：关于 x、y 坐标函数
t：y 坐标
h_r：高

图 7.6　PKN 模型

假设裂缝的高度固定，不受缝长变化影响；随着裂缝扩展，其垂直截面的流体压力不发生变化；各个截面变形独立，不相互影响。

通过假设推导获得裂缝长度为

$$L = C_1 \left[\frac{G q_0^3}{(1-v) \mu h_f^3} \right]^{1/5} t^{4/5} \tag{7.8}$$

最大裂缝宽度为

$$\omega = C_2 \left[\frac{(1-v) q_0^2 \mu}{G h_f} \right]^{1/5} t^{1/5} \tag{7.9}$$

式中，L、ω 分别为裂缝长度与宽度，m；h_f 为裂缝高度，m；G 为剪切模量，MPa；q_0

为缝端净压力，MPa；μ 为流体黏度，mPa·s；v 为流速，m/min。

　　而 GDK 模型对图 7.7 所示垂直矩形扩展模型进行了假设：缝高是固定的；仅考虑水平面岩体强度，缝槽的宽度不受高度影响；注入的流体总量保持不变；裂缝扩展时压力的梯度与裂缝内流体的流动阻力相关。

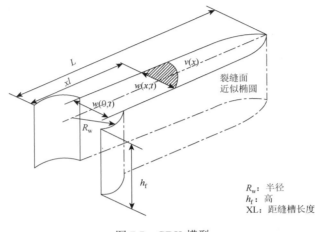

图 7.7　GDK 模型

　　通过该模型可分析裂纹长度为

$$L=C_4\left[\frac{Gq_0^3}{\mu(1+v)h_f^3}\right]^{1/6}t^{2/3} \tag{7.10}$$

　　最大裂纹宽度为：

$$\omega=C_5\left[\frac{(1+v)\mu q_0^3}{Gh_f^3}\right]^{1/6}t^{1/3} \tag{7.11}$$

式中，L、ω 分别为裂缝长度与宽度，m；h_f 为裂缝高度，m；G 为剪切模量，MPa；q_0 为缝端净压力，MPa；μ 为流体黏度，mPa·s；v 为流速，m/min。

　　通过水力压裂二维模型发现，随着压裂液黏度增加，压裂裂缝长度降低，宽度不断增大，Chen、Ahn 等[71-72]通过数值模拟发现在三维模型中，随着压裂液黏度的增大，裂缝缝长不断减小，裂缝缝高和缝宽增大，不利于扩大压裂液的影响范围，同时裂缝形态与压裂液注入速率相关，因此应该采用适宜黏度压裂液低速率进行水力压裂。

　　针对煤层井下水力压裂要求滤失速率低、影响范围大的特点，参考徐苗[73]对不同黏度压裂液压裂试验结果进行对比发现，综合压裂液黏度对滤失性和影响范围的要求，优选最适宜的压裂液黏度为 10mPa·s，同时要求压裂液具有良好的流变性，在 170s^{-1} 剪切速率下能够保持压裂液黏度为 10mPa·s。

　　除压裂液黏度，压裂液黏弹性也是影响压裂液作用效果的主要因素。由于流变特性存在差异，流体分为牛顿和非牛顿流体两类。其中，非牛顿流体的黏度与温度、剪切应力和剪切速率等因素有关。黏弹性流体通常为非牛顿流体，黏弹性也分为线性和非线性两类，线性黏弹性是指对任何大小的应力或应变的响应仅为时间的函数，清洁压裂液通常作为线性黏弹体处理，可以用如图 7.8 所示的 Maxwell 模型进行描述。其中，G_0 与 η_0 分别表示流体的弹性模量和黏度。

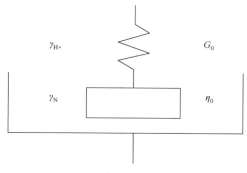

图 7.8　Maxwell 模型

弹簧遵循 Hook 定律，黏壶遵循 Newton 流体定律，对流体施加应力，流体的应变 γ 由弹簧的应变 γ_H 和黏壶应变 γ_N 两部分组成：

$$\gamma = \gamma_H + \gamma_N \tag{7.12}$$

线性黏弹性流体对应力与应变的响应仅为试件的函数，将式（7.12）对时间求导：

$$\gamma' = \gamma_H' + \gamma_N' = \frac{\sigma'}{G_0} + \frac{\sigma}{\eta_0} \tag{7.13}$$

当 $\gamma' = 0$ 时，

$$\sigma(\tau) = \sigma_0 \exp\left(-\tau \cdot \frac{G_0}{\eta_0}\right) \tag{7.14}$$

可以计算流体的弹性模量（储能模量）G'、黏性模量（损耗模量）G'' 与振荡频率 w 和松弛时间 τ 的关系为

$$G'(w) = \frac{G_0 w^2 \tau^2}{1 + w^2 \tau^2} \tag{7.15}$$

$$G''(w) = \frac{G_0 w \tau}{1 + w^2 \tau^2} \tag{7.16}$$

流体的弹性模量和黏性模量大小关系与 $w\tau$ 相关，对于黏弹性压裂液体系，为了保证压裂过程中体系在剪切应力作用下的稳定性，要求压裂液的弹性模量高于黏性模量。

为了提高压裂液作用下煤层气解吸渗流能力，要求配置的压裂液能够占据煤层瓦斯吸附位置，提高煤样孔隙度，增加瓦斯流动通道，减少瓦斯吸附位置，从而提高瓦斯抽采效率。同时为了减小压裂液滤失速率，提高瓦斯抽采效果，压裂液需要具有良好的流变性，压裂液的弹性模量高于黏性模量，施工过程中压裂液黏度约为 10mPa·s。压裂液还应当满足煤矿井下施工场地的限制，配置简单，与煤层具有良好的配伍性，不需要添加破胶剂等，减小对储层伤害，不影响煤的开采利用且不会对环境产生不良影响。

7.2.2　煤矿井下低透煤层压裂液组分优选

1. 煤矿井下压裂液种类优选

压裂液主要包括油基压裂液、水基压裂液、泡沫压裂液与清洁压裂液，油基压裂液是以油为溶剂或分散介质，加入各类添加剂形成的，主要用于偏油润湿、水敏性极强的储层；泡沫压裂液是气体与少量液体均匀分散形成的体系，包括气相的二氧化碳或氮气、清水以及其他添加剂，对设备要求高，施工难度大，且煤层吸附二氧化碳后开采过程中仍然具有突出危险性；两类压裂液均不适用于煤矿井下水力压裂，选择水基压裂液和清洁压裂液用于煤矿井下水力压裂。

目前常用的水基压裂液包括活性水和瓜尔胶类衍生物。活性水压裂液由水与表面活性剂组成，瓜尔胶类压裂液由稠化剂、交联剂以及一系列添加剂组成，常用的稠化剂包括天然植物胶、合成聚合物等，清洁压裂液由黏弹性表面活性剂加入有机盐溶液中交联形成，各类溶液优缺点如表 7.1 所示。

表 7.1　各类压裂液比较

压裂液	地层伤害	携砂性能	摩阻	造缝效果	耐温性能
活性水压裂液	低	差	低	差	低
瓜尔胶压裂液	高	好	高	好	高
合成聚合物压裂液	低	好	高	好	高
清洁压裂液	低	好	低	好	低

与目前使用的清水相比，活性水压裂液降低了摩阻，但是不能改变压裂液黏度，无法起到降低溶液滤失、提高压裂液压裂效率的目的；瓜尔胶压裂液、合成聚合物压裂液具有良好的高温稳定性能，高温下能够保证携砂需要，因此目前广泛使用，但是破胶需要额外添加过硫酸铵等破胶剂，残渣多，对煤体伤害高；清洁压裂液具有良好的黏度、抗剪切和流变性能，不需要交联剂和破胶剂，对储层伤害小，无残渣，但是其抗温性能较弱。根据煤矿井下水力压裂压裂液良好的流变性和减少对储层伤害的要求，选择清洁压裂液体系进行低透煤层井下水力压裂，实验室开展进一步组分及配比优选，如图 7.9 所示。

图 7.9　清洁压裂液体系配置

2. 清洁压裂液组分优选

（1）清洁压裂液黏弹性表面活性剂选择。清洁压裂液主要成分是黏弹性表面活性剂，它是包含疏水基和亲水基的两基结构，低于临界胶束条件时，以单分子状态吸附于溶液界面和内部，当表面活性剂达到临界胶束浓度，开始交结形成棒状胶束，随着浓度进一步增加，在添加剂作用下最终形成稳定网状胶束。

不同类型表面活性剂交结会形成液晶、囊泡和蠕虫等形状的胶束溶液，研究发现溶液流变性与表面活性剂聚集体胶束形态和内部基团作用存在直接关系。球形、盘状和短棒状胶束溶液流体性质呈牛顿流体，不同结构的液晶溶液呈现塑性或者弹性流体性质，而蠕虫状胶束网络结构具有良好的流变性，是最适宜作为压裂液的活性剂结构。

能够形成蠕虫状胶束的表面活性剂有多种，包括离子型、非离子型、两性离子型以及双子表面活性剂等，为了优选煤层清洁压裂液，需要对不同类型的表面活性剂进行总结分析。

离子型表面活性剂：来源广、价格低，在很低的浓度下就能形成黏度很高的凝胶，是良好的黏弹性压裂液原料。

非离子型表面活性剂：形成黏弹性溶液的非离子类型表面活性剂通常需要很高的活性剂浓度。

两性离子表面活性剂：能形成蠕虫状胶束的两性表面活性剂很少，形成条件极为苛刻。

双子表面活性剂：能够在低浓度下形成高黏度表面活性剂压裂液，但是该类表面活性剂制备工艺复杂，还无法大规模生产。

通过分析不同活性剂性质发现，离子型表面活性剂是最佳的清洁压裂液组分，选择性质稳定的十六烷基三甲基氯化铵作为煤矿井下水力压裂的表面活性剂。

表面活性剂压裂液流变性与胶束长度相关，因此影响胶束结构参数会影响压裂液的黏度，蠕虫状胶束体系是一个动态平衡过程，其分子量受外界条件影响发生变化，根据 Mean-Field 理论，胶束的平均长度 L 为

$$L = \varphi^{0.5} \exp(E / 2K_B T) \tag{7.17}$$

式中，φ 为体积分数；T 为溶液温度；K_B 为 Boltzmann 常数；E 为体系的分离能。

因此对于确定的表面活性剂，其表面活性剂压裂液黏度与温度、表面活性剂浓度以及添加剂种类有关，为了优选用于煤矿井下水力压裂的清洁压裂液，选择十六烷基三甲基氯化铵（分析纯）与去离子水，配置质量分数为 0.4%、0.8%、1.2%、1.6%的溶液，根据《水基压裂液性能评价方法》（SYT5107—2016）和《采油用冻胶强度的测定　流变参数法》（SYT6296—2013）的要求分别测试体系在 25℃条件下的黏度及流变特性。测试设备为奥地利 MCR302 流变仪（转速为 10^{-8}～3000rpm，测试频率为 10^{-7}～628rad/s），试验时首先配置相应浓度的表面活性剂溶液，放入电热恒温水浴锅中，温度设置为 25℃，养护 1h 保证无气泡存在后，将配置的液体注入流变仪测试台，温度恒定，测试 0～10Hz 频率下的体系储能模量和损耗模量变化，然后依次增加剪切速率测试 0～170s^{-1} 溶液黏度变化，分析其使用过程中的抗剪切性能。不同浓度溶液黏度测试结果如图 7.10 所示，溶液储能模量与损耗模量性质如图 7.11 所示。

通过黏度变化曲线发现剪切速率低于 $50s^{-1}$ 时，随着溶液黏度增加，黏度迅速减小，$50s^{-1}$ 后随着剪切速率增加，压裂液黏度略有上升。随着表面活性剂 CTAC（十六烷基三

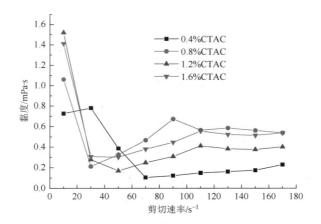

图 7.10　不同浓度溶液黏度测试结果

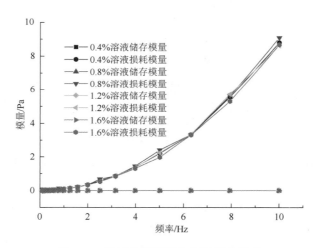

图 7.11　溶液储能模量与损耗模量性质

甲基氯化铵）浓度增加，溶液黏度增大，但是增加幅度小，四种溶液稳定后的黏度均在 1mPa·s 以下，这是由于随着活性剂浓度增加，形成了疏水基向里、亲水基向外的胶束结构，不断交结增加了黏度，但是黏弹性表面活性剂 CTAC 阳离子间存在电荷斥力作用，胶束呈球形，无法形成凝胶结构和进一步增加溶液的黏度，压裂液黏度低。由图 7.11 可表明随着表面活性剂 CTAC 浓度增加，不同溶液之间的储存模量与损耗模量无明显差异，每种溶液随着振荡频率增加，溶液储存模量基本无变化，损耗模量不断增加，损耗模量明显高于储存模量，表明溶液的黏弹性能弱，在压裂过程中稳定性差，因此需要添加剂增加溶液黏度和体系稳定性。

（2）清洁压裂液组分优选。为了抵消表面活性剂阳离子基团之间的排斥力，增大溶液体系的黏度，可引入平衡阴离子，包括反离子和助表面活性剂，两者均能促进胶束生长形

成网状结构，但是机理不同。反离子通过吸附在阳离子表面活性剂基团周围，阳离子相互排斥作用减小，胶束数量增加；助表面活性剂通过有机阴离子挤入胶束排列在活性剂结构中间，阴离子基团和阳离子基团间相互静电力使活性剂分子更加密集，促进胶束交叠。两者的作用机理如图 7.12 所示，通过对比发现，助表面活性剂能够更好地促进胶束增长，所以选择助表面活性剂促进表面活性剂有效交联形成压裂液体系。

图 7.12 反离子和助表面活性剂作用示意

对于阳离子表面活性剂 CTAC 选用的高效助表面活性剂为水杨酸钠（Nasal），进行 CTAC-Nasal 体系配方优化实验。煤储层中通常含有一定量的黏土成分，包括蒙皂石、高岭石、伊利石等，这些矿物能够被侵入的水基压裂液所影响，导致煤岩基质膨胀，造成煤样渗透率的大幅降低。根据相关学者实验室测试结果[74]，KCl 具有抑制黏土膨胀的效果，能够溶解煤样中吸附的大分子，降低溶液的表面张力，利于后期的返排，减少溶液对煤样造成的伤害，且与煤样具有良好的配伍性，因此本书优选煤矿井下水力压裂的 CTAC 表面活性剂清洁压裂液体系中加入质量分数为 1%的 KCl。

7.2.3 煤矿井下清洁压裂液配比优选

通过煤矿井下水力压裂特点和压裂要求，本书分析了压裂液性能要求，对比了各类压裂液的优缺点，选择清洁压裂液作为新型煤矿井下压裂液并优选了组分 CTAC、Nasal 和 KCl。煤是由多种成分组成的混合物，除含碳有机物，还含有黏土矿物和各类金属矿物等，而清洁压裂液是由表面活性剂和其他添加剂组成的混合溶液，将不同性能的清洁压裂液注入煤层中，既会影响煤样的表面吸附状态和强度特征，引起煤样物理性质变化，同时也可能与煤样组分发生反应，引起煤样化学性质变化。为了获得能够强化瓦斯解吸渗流、提高煤层气抽采效率的清洁压裂液配比，需要通过流变性和黏弹性测试初选清洁压裂液配比，测试压裂液作用下与解吸渗流相关的煤样润湿性、组分、孔隙度和官能团等参数变化，从而获得最佳的清洁压裂液配比。

1. 清洁压裂液流变性和黏弹性测试

为了优选清洁压裂液配比，试验测试了质量分数为 0.4%、0.8%、1.2%、1.6%的 CTAC 溶液，每种 CTAC 浓度下，设置了 4 种 Nasal 浓度测试压裂液的流变特性，优选达到要求的合适配方，清洁压裂液体系中选择加入质量分数为 1%的 KCl。根据《水基压裂液性能评价方法》（SYT5107—2016）和《采油用冻胶强度的测定 流变参数法》（SYT6296—2013）的要求配置和测试清洁压裂液体系在 25℃条件下的黏度及流变特性。测试设备为奥地利 MCR302 流变仪，测试方法与表面活性剂溶液测试方法相同，首先测试溶液的储能和损耗模量，然后测试压裂液黏度随剪切速率的变化，剪切速率测试范围为 $0\sim170s^{-1}$，在 $170s^{-1}$ 剪切速率下保持测试 30min。

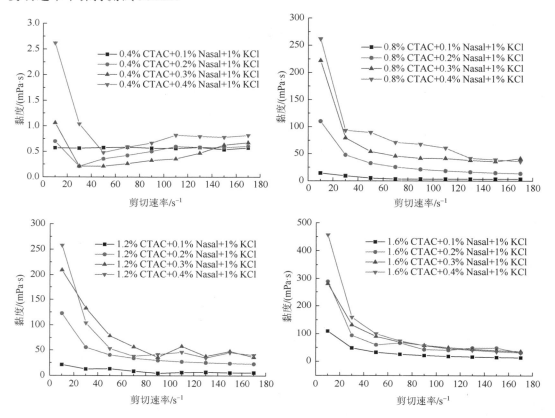

图 7.13 压裂液黏度随剪切速率变化

随剪切速率增加，压裂液黏度变化曲线如图 7.13 所示。由图 7.13 可知，与相同浓度条件下单一的 CTAC 溶液相比，助表面活性剂水杨酸钠的加入能够有效增加压裂液黏度，随着剪切速率增加，清洁压裂液黏度均呈现先迅速下降然后保持相对稳定的状态。剪切速率较小时，压裂液中水杨酸钠浓度差异对体系黏度影响较大，随着剪切速率增加，压裂液黏度趋于一致，水杨酸钠浓度造成的黏度差异减小。对于质量分数为 0.4%的 CTAC 压裂液体系，随着助表面活性剂浓度增加，黏度无明显增加，体系黏度保持在 3mPa·s 以下，说明表面活性剂 CTAC 浓度较低，无法形成有效的网状胶体结构，而对于质量分数为 0.8%及以上的 CTAC 压裂液体系，体系黏度可以达到 200mPa·s 以上，具有良好的交联性。为了测试压裂液体系稳定性，开展了 $170s^{-1}$ 剪切速率下压裂液黏度随时间变化的测试，结果如图 7.14 所示。

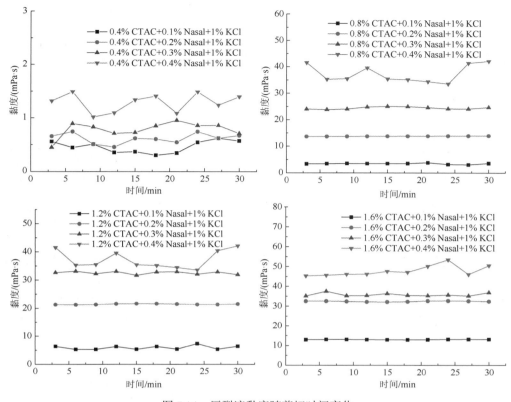

图 7.14　压裂液黏度随剪切时间变化

随着助表面活性剂浓度增加，压裂液体系黏度增加，但是压裂液体系黏度波动也随着助表面活性剂浓度增加而增加，随着剪切时间增加，压裂液黏度未发生大幅度降低，表现出良好的流变特性。根据压裂液滤失性、影响范围分析结果发现，适宜煤矿井下压裂增透的压裂液黏度为 10mPa·s，因此根据不同配比压裂液在不同剪切速率条件下的流变特性，优选配比为 0.8%CTAC + 0.2%Nasal + 1%KCl 的清洁压裂液，测试该配比压裂液的黏弹性，如图 7.15 所示，结果表明压裂液在测试频率范围内储能模量高于损耗模量，具有良好的

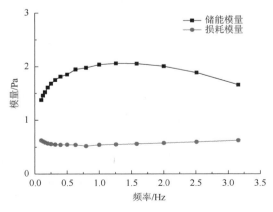

图 7.15　溶液储能模量与损耗模量

剪切变形能储存能力，在剪切应力作用下稳定性良好。根据《采油用冻胶强度的测定　流变参数法》（SYT6296—2013）要求，以 0.1Hz 频率下储能模量进行分类，该压裂液属于中等强度冻胶。压裂液返排过程中不需要添加化学破胶剂，加水稀释后胶束失去杆状外形形成球形，不再相互缠绕，黏度降低排出。

　　2. 清洁压裂液对煤样润湿特性测试

　　煤是典型的多孔介质，具有丰富的孔隙结构和比表面积，其中微孔隙体积小，但是在孔隙体系中的占比大，微孔隙具有大的比表面积，为吸附物凝聚提供了所需的空间，因此煤层能够吸附大量瓦斯气体，而较大孔径尺寸的孔隙和裂隙则是甲烷流动的通道。在压裂过程中，压裂液与煤基质接触，会在煤样表面产生润湿，压裂液在微孔与其他孔隙的润湿效果会对瓦斯吸附渗流产生影响，为了优选压裂液配比，本书进一步测试了不同压裂液对煤样润湿性影响。

　　润湿现象是固体表面的结构与性质以及固液两相分子间相互作用等微观特性的综合表现。液体与固体相互接触时，如果固体表面被液体覆盖，整个体系的表面能量降低，其最终赋存形态由液体的内聚力和固-液界面的作用力决定。将液体滴在固体表面，液体能够在表面完全铺散开或者形成一定的夹角附着在固体表面，如图 7.16 所示。

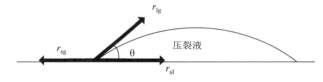

图 7.16　压裂液煤样表面润湿

　　不同界面间力用作用在界面方向的界面张力来表示，则当液滴在固体表面处于平衡位置时，这些界面张力在水平方向的分力之和应等于零，即

$$r_{sg} = r_{sl} + r_{lg} \cos\theta \tag{7.18}$$

式中，r_{sg} 为固-气界面张力；r_{sl} 为固-液界面张力；r_{lg} 为气-液表面张力；θ 为液相与固相间的夹角，为 0°～180°。接触角的大小与煤样煤化程度和压裂液性质相关，为了考察与水相比清洁压裂液对煤样润湿特性的影响，需要测试两种液体的表面张力和接触角。

　　1）表面张力测试

　　作用于液体表面，促使其表面积缩小的力，称为液体的表面张力，反映的是溶液内部及表面分子间力。为了对比测试不同浓度溶液的表面张力，本书分别配置了去离子水，质量分数为 0.4%、0.8%、1.2%、1.6%的 CTAC 溶液和质量分数为 0.4%CTAC + 0.1%Nasal + 1%KCl、0.8%CTAC + 0.2%Nasal + 1%KCl、1.2%CTAC+0.3%Nasal+1%KCl、1.6%CTAC + 0.4%Nasal + 1%KCl 的清洁压裂液共 9 种溶液。设备为上海方瑞 QBZY-1 型界面张力仪，仪器测试范围为 0～600mN/m，测试精度为 0.1mN/m，根据配比配制相应溶液后，放入恒温为25℃的电热水浴锅中至溶液中不含有气泡，将溶液放入张力仪测试盘中，利用白金板法将溶液体系中的受力转化为溶液的表面张力值测出。9 种溶液气液界面表面张力测试结果如表 7.2 所示。

表 7.2　不同溶液的表面张力

编号	溶液配比（质量分数）	表面张力/（mN/m）
1	去离子水	72.8
2	0.4%CTAC	39.4
3	0.8%CTAC	39.1
4	1.2%CTAC	38.7
5	1.6%CTAC	38.6
6	0.4%CTAC + 0.1%Nasal + 1%KCl	33.3
7	0.8%CTAC + 0.2%Nasal + 1%KCl	31.8
8	1.2%CTAC + 0.3%Nasal + 1%KCl	29.8
9	1.6%CTAC + 0.4%Nasal + 1%KCl	29.6

通过测试结果发现，去离子水的表面张力最大，为 72.8mN/m，随着表面活性剂加入，溶液表面张力迅速降低，质量分数为 0.4% 的表面活性剂 CTAC 的溶液表面张力降低至 39.4mN/m，而表面活性剂 CTAC 浓度继续增加，表面张力变化幅度很小，表明该浓度超过了该活性剂的临界胶束浓度。而与只含有表面活性剂的溶液相比，清洁压裂液体系溶液表面张力更低，助表面活性剂水杨酸钠的有机阴离子进入胶束排列在表面活性剂 CTAC 中，进一步降低了溶液表面自由能。随着表面活性剂 CTAC 和 Nasal 浓度增加，清洁压裂液体系表面张力有一定降低，对于小孔径的低渗透储层，毛细管阻力较大，较大的溶液界面张力会增加对储层渗透率的损伤，引起水锁效应和贾敏效应等伤害，因此与水相比，清洁压裂液表面张力减小，有利于减少对储层的伤害。

2）接触角测试

接触角是指气、固、液三相交点处所作的气-液界面的切线与固-液交界线之间的夹角，是液体在固体表面润湿程度的量度。夹角小表明液相对固相的润湿能力好，润湿性与液体的界面张力有关。为了对比测试不同清洁压裂液的接触角，首先在煤矿井下水力压裂主要试验地点重庆松藻矿区的渝阳煤矿工作面选取了大块新鲜煤样，采用保鲜膜密封煤样备用。通过实验室钻取、切割和打磨形成了尺寸为 $\Phi20mm \times 10mm$ 的圆柱形煤样台，要求上下两端平行并与煤样轴线垂直，且端面打磨光滑。本书分别配置了去离子水，质量分数为 0.4%、0.8%、1.2%、1.6% 的 CTAC 溶液和质量分数为 0.4%CTAC + 0.1%Nasal + 1%KCl、0.8%CTAC + 0.2%Nasal + 1%KCl、1.2%CTAC + 0.3%Nasal + 1%KCl、1.6%CTAC + 0.4%Nasal + 1%KCl 的清洁压裂液共 9 种溶液，接触角测试设备为 OCA20 视频光学接触角测量仪，仪器测量范围为 0～180°，测试精度为 ±0.1°。根据配比配制相应溶液后，放入恒温为 25℃ 的电热水浴锅中至溶液中不含有气泡，将仪器注射器、剂量管和注射针置于溶液中进行润湿，然后使用注射器吸满需要测试溶液，不能含有气泡，旋转旋钮使针头尖端出现悬滴，提高样品台使液滴与煤样接触，拍摄液滴在煤样表面的形态，划定基准线位置，采用椭圆法对溶液形态进行分析，计算接触角。不同浓度溶液的拍摄结构如图 7.17 所示，相应接触角计算结果如表 7.3 所示。

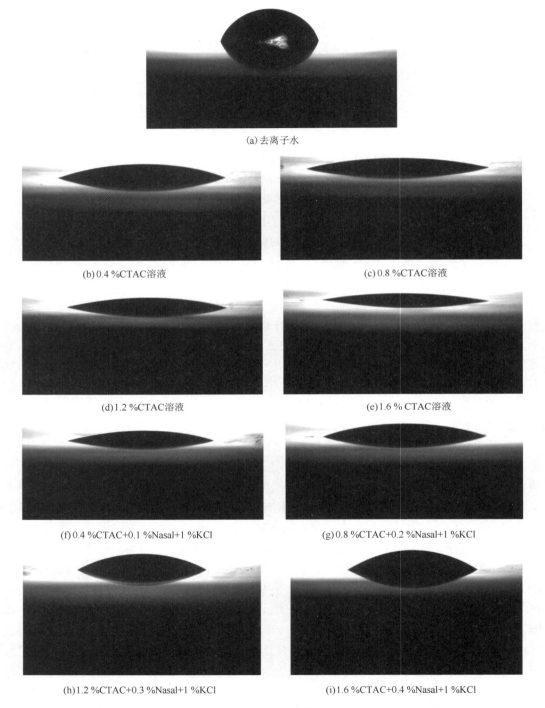

(a)去离子水

(b)0.4 %CTAC溶液

(c)0.8 %CTAC溶液

(d)1.2 %CTAC溶液

(e)1.6 % CTAC溶液

(f)0.4 %CTAC+0.1 %Nasal+1 %KCl

(g)0.8 %CTAC+0.2 %Nasal+1 %KCl

(h)1.2 %CTAC+0.3 %Nasal+1 %KCl

(i)1.6 %CTAC+0.4 %Nasal+1 %KCl

图 7.17　不同溶液接触角测试

表 7.3　不同溶液的接触角计算结果

编号	溶液配比（质量分数）	接触角/(°)
1	去离子水	72.5
2	0.4%CTAC	18.9
3	0.8%CTAC	18.1
4	1.2%CTAC	15.6
5	1.6%CTAC	12.4
6	0.4%CTAC + 0.1%Nasal + 1%KCl	20.9
7	0.8%CTAC + 0.2%Nasal + 1%KCl	23.5
8	1.2%CTAC + 0.3%Nasal + 1%KCl	31.7
9	1.6%CTAC + 0.4%Nasal + 1%KCl	35.7

测试结果表明去离子水在煤样表面接触角为 72.5°，为弱亲水性，加入表面活性剂 CTAC 接触角明显降低，随着 CTAC 浓度增加，接触角出现降低，而加入助表面活性剂 Nasal 和 KCl 后，清洁压裂液体系接触角出现一定增加，主要是由于与单纯表面活性剂溶液相比，清洁压裂液黏度增加，在煤样表面铺散性能降低，接触角增大。煤层润湿性控制了孔隙中的气、液分布，对于亲水性煤层，溶液吸附于煤样表面而气体则占据孔隙中间部位，同时也决定着孔隙中毛细管力的大小和方向，毛细管力方向总是指向非润湿向一方。溶液中含有表面活性剂等物质，减小了煤样表面接触角，促使溶液更易进入孔径较小的孔隙内部，与吸附瓦斯气体的竞争吸附作用和压裂液对孔隙的占据对煤层气抽采的影响需要通过试验进行测试。

与清水相比，加入表面活性剂后，清洁压裂液的表面张力及接触角减小表明压裂液在煤样表面具有良好的铺展效应，有利于煤粉的治理。在水力压裂过程中，由于钻进和压裂等作用，会从煤岩表面脱落细小的煤粉颗粒，特别是对于结构破碎的软煤更易产生煤粉。由于煤样表面大量脂肪烃和芳香烃等憎水非极性基团的存在，煤粉具有较强的疏水性，在水中疏散性差，容易堆积在裂缝端部形成堵塞，清洁压裂液在煤样表面具有良好的润湿性能，在煤样表面形成一定的吸附层，使体系均匀，煤粉随液体排出，从而减小对储层的损伤。

3. 清洁压裂液对煤体强度影响测试

在煤矿井下水力压裂实施过程中，大量压裂液进入煤层孔隙，形成了固-气-液三相相互结合的整体结构，单纯的含水或含气状态下的煤样强度并不能真实反映水力压裂现场煤样受各因素综合作用下的真实情况，因此进行了含水和含不同清洁压裂液煤样在含瓦斯状态下的三轴压缩强度测试，分析不同压裂液作用下煤体强度的变化规律。

在重庆松藻矿区的渝阳煤矿工作面选取了大块新鲜煤样，采用保鲜膜现场包裹备用。使用水泥进行固定，通过实验室钻机钻取、切割和打磨形成尺寸为 Φ50mm×100mm 的圆柱形标准煤样试件，要求上、下两端平行并与煤样轴线垂直，且端面打磨光滑，钻进角度与煤层原生层理面垂直，所有煤样角度保持一致。选择结构完整无明显裂隙的煤样进行试验测试。首先进行烘干,然后分别加入不同压裂液中真空环境下吸附至煤样重量不再增加,认为煤样吸附达到饱和,获得含饱和不同压裂液和含饱和水的煤样。

采用重庆大学 RLW-2000M 煤岩流变测试系统进行强度测试实验,该设备可施加的最大轴向荷载为 2000kN,分辨率为 20N,最大围压为 20MPa,分辨率为 0.1MPa,轴向和横向应变可以利用引伸计进行测量。试验气体为质量浓度达到 99.995%的甲烷,根据现场瓦斯压力条件,试验过程中进口气压固定为 1.1MPa。为了排除围压对强度测试的影响,保证气压作用下煤样壁的密封性能,施加围压固定为 2MPa。测试液体为去离子水和 4 种不同配比的清洁压裂液,另外选择烘干煤样进行对比分析。为避免天然煤体个体差异而导致实验结果存在离散型,每个煤样至少测试三组以上保证结果的准确性。

将热缩管包裹的煤样固定于三轴试验腔的底座上,上下加透气板,然后添加上下压头,加装轴向和纵向引伸计,试验过程中略加载轴压固定煤样后,分级由低到高分别施加围压和气压至设定值,在该压力条件下保持 8h,使煤样充分吸附瓦斯气体,然后以 0.2mm/s 的速度施加轴向压力至试件破坏,实验过程中的应力等参数由设备自动记录。煤样加载及受力如图 7.18 所示。

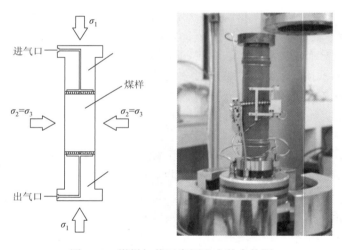

图 7.18　煤样加载示意图和安装实物图

通过实验获得烘干煤样和含不同溶液的饱和煤样三轴抗压强度如表 7.4 所示。结果表明,含瓦斯煤体在压裂液作用下抗压强度明显降低,煤样在气-固两相状态向气-固-液三相状态转变过程中,由于压裂液进入煤样孔隙或裂隙削弱了基质之间的连接程度,或者是压裂液与煤样组分发生了一定的物理化学反应和溶解作用,煤样被压裂液软化降低了强度。与含瓦斯干燥煤样相比,饱和水作用煤样抗压强度降低了 47.9%;与水相比,由于压裂液黏度增加能够促进煤样黏结力并降低有效应力,清洁压裂液作用下煤样强度略有增加,能够降低应力作用下孔隙变形量,增大瓦斯运移通道。随着清洁压裂液浓度增加,煤样强度呈现出先增加后降低的趋势,但是变化范围较小,表明压裂液黏度改变对煤样强度影响较小。

表 7.4　不同溶液作用下煤样强度测试结果

编号	溶液配比（质量分数）	抗压强度/kN
1	烘干煤样	23.54
2	去离子水	12.26
3	0.4%CTAC + 0.1%Nasal + 1%KCl	13.45
4	0.8%CTAC + 0.2%Nasal + 1%KCl	14.12
5	1.2%CTAC + 0.3%Nasal + 1%KCl	14.28
6	1.6%CTAC + 0.4%Nasal + 1%KCl	13.79

4. 清洁压裂液对煤体组分影响分析

1）压裂液作用煤样工业分析对比测试

煤主要是由碳、氢、氧等元素构成的有机物以及少量无机物质等组成，常见的无机物质包括黏土、碳酸盐和含硫矿物等。这些无机物质主要是成煤以及在长期的地质演变过程中地下水作用形成的，不同煤样中矿物含量不同，但是均对煤样物理化学特性产生一定的的影响。清洁压裂液由表面活性剂 CTAC、助表面活性剂 Nasal 和 KCl 组成。一方面，溶解于水中降低了溶液的表面张力和接触角，增加溶液与煤样基质和孔隙的接触面积，另一方面，表面活性剂电离后可能与煤样中的矿物等发生化学反应，改变煤样性质。

为了对比分析清洁压裂液与水对煤样化学性质的影响，本书进行了不同压裂液作用下煤样的工业分析。工业分析是指包括煤的水分、灰分、挥发分和固定碳 4 个分析项目指标测定的总称，是分析煤质的主要方法，也是煤样组分测试的基本参数。

选取重庆渝阳煤矿工作面新鲜煤样，实验室破碎筛选粒径为 80 目以下的煤粉颗粒，如图 7.19 所示。参考《煤的工业分析方法》（GB/T 212—2008）要求，将煤样颗粒烘干 24h 后分别加入去离子水和质量分数为 0.8%CTAC + 0.2%Nasal + 1%KCl 的清洁压裂液中浸泡 48h，在干燥箱 48℃下鼓风干燥 3h，在大气中放置 2h 后制的空气干燥的水处理煤样和清洁压裂液处理煤样，同时取未经处理的煤粉颗粒作为原煤进行对比。以 1g 煤粉为 1 组，每种煤样准备 3 组以上进行工业分析测试，保证试验结果的准确性。

图 7.19　工业分析煤样的制备

实验设备采用 5E-MACⅢ红外快速煤质分析仪，设备天平精度为 0.0001g，控温精度<5℃，通过取少量空气干燥的备用煤样，通过施加不同的温度，使水分和挥发分分别

逸出，测试煤样重量变化计算空气干燥煤样水分及挥发分含量，然后高温燃烧固定碳，剩余物质即为煤样灰分。

通过测试获得原煤、去离子水和清洁压裂液作用下煤样工业分析结果，如表 7.5 所示。

表 7.5　不同压裂液处理煤样工业分析结果

样品	工业分析			
	水分 M_{ad}/%	灰分 A_{ad}/%	挥发分 V_{ad}/%	固定碳 FC_{ad}/%
原煤	2.240	11.555	9.14	77.065
去离子水处理	2.305	10.935	9.225	77.535
清洁压裂液处理	2.200	9.615	9.245	78.94

国内在进行煤的分类时将干燥无灰基挥发分 V_{daf} 作为指标，因此要把空气干燥基挥发分 V_{ad} 转换为干燥无灰基挥发分 V_{daf}。换算公式为

$$V_{daf} = \frac{V_{ad}}{100 - M_{ad} - A_{ad}} \times 100\% \tag{7.19}$$

将工业分析中的原煤测试结果代入，$V_{ad} = 9.14$，$M_{ad} = 2.24$，$A_{ad} = 11.555$，计算干燥无灰基挥发分 V_{daf} 结果为 10.6%，将计算结果代入分类标准发现煤样为贫煤。煤样的焦渣特性属于第二类。

烟煤样品低位发热量表示为

$$Q_{net}^{ad} = 418.2K_1 - 4.18(K_1 + 6)(M_{ad} + A_{ad}) - 12.5V_{ad} \tag{7.20}$$

式中，Q_{net}^{ad} 为空气干燥基低位发热量，KJ/kg；K_1 为常数，受干燥无灰基挥发分 V_{daf} 以及焦渣特性影响，通过查表知 $K_1 = 84.0$。将煤样的其他参数代入计算可得煤样的低位发热量为 34962.65kJ/kg。

采用相同方法计算得到水和清洁压裂液作用后的煤样干燥无灰基挥发分 V_{daf} 分别为 10.6% 和 10.48%，煤样的低位发热量为 34964.05kJ/kg 和 34968.79kJ/kg。结果表明，在去离子水作用下，煤样与原煤灰分、挥发分和固定碳含量基本保持一致。在清洁压裂液作用下，煤样灰分含量降低，固定碳含量增加，但是煤样分类未发生变化，低位发热量略有增加。由于煤样中碳性质稳定，清洁压裂液作用下煤样的变化可能是由于煤样中的矿物成分与压裂液发生了化学作用，为了进一步研究发生化学反应的矿物，本书进行了不同压裂液作用下煤样全岩 X 射线衍射定量分析和黏土矿物 X 射线衍射定量分析。

2）不同压裂液作用煤样矿物变化分析

X 射线通过衍射原理，精确测试矿物的晶体结构等，从而定性和定量地分析矿物的物相。其中，特征 X 射线波长很短，具有穿透一定厚度矿物的能力，同时可以使荧光成分发亮以及气体电离等。而不同矿物内部分子、原子等排列有各自的规律，具有不同的晶体构造，利用 X 射线射入矿物晶格中产生衍射现象且衍射强度与其含量呈一定的正比例关系，通过获得衍射峰峰值参数和晶面的间距，与标准矿物的晶面对比分析，获得矿物种类，进而半定量地分析样品中各类矿物含量，这就是 X 射线衍射方法进行全岩分析和黏土矿物分析的基础。采用布拉格定律计算晶面的间距，表示为

$$d = \frac{n\lambda}{2\sin\theta}$$ 　　　　　(7.21)

式中，d 为晶面间距；n 为正整数；λ 为入射 X 射线的波长；θ 为产生衍射峰值 X 射线的入射角。利用 X 射线衍射原理对比去离子水和清洁压裂液作用下煤样全岩和黏土矿物含量变化。

选取重庆渝阳煤矿工作面新鲜煤样，实验室破碎筛选粒径为 1mm 以下煤样颗粒，参考利用 X 射线分析黏土和非黏土矿物的国家标准要求，将煤样颗粒烘干 24h 后分别加入去离子水和质量分数为 0.8%CTAC + 0.2%Nasal + 1%KCl 清洁压裂液内浸泡 48h，洗净后在 50℃下真空烘干获得备用的清水与清洁压裂液浸泡后煤样颗粒。称取两种压裂液处理煤样各 60g，使用研钵将煤样样品研磨至粒径小于 40μm，使用自然沉降法获得小于 10μm 粒径的煤粉颗粒，该部分样品在总体煤样中的含量为

$$X_{10} = \frac{W_{10}}{W_{\mathrm{T}}} \times 100\%$$ 　　　　　(7.22)

式中，X_{10} 为小于 10μm 的煤粉在整个煤样中的含量（质量分数）；W_{10} 为小于 10μm 的颗粒质量；W_{T} 为加入的煤粉的质量。在小于 10μm 的煤粉颗粒中按 1:1（质量比）加入刚玉，均匀混合后测量试片的衍射强度，非黏土矿物含量如下：

$$X_i = \frac{1}{K_i} \times \frac{I_i}{I_{\mathrm{cor}}} \times 100\%$$ 　　　　　(7.23)

式中，X_i 为 i 矿物的含量（质量分数）；K_i 为该矿物的参比强度；I_i 为该矿物衍射峰强度；I_{cor} 为刚玉衍射峰的强度，则黏土矿物总量表示为

$$X_{\mathrm{TCCM}} = X_{10} \times (1 - \sum X_i)$$ 　　　　　(7.24)

式中，X_{TCCM} 为黏土矿物的总含量（质量分数）。

测试设备为 D/Max2500pcX 射线衍射仪，设备最大额定输出功率为 18kW，2θ 为 $-10°\sim$ 146°，最小步进为 0.001°，可自动变换狭缝，测角仪精度＜0.02°，将按要求制成的煤样测量试片放入衍射仪试验台，选定测试温度为 22°，测试湿度为 49%，对样品进行扫描，获得样品的衍射图谱，通过对比分析获得非黏土矿物组成。通过测试获得清水作用煤样全岩 X 射线衍射分析图谱如图 7.20 所示，清洁压裂液作用煤样全岩 X 射线衍射分析图谱如图 7.21 所示.

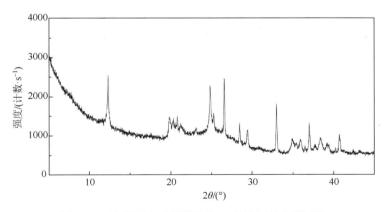

图 7.20　清水浸泡后煤样全岩 X 射线衍射分析图谱

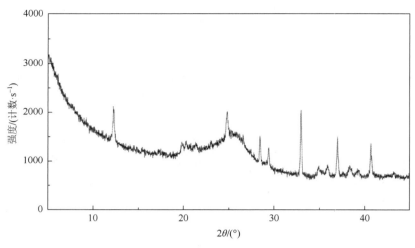

图 7.21　清洁压裂液浸泡后煤样全岩 X 射线衍射分析图谱

通过对两种图谱的对比分析，获得清水和清洁压裂液作用煤样矿物组分对比如表 7.6 所示。

表 7.6　清水和清洁压裂液作用煤样矿物组分

矿物	组分	
	清水作用煤样/%	清洁压裂液作用煤样/%
方解石	17.2	21.3
白云石	24.2	32.7
黄铁矿	26.1	22.1
黏土矿物	32.5	23.9

利用 MATLAB 软件将两种煤样图谱叠加如图 7.22 所示，两种煤样矿物组分对比如图 7.23 所示。

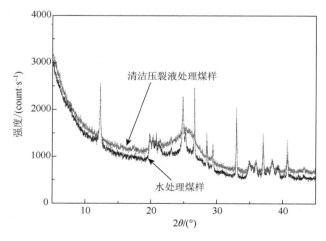

图 7.22　水和清洁压裂液作用下煤样 X 射线衍射分析图谱对比

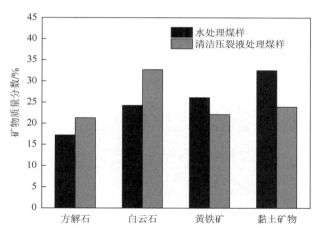

图 7.23　清水和清洁压裂液作用煤样矿物组分对比

通过两种煤样作用下煤样 X 射线衍射图谱表明，两种煤样在 *2θ* 为 0°～45°时主要在 25°出现明显差异，对衍射图谱进行分析测试发现：与清水作用下煤样相比，清洁压裂液作用煤样方解石和白云石相对含量增加，黄铁矿和黏土矿物相对含量降低，其中白云石和黏土矿物含量变化明显，黏土矿物含量（质量分数）由 32.5%降低至 23.9%，表明清洁压裂液作用减少了黏土矿物含量。为了分析矿物变化原因，本书进一步分析黏土矿物含量变化规律。

取备用的清水和清洁压裂液处理煤样各 5g，将煤样颗粒放入烧杯中使用蒸馏水浸泡，同时利用超声波进行分散，获得粒径小于 2μm 的上层悬浮液。悬浮液离心后，在 50℃下真空烘干，取 40mg 煤样加入 0.7ml 蒸馏水中，均匀分散后放于载片上，自然风干后利用 X 射线衍射仪测量样品的衍射图谱，计算峰值的晶面间距，并与常见的黏土矿物进行对比分析，获得两种压裂液作用下煤样中黏土矿物组分对比结果，如表 7.7 所示。

表 7.7　两种压裂液作用下煤样中黏土矿物组分

	组分/%			
	高岭石	伊利石	伊利石/蒙皂石混层	伊利石/蒙皂石混层
清水作用煤样	67	/	32	12
清洁压裂液作用煤样	100	0	0	0

由图 7.24 对比结果发现清洁压裂液作用下黏土矿物中的伊利石、伊利石/蒙皂石混层消失，黏土矿物中只存在高岭石，表明清洁压裂液与煤样中的黏土矿物发生了化学作用，溶解了伊利石以及伊利石/蒙皂石混层。由于蒙皂石具有强亲水性和高阳离子交换容量，伊利石/蒙皂石混层具有强水敏性，易水化膨胀，破坏胶结并堵塞通道，因此清洁压裂液作用消除了伊利石/蒙皂石混层和伊利石有利于防止水力压裂过程中煤储层遇水膨胀损害煤层气抽采的问题。

伊利石是具有层状形态的黏土矿物，常含有 Mg^{2+}、Fe^{2+}等金属阳离子，而蒙皂石是蒙脱石和皂石的统称，是由颗粒很细的含水铝硅酸盐组成的层状黏土矿物，包括 Mg^{2+}、Al^{3+} 等金属阳离子。助离子表面活性剂水杨酸钠是配置清洁压裂液的重要组成部分。水杨

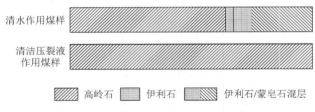

图 7.24　两种压裂液作用下煤样中黏土矿物组分对比

酸钠是特殊结构的有机酸，由羟基、羧基和其他基团组成，在溶液中水杨酸钠酸性基团会产生很强的电离作用，超过了其碱性基团水解作用，因此清洁压裂液呈弱酸性，水杨酸钠电离表达式为

$$\text{(7.25)}$$

在酸性环境中，黏土矿物及氧化物会与溶液发生化学作用形成可溶性的物质，可能的反应如式（7.26）～式（7.28）所示。原始煤样中堵塞孔隙和裂隙的黏土矿物被溶解，能够增加煤样的孔隙和瓦斯运移通道，由于表面活性剂存在使压裂液表面张力降低，增加了对矿物的润湿性，黏土矿物更易随溶液排出，促进了煤层气的解吸和抽采。

$$CaO+2H^+ \longrightarrow Ca^{2+}+H_2O \tag{7.26}$$

$$Al_2O_3+6H^+ \longrightarrow 2Al^{3+}+3H_2O \tag{7.27}$$

$$CO_3^{2-}+2H^+ \longrightarrow CO_2+H_2O \tag{7.28}$$

取 20g 煤样颗粒分成等量两份，分别加入 100ml 清水与 100ml 清洁压裂液中，浸泡处理 48h，获得两种溶液如图 7.25 所示。通过浸泡发现，清水作用煤样 48h 后无明显变化，溶液清澈，而清洁压裂液作用下煤样 48h 出现明显的黄色物质析出，由于清洁压裂液黏度较大，析出物质呈絮凝状，未使溶液整体变成黄色。根据煤样矿物组分和水杨酸钠电离作用分析，黄色析出物应该为煤含有的铁、镁等金属矿物质在酸性环境下发生化学作用形成的。本书进一步进行了溶液金属元素含量测试。

图 7.25　煤样浸泡后的水与清洁压裂液

溶液金属元素含量测试使用 MPT 原子发射光谱仪，设备的微波功率源功率为 60～120W，光学系统为 Gerny-Tumer 型单色仪，波长为 160～800nm，能够进行阳离子的定量测量。仪器将溶液雾化后形成干的气溶胶，通过 MPT 等离子体完成原子化以及激发等过程，测试并分析获得元素发射出的谱线，得到阳离子元素种类及其含量。将浸泡煤样后的去离子水和清洁压裂液以及未浸泡煤样的去离子水进行 MPT 原子发射光谱测量，测试不同液体内金属阳离子结果，如表 7.8 所示。

表 7.8　水与清洁压裂液煤样浸泡后金属阳离子含量

	元素含量/（mg·L⁻¹）		
	Fe	Cu	Mg
去离子水	0	0	0
浸泡后去离子水	0.93	0.61	0.78
浸泡后清洁压裂液	36.5	6.4	26.0

清洁压裂液浸泡煤样后溶液中出现了金属元素铁、铜和镁，这与矿物测试中黏土矿物含量降低相对应，验证了煤样黏土矿物与清洁压裂液发生了一定的化学作用，形成了可溶于液体的物质，降低了煤样中矿物含量。

5. 清洁压裂液对煤体孔隙结构影响分析

煤层瓦斯以吸附、游离和溶解态三种状态赋存于煤层中，对于中高阶的煤，瓦斯主要以吸附态存在于基质孔隙的表面，随着煤体结构变化，吸附性能存在很大差异，其中煤层孔隙吸附变化在煤层瓦斯赋存规律中具有重要影响。煤体中的黏土矿物分散在煤体孔隙结构中，会堵塞孔隙通道影响瓦斯流通，同时 Ross 等[75]发现黏土矿物具有良好的微孔隙体积和较大比表面积，因此有良好的吸附性能。在清洁压裂液作用下，煤样黏土矿物含量明显降低，使原本被黏土矿物含量堵塞的孔隙疏通，另一方面也会失去黏土矿物的微孔隙体积，对煤样总体的孔隙特性产生影响。为了对比分析水与清洁压裂液对煤体孔隙结构的影响，本书进行了煤样孔隙分布测试。

1）液氮吸附法测试煤样孔隙结构

煤层具有多孔隙结构特点，根据 IUPAC 的分类方法[76]，将孔隙分为微孔（孔径小于 2nm）、中孔（孔径为 2～50nm）和大孔（孔径大于 50nm），其中微孔是瓦斯赋存的主要位置，大孔是瓦斯渗流的主要通道。常用的煤样孔隙分布测试方法包括压汞法和气体吸附法，其中压汞法主要测量大孔和部分中孔的孔径分布，而液氮吸附法进行孔隙分布测试时能够更好地表征微观孔隙结构的总体特征和统计信息，有利于分析煤体瓦斯吸附变化。因此采用 ASAP2020M 表面积及微孔分析仪进行测试，仪器测试范围为 0.35～500nm，测量范围包含瓦斯吸附孔径和渗流孔径，实验设备如图 7.26 所示。

选取重庆渝阳煤矿工作面新鲜煤样，破碎煤样并筛选粒径为 18～20 目的煤粉颗粒，烘干后分别加入去离子水和质量分数为 0.8%CTAC + 0.2%Nasal + 1%KCl 的清洁压裂液中浸泡 48h，洗净后在 50℃下真空烘干获得备用的清水与清洁压裂液作用下煤样颗粒。

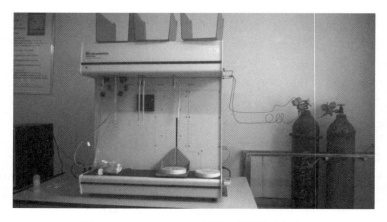

图 7.26　ASAP2020M 表面积及微孔分析仪

分别称取 2g 煤样，加温真空脱气完成后放入杜瓦瓶中，采用静态容量法进行吸附测试，瓶中介质为质量分数为 99.999% 的液氮。按照系统设定压力进行梯度压力测试，获得不同压力下的液氮吸附量和脱附量测试，通过 BET 吸附公式和 BJH 模型计算煤样孔隙体积和比表面积分布。

实验室测试获得了去离子水和清洁压裂液作用后煤样低温液氮的吸附解吸曲线，如图 7.27 所示。

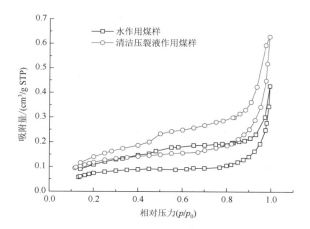

图 7.27　水和清洁压裂液作用后煤样低温液氮的吸附解吸曲线

根据煤样的吸附和解吸曲线形态可以分析孔隙结构特点。两种煤样的液氮吸附曲线呈反 S 形，根据吸附等温曲线的 BET 分类方法，类似于 II 型吸附等温线，初始阶段曲线上升速度较缓慢，向上微凸，后端上升速度明显加快，至相对压力临近 1 时未出现吸附饱和现象，说明样品在液氮吸附时出现了毛细凝聚现象。在相对压力为 0～0.4 部分，上升速度较慢并向上微凸，此过程表现为由单分子层向多分子层的吸附过渡；在相对压力处于 0.4～0.8 的中间部分，压力增大时氮气的吸附量缓慢增加，表现为多分子层的气体吸附；

到相对压力为 0.8～1.0 的末段，吸附量迅速上升，临近饱和蒸汽压时未出现吸附饱和，说明样品中存在一定数量的中孔及大孔，毛细管凝聚出现了较大孔隙内部的充填。

通过去离子水作用和清洁压裂液作用后煤样的液氮吸附和解吸曲线分析，获得不同孔径的孔隙体积和比表面积分布情况分别如表 7.9 和表 7.10 所示。

表 7.9　水作用煤样孔隙体积和比表面积分布

	孔隙体积/（mL/g）	孔隙体积比/%	比表面积/（mL/g）	比表面积比/%
微孔	7×10^{-5}	10.17	0.128	47.23
中孔	6.2×10^{-5}	9.45	0.089	32.84
大孔	5.55×10^{-4}	80.38	0.055	19.93
总的孔隙	6.87×10^{-4}	100	0.272	100

表 7.10　清洁压裂液作用煤样孔隙体积和比表面积分布

	孔隙体积/（mL/g）	孔隙体积比/%	比表面积/（mL/g）	比表面积比/%
微孔	9.6×10^{-5}	10.42	0.179	50.56
中孔	7.3×10^{-5}	7.93	0.083	23.45
大孔	7.52×10^{-4}	81.65	0.092	25.99
总的孔隙	9.21×10^{-4}	100	0.354	100

通过表 7.9 和表 7.10 发现，水处理和清洁压裂液处理后的煤样孔隙体积主要为孔径大于 50nm 的大孔，其次为 2nm 以下孔径的微孔，孔径为 2～50nm 的中孔贡献最小。而孔隙比表面积则主要是由微孔提供，占孔隙比表面积的一半，水处理后煤样中孔比表面积比高于大孔，而清洁压裂液处理煤样中孔与大孔的比表面积比相差不大。从数量上看，清洁压裂液作用后煤样黏土矿物等含量降低，煤样的孔隙体积和比表面积均有增加，煤样孔隙体积由 0.000687mL/g 增加至 0.000921mL/g，孔隙体积增加了 33.3%，煤样比表面积由 0.272m^2/g 增加至 0.354m^2/g，比表面积增加了 30.6%。其中，孔隙体积增加主要表现为大孔孔隙体积增加，而孔径大于 50nm 的大孔是瓦斯运移的主要通道，因此大孔孔隙体积增加有利于煤层气的运移。而比表面积增大包括微孔与大孔的比表面积增大，对瓦斯吸附的影响需要通过实验进一步测试。

为了进一步分析两种煤样孔隙特征及其变化规律，本书绘制了煤样的累计孔隙体积、阶段孔隙体积、累计孔隙比表面积、阶段孔隙比表面积和孔径尺寸的对应关系，如图 7.28 和图 7.29 所示。

通过图 7.28 和图 7.29 发现，去离子水和清洁压裂液作用后煤样孔径与累计孔隙体积、阶段孔隙体积、累计孔隙比表面积和阶段孔隙比表面积变化趋势一致。与水作用煤样相比，清洁压裂液作用煤样在不同孔径阶段孔隙体积和孔隙比表面积均更大，从阶段孔隙体积与孔径关系图［图 7.28（b）］可以看出，在孔径位于 50nm 处两种压裂液作用煤样均出现了明显的一个高峰，该孔径对应的孔隙体积对煤体的总孔隙体积有较大的贡献；当孔径为

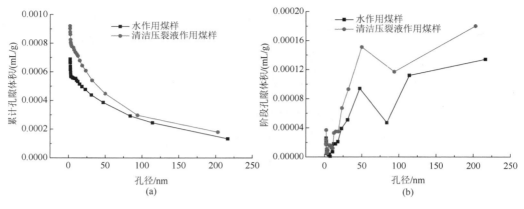

图 7.28　煤样孔径与孔隙体积关系

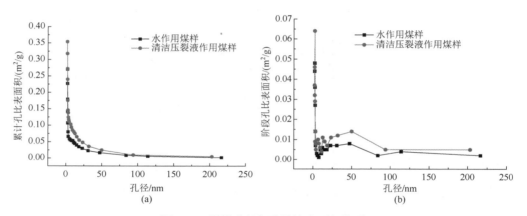

图 7.29　煤样孔径与孔隙比表面积关系

80~110nm 时，水处理煤样孔隙体积迅速增加，而清洁压裂液作用煤样孔隙体积变化相对较小，表明水处理煤样在该阶段孔隙分布极不均匀，也说明清洁压裂液对该阶段孔径煤样作用较大；当孔径为 100~250nm 时，对应的阶段孔隙体积上升趋势相对平缓，整体值超过了之前的孔隙体积值，反映在此范围内孔径分布较为平均，对应的孔隙体积是总的孔隙体积的主要贡献者。从阶段孔径与相对的比表面积关系图 [图 7.29（b）] 可以看出，孔径小于 100nm 的孔隙比表面积大于孔径＞100nm 的孔隙比表面积，在 50nm 孔径处出现了一个高峰，说明该阶段孔径的孔隙比表面积对总的比表面积有较大贡献，50nm 之后随着孔径增大，阶段孔隙比表面积总体呈现不断减小的趋势，阶段孔隙比表面积最大值出现在孔径接近 0 的微孔部分。

　　两种压裂液处理煤样阶段孔隙体积和阶段孔隙比表面积均在孔径为 50nm 处出现了一个高峰，同时与之相对应的累计孔隙体积和累计孔隙比表面积在此处都出现明显的上升，表明此处的孔径最为发育。通过累计孔隙体积与孔径关系 [图 7.28（a）] 以及累计孔隙比表面积与孔径关系 [图 7.29（a）] 发现，随着孔径减小累计数据的变化速率增加，表明孔隙中微孔数量最多，这与普遍认为的煤孔隙结构以微孔为主的观点是相符的。煤是一种多孔隙的物质，孔隙特性的变化对煤体的吸附和流动影响较大。试验煤样微孔发育因此具有很强的瓦斯吸附能力，但是由于地质构造作用煤层渗透率低，透气性差影响了抽采效果。通过阶段孔隙体积和比表面积对比发现，清洁压裂液与煤样发生化学作用，主要影响了50nm 孔径处的孔隙体积和比表面积，此外对于 50nm 以上孔径的煤样孔隙体积也有较大影响，因此认为清洁压裂液的化学作用主要影响了煤样的渗流孔径，孔隙体积增加能够促进煤层气的解吸和抽采。

2）压汞法测试煤样孔隙结构

通过液氮吸附试验获得了去离子水和清洁压裂液作用下煤样不同尺寸孔径孔隙体积和比表面积，对比发现清洁压裂液作用降低了黏土矿物含量，增大了煤样的孔隙体积及比表面积。但是液氮试验由于测量方法和设备精度的限制，测试得到的孔隙结果在 250nm 以下，为了获得更大尺寸范围内的煤样孔隙结构对比结果，本书还进行了压汞法测试孔隙实验。

选取与液氮吸附试验相同的破碎筛选、浸泡并烘干的备用煤样，分别各称取 2g 煤样，加入压汞仪中进行测量。试验设备为 PoreMaster-33 全自动压汞仪，孔径测试范围为 0.0064～950μm，仪器工作压力为真空到 33000psi，可进行低压和高压条件下的煤样孔隙分析。

通过压汞实验获得水作用煤样和清洁压裂液作用的煤样在不同孔径范围内的煤样孔隙体积和比表面积结果，如表 7.11 和表 7.12 所示。

表 7.11　水作用煤样孔隙体积和比表面积分布

孔径范围	孔隙体积/（mL·g⁻¹）	孔隙体积比/%	比表面积/（m²·g⁻¹）	比表面积比/%
10～<100nm	0.0007	0.59	0.058	35.15
0.1～<1μm	0.0028	2.37	0.055	33.33
1～10μm	0.0022	1.87	0.033	20.00
>10μm	0.1122	95.17	0.019	11.52
总的孔隙	0.1179	100	0.165	100

表 7.12　清洁压裂液作用煤样孔隙体积和比表面积分布

孔径范围	孔隙体积/（mL/g）	孔隙体积比/%	比表面积/（m²/g）	比表面积比/%
10～<100nm	0.0005	0.31	0.099	64.29
0.1～<1μm	0.0018	1.13	0.026	16.88
1～10μm	0.0025	1.57	0.014	9.09
>10μm	0.1544	96.99	0.015	9.74
总的孔隙	0.1592	100	0.154	100

为了保证试验测量数据的准确性，仪器记录了孔径大于 10nm 孔隙的体积和比表面积。通过实验结果发现对于两种压裂液处理后的煤样，在小孔径范围内压汞仪测试结果略高于液氮吸附法，这可能是由于压汞仪测试过程中通过压力将汞压入孔隙内，改变了孔隙结构，增大了小孔的孔隙体积。通过两种煤样的孔隙体积测试结果发现，孔径大于 10μm 的孔隙体积占总的孔隙体积的 95% 以上，是孔隙体积的主要贡献者。随着孔径的减小，孔隙体积不断降低，10～100nm 孔径的孔隙体积占总孔隙体积的 1% 以下。而比表面积则是随着孔径的增加不断降低，水作用煤样 10～100nm 孔径和 0.1～<1μm 孔径的孔隙体积较大，一起贡献了煤样比表面积的 68.48%；清洁压裂液作用煤样 10～<100nm 孔径内的比表面

积占比更大，贡献了孔隙总的比表面积的 64.29%。

　　对比两种压裂液作用煤样的孔隙体积，清洁压裂液作用下煤样孔隙体积由 0.1179mL/g 增加到 0.1592mL/g，孔隙体积相对增加了 35.03%，其中体积增大最多的是 10μm 以上孔径的煤样孔隙，相对增加了 0.0422mL/g，而其他孔径范围内的孔隙体积增加不明显，说明清洁压裂液更容易降低大孔隙中黏土矿物从而增大孔隙体积。而清洁压裂液作用下煤样孔隙比表面积则由 $0.165m^2 \cdot g^{-1}$ 降低至 $0.154m^2/g$，比表面积相对降低了 6.67%。这与液氮吸附测试结果存在差异，通过对比发现，在 100nm 以上孔径范围内的孔隙比表面积均有一定的降低，这可能是由于在较大孔隙范围内黏土矿物占据了孔隙的中间位置，由于黏土矿物本身具有良好的大比表面积孔隙结构，因此压裂液的化学作用消除了黏土矿物，同时也消除了原本黏土矿物的比表面积，结果在煤样作用后孔隙体积增加的同时，比表面积出现了下降，有利于煤层气抽采。

　　3）扫描电镜观察煤样孔隙结构

　　通过液氮吸附法和压汞法测试了不同孔径范围内两种压裂液处理煤样孔隙体积和比表面积，结果表明清洁压裂液作用增大了煤样孔隙体积，验证了清洁压裂液与煤样发生化学作用降低了黏土矿物含量的测试结果。为了更加直观地获得煤样孔隙的变化情况，利用扫描电镜手段进行表面形态的分析。

　　扫描电镜是介于透射电镜与光学显微镜之间的一种微观观察手段，可以直接利用样品表面材料物质的特性进行微观成像，是利用电子束扫描样品表面，获得各类激发的信号，然后将信号转化为图像的电子光学仪器。扫描电镜具有分辨率高、放大倍数好且制样简单的特点，在各个领域得到了广泛应用，对于孔径分布在纳米级的煤样，扫描电镜是进行孔隙观察的有效手段。

　　实验设备为 Nova 400 场发射扫描电镜，如图 7.30 所示。设备包括三个部分，一是真空系统，用于放置样品，增大激发电子的平均自由程，形成更多的成像，同时也能避免电子束系统中的灯丝在空气中氧化；二是电子束系统，形成能量很窄的密集电子束进行扫描，设备采用的是场发射效应产生的电子；三是成像系统，将形成的各类电子信号转换成图像。该场发射扫描电镜的分辨率达到 1nm，可以用来观测微孔。

图 7.30　Nova 400 场发射扫描电镜

选取重庆渝阳煤矿工作面新鲜煤样，破碎煤样并筛选体积为 1～2cm³ 的煤样颗粒，烘干后分别加入去离子水和质量分数为 0.8%CTAC + 0.2%Nasal + 1%KCl 的清洁压裂液中浸泡 48h，洗净后在 50℃下真空烘干获得备用的清水与清洁压裂液浸泡后煤样颗粒。将煤样放置于真空系统内的样品托盘上，系统抽真空后分别观察不同压裂液处理煤样的表面形态和孔隙特征，如图 7.31 所示。

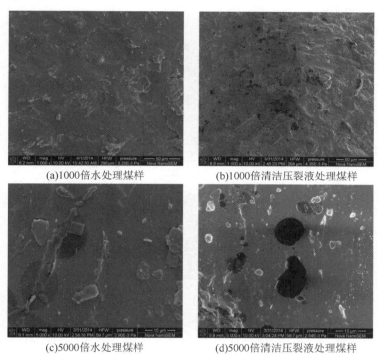

(a)1000倍水处理煤样　　　　　(b)1000倍清洁压裂液处理煤样

(c)5000倍水处理煤样　　　　　(d)5000倍清洁压裂液处理煤样

图 7.31　煤样电镜图

图 7.31（a）和图 7.31（c）分别为去离子水作用后煤样 1000 倍和 5000 倍的放大倍数下表面和孔隙形态，而图 7.31（b）和图 7.31（d）为清洁压裂液作用下的同等放大倍数条件下表面孔隙形态。通过扫描电镜结果发现水作用下煤样表面完整性较好，无明显的孔隙结构，孔隙处存在堵塞现象，而在清洁压裂液作用下煤样表面孔隙数量明显增加，孔隙堵塞现象消失，直观地发现清洁压裂液提高了煤样孔隙度及其连通性，与之前测试结果相一致。

6. 清洁压裂液对煤体官能团影响分析

清洁压裂液对煤体内黏土矿物含量作用影响了煤体孔隙结构，从而会对煤样的吸附渗透特性产生影响。而除了煤体矿物组分及孔隙结构会对煤体的吸附特性产生影响，煤本身的官能团含量，特别是含氧官能团对煤层吸附和解吸瓦斯的能力起了重要作用。为了分析清洁压裂液是否对煤体本身存在改性作用，从而影响瓦斯吸附量，通过实验室测试并对比去离子水和清洁压裂液作用下煤体的官能团类型和含量。

官能团的测试主要采用傅里叶变换红外光谱仪，红外光谱是一种吸收光谱，由于化合物分子本身在进行振动，此时吸收到了特定波长的红外光就会产生红外光谱，而由于化学键振动时吸收的光的波长取决于化学键的结构特征，因此可以根据谱带的位置、形状和强度等分析获得分子空间结构以及组成基团。试验采用的设备是 Nicolet iS5 傅里叶变换红外光谱仪，如图 7.32 所示。仪器的光谱测试范围是 $350\sim7800cm^{-1}$，分辨率高于 $0.8cm^{-1}$，测试范围和精度能够满足煤种官能团的测量要求。

图 7.32　傅里叶变换红外光谱仪

选取重庆渝阳煤矿工作面新鲜煤样，破碎煤样并筛选粒径为 $18\sim20$ 目的煤粉颗粒，烘干后分别加入去离子水，质量分数为 0.8%CTAC 溶液、0.2%Nasal 溶液和质量分数为 0.8%CTAC + 0.2%Nasal + 1%KCl 的清洁压裂液中浸泡 48h，洗净后在 50℃下真空烘干获得备用的清水与清洁压裂液作用下煤样颗粒，标记为 1、2、3、4 号煤样，分别称取各煤样 1mg，加入 100mg 干燥的 KBr 放入磨样机中充分混合，压制形成 KBr 压片，在 105℃的真空环境中干燥 48h 后放入光谱分析仪进行测试，测量时的样品扫描次数为 16 次，同时对比空白样的 KBr 压片 16 次扫描背景，测试分辨率为 $4cm^{-1}$，然后以有机物质为标准进行归一化，修正光谱基线，消除煤样中灰分等对结果的影响。

通过实验测试获得四种煤样傅里叶变换红外光谱如图 7.33 所示。

对所得结果进行分析，$3600cm^{-1}$ 附近的吸收峰主要为酚、醇的—OH 以及—NH$_2$ 和—NH 的伸缩振动，在 $3200\sim3400cm^{-1}$ 处缺乏由氢键结合形成的醇和酚，在 $3300\sim2500cm^{-1}$ 处缺乏由氢键结合形成的羧酸，$1700cm^{-1}$ 缺少羧基的伸缩振动，已有研究表明，随着含氧官能团的增加，瓦斯的化学惰性提高，亲水性变强，不利于非极性的甲烷吸附，同时也会导致煤样表面负电荷增多，减少了煤层瓦斯的吸附位置[77]。而羧基和羟基是煤样的主要含氧官能团，煤样在 $3600cm^{-1}$ 含有一定数量的—OH，但是吸收峰强度不大，表明含量不高，且不含有氢键结合的醇、酚和羧酸，因此煤样可能具有较强的瓦斯吸附能力。

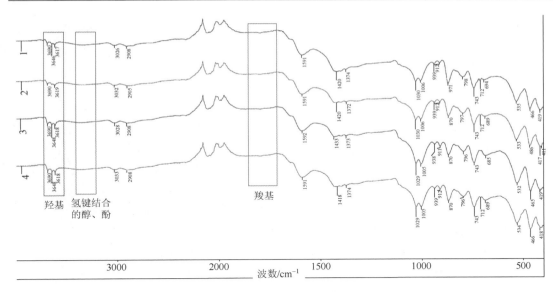

图 7.33　傅里叶变换红外光谱

3030cm^{-1} 处的吸收峰为芳香性 C—H 的伸缩振动，而 2908cm^{-1} 的吸收峰是—CH$_2$，—CH$_3$ 的伸缩振动，1420cm^{-1} 处是碳氢结合的芳环骨架的振动吸收峰，而 1370cm^{-1} 处为—CH$_2$ 和—CH$_3$ 形成的对称弯曲振动的吸收峰，表明煤样中有一定的数量此类官能团。

1000cm^{-1} 及以下范围内的光谱吸收峰反映了芳香族化合物以及含硫等情况，可以分析苯环上氢的置换以及煤样中有机硫含量等。

通过光谱分析发现，清洁压裂液的主要成分水杨酸钠和阳离子表面活性剂 CTAC 对煤体不存在明显的表面改性现象，四种溶液处理后的煤样吸收峰的位置及强度基本一致，含氧官能团数量不多，表明未对煤样表面本身对瓦斯的吸附产生影响。

通过压裂液流变性和黏弹性测试结果初选了清洁压裂液配比，实验室测试表明该配比压裂液增加了煤样表面润湿特性，减少了黏土矿物含量，提高了煤样孔隙度，而对影响瓦斯吸附的煤体含氧官能团含量未产生影响，因此优选了能够促进煤层瓦斯解吸渗流，提高抽采效率的清洁压裂液质量分数为 0.8%CTAC + 0.2%Nasal + 1%KCl。

7.3　清洁压裂液对煤层瓦斯吸附特性影响研究

煤是具有较大比表面积的多孔介质，具有很强的瓦斯吸附能力，大部分瓦斯以物理吸附的方式存在于孔隙基质表面。煤体瓦斯抽采是吸附瓦斯脱附、扩散、渗流的一个过程，因此促进煤层瓦斯解吸是提高低透煤层瓦斯抽采效果的必要措施。已有研究表明，水分存在对煤吸附瓦斯性能存在较大的影响，而与水相比，清洁压裂液增强了固-液界面的润湿性能，同时改变了煤样的孔隙结构，必然影响煤层瓦斯的吸附性能。

本章通过 Zeta 电位测试方法分析压裂液组分在煤样表面的吸附特性，对比水与压裂液在煤样表面分子间力、静电力和结构力的关系，建立固-气-液三相作用瓦斯吸附模型，开展清洁压裂液与水饱和条件下的煤样吸附实验,进而分析两种压裂液对煤层瓦斯吸附解吸特性影响。

7.3.1 水与清洁压裂液对煤层 Zeta 电位影响研究

由于分散粒子表面存在电荷而吸引周围的异号离子,这些离子在固-液界面呈扩散状态分布形成扩散双电层,扩散层内分散介质发生相对移动时的界面是滑动面,面对远离界面的流体中的电位称为 Zeta 电位,如图 7.34 所示。其数值变化能够直观体现粒子表面吸附特性的变化。煤具有很强的吸附性能,煤表面与周围介质的吸附会产生 Zeta 电位的变化,与水相比,清洁压裂液在煤样表面除了改变表面张力与接触角外,其含有的阳离子表面活性剂和其他组分也可能产生特性吸附,在竞争吸附作用下影响煤层瓦斯的吸附位置。为了分析阳离子表面活性剂等组分的特性吸附情况,采用 Zeta 电位的测试方法对比在清洁压裂液与水溶液中煤粉颗粒的数值差异,通过电位的对比可以看出煤体表面的吸附状态,从而利用表面电位的变化分析清洁压裂液对煤样吸附特性的影响。

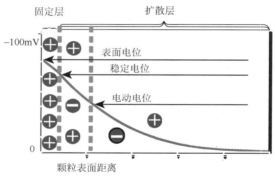

图 7.34　Zeta 电位示意

测量仪器和原理如图 7.35 所示。测试装置为纳米粒度及 Zeta 电位分析仪(ZS90),测试过程中向溶液两端施加平行电场,使带电颗粒向相反的电极方向运动,通过颗粒运动速度分析电位的大小。由于 pH 会影响溶液的 Zeta 电位测试结果,因此测试前需要使对比溶液的 pH 调整一致。

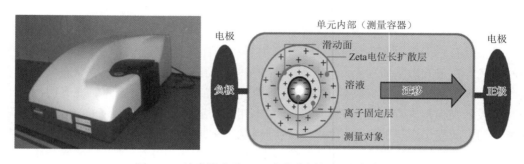

图 7.35　纳米粒度及 Zeta 电位分析仪及测试原理

取重庆渝阳煤矿工作面新鲜煤样，粉碎并研磨，过筛到 200 目以下，在 50℃下烘干 24h，同时利用真空条件去除煤样吸附的气体，分别加入去离子水与质量分数为 0.8%CTAC＋0.2%Nasal＋1%KCl 清洁压裂液中，加入清洁压裂液时利用盐酸与氢氧化钠调节 pH 等于 7，搅拌均匀后静置 48h，取上清液约 5ml，利用 Zeta 电位分析仪分别测试 Zeta 电位，为保证数据的准确性，测量重复多次，排除可疑值后，取平均值。

通过试验得到煤样颗粒在清洁压裂液和水中的 Zeta 电位值如图 7.36 所示。

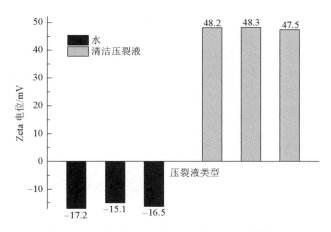

图 7.36　水与清洁压裂液测得的 Zeta 电位大小

通过实验结果可以看出，在水中煤颗粒的 Zeta 电位平均值为−16.3mV，说明在水中煤颗粒表面含负电荷，与文献结果一致[78]，而在清洁压裂液中电位值跃迁至 48mV。已有研究[79]表明，煤吸附水主要是由煤表面和水分子间相互作用力引起的。在清洁压裂液中，由于阳离子表面活性剂的存在，含负电荷的煤颗粒与溶液间的静电作用力明显变大，与水相比，增加了与煤的相互作用能，使溶液更容易吸附在煤样表面，而在水与清洁压裂液溶液中 Zeta 电位测试结果由负变正说明煤样表面产生了对表面活性剂的特性吸附，由于煤样表面对溶液的吸附以及特性吸附的出现，会在竞争吸附作用下减少甲烷分子的有效吸附位，导致煤层吸附瓦斯能力降低，更有利于吸附瓦斯的解吸抽采。

7.3.2　水与清洁压裂液对煤层瓦斯吸附特性影响机理研究

煤层在原始赋存状态下，含有一定量的水分，在水力化增透过程中，大量水分或其他压裂液进入煤层，由于溶液与煤表面强烈的相互作用力，会对瓦斯气体在煤样表面的吸附量产生很大影响，其中影响方式包括溶液通过润湿作用在煤样表面结合，占据了吸附位置，这样就在竞争吸附作用下减少了瓦斯气体的吸附面积，导致吸附含量降低，同时在微孔通道溶液由于毛细管力作用也会对瓦斯气体进入产生影响。煤样原始含水量与其中羟基和羧基等极性的官能团数量相关，由前文研究发现水与清洁压裂液作用下煤样官能团含量无明显变化，自然条件下煤样的含水率约为 2.2%。为了获得压裂液对瓦斯解吸性能影响机理，需要分析水和清洁压裂液与煤样表面相互作用力，对比与瓦斯竞争吸附能力。

　　煤表面是煤体破裂或煤晶体生长形成的，因此会有不饱和键和键能，煤体在变形过程中也会产生新的表面，出现许多具有极性的悬键，这些断裂的化学键非常活泼，具有很高的能量，由于系统总是力图吸收周围的物质降低自身的表面能量，所以煤样也会对外界的甲烷和水分子产生吸附。其本质是煤表面与瓦斯以及水分子之间的相互吸引，煤对水分子的吸引力越大，煤样停留的量越多，瓦斯吸附就越困难，对于清洁压裂液也是相同。这些作用力包括分子间力、静电力和结构力等。

　　1. 水与清洁压裂液在煤样表面分子间力

　　分子间力主要包括色散力、取向力和诱导力等。

　　（1）色散力。在水分子和类似的非极性以及极性较小的分子间主要为色散力作用。色散力是由于原子或分子内的电子在运动时产生了偶极矩，引起临近原子或分子的极化，反过来又使原本偶极矩变化幅度加大，在这个相互过程中产生了色散力。可以近似表示为

$$E_L = -\frac{3}{2} \cdot \frac{\partial_1 \partial_2}{r^6} \cdot \frac{I_1 I_2}{I_1 + I_2} \qquad (7.29)$$

式中，∂_1 和 ∂_2 分别为煤分子与溶液分子的极化率；r 为分子间距；I_1 和 I_2 分别为煤分子与溶液分子的电离势。

　　（2）诱导力。非极性的分子在极性分子的永久偶极矩作用下，产生变形导致正负电荷不重合，从而形成诱导的偶极矩，永久偶极矩与其引发的偶极矩之间的相互作用即为诱导作用，而极性分子同样存在相互诱导作用。其相互作用包括两种：①原有的偶极矩诱导产生偶极矩所做功；②偶极矩相互作用能。由于煤中含有氧、硫、氮等元素和不饱和键，在煤样表面会形成不均匀的电荷中心，所以煤中的大分子存在极性，其引发的诱导力可表示为

$$E_D = -\frac{\partial_1 \mu_2{}^2 + \partial_2 \mu_1{}^2}{r^6} \qquad (7.30)$$

式中，μ_1 和 μ_2 分别为煤分子的永久偶极矩和溶液分子的永久偶极矩。

　　（3）取向力。极性分子相互靠近发生同极相斥而异极相吸的现象，这导致分子方向发生变化，这种由极性分子取向引起的分子间吸引作用叫作取向作用。大小与分子间距和偶极矩有关。水分子是很强的极性分子，存在偶极矩，在煤样表面会产生取向作用，取向力可表示为

$$E_K = -\frac{2\mu_1 \mu_2}{3r^6 kT} \qquad (7.31)$$

式中，T 为绝对温度；k 为玻尔兹曼常数，$k = 1.38048 \times 10^{-23} J/K$。

　　Sikalo 等[80]对组成分子间的各力进行叠加，给出了分子间力总的表达式：

$$E_A = E_L + E_D + E_K = \frac{A_H}{h^3} \qquad (7.32)$$

式中，A_H 为哈梅克常数，J；h 为水膜厚度。哈梅克常数是表征物质间范德瓦尔斯吸引能大小的参数，其数值与单位体积物质内的分子数和物质分子间范德瓦尔斯力相关，对比煤-水-瓦斯和煤-清洁压裂液-瓦斯界面，清洁压裂液分子数更大，在水分子与煤样表面产生范

德瓦尔斯力基础上,表面活性剂也会增加相互吸引力,因此具有更大的哈梅克常数,表明相同厚度条件下,清洁压裂液增加了溶液与煤样表面分子间作用力,该作用力表现为引力。

2. 水与清洁压裂液在煤样表面静电力

相互作用表面含一定电荷时,表面产生库伦作用,即为静电力。静电力受电荷数量影响,其方向与电荷性质有关,大小表示为

$$E_{\mathrm{e}} = \frac{\varepsilon \varepsilon_0}{8\pi} \frac{(\xi_1 - \xi_2)^2}{h^2} \qquad (7.33)$$

式中,ε_0 为真空介电常数,等于 $8.85 \times 10^{-12}\,\mathrm{F/m}$;$\varepsilon$ 为溶液的相对介电常数,ξ_1 和 ξ_2 分别为相互作用的表面所具有的电势,通过 Zeta 电位测试结果发现煤样表面带有负电荷,虽然水分子不带电,但是极性分子会被电荷极化,因此也存在一定大小的作用力。但是阳离子表面活性剂 CTAC 带正电,与负电荷的煤样表面具有很强的静电力,因此清洁压裂液比水具有更大的静电力。该力表现为煤样与溶液界面之间的吸引力。

3. 水与清洁压裂液在煤样表面结构力

对于水这样的极性分子,由于受到固体界面电荷或者极性的影响,靠近固体表面分子会产生定向排列而形成过渡层,该层分子结构与原有的分子结构不同,一定程度上影响了固体表面对其他分子的吸附作用,该作用力被称为结构力。该力可以表现为引力,也可以表现为斥力,与煤样表面溶液的润湿性相关。当固-液界面的接触角小于 25° 时,相互结构力为引力,否则为斥力。通过 7.2.3 节研究结果发现水与煤样表面形成接触角为 72.5°,而清洁压裂液的接触角为 23.5°,水力化增渗过程中压裂液将在煤样表面吸附,水的结构力将表现为斥力而清洁压裂液表现为引力,因此清洁压裂液更容易在煤样表面产生吸附。结构力的半经验公式为

$$E_{\mathrm{c}} = k\mathrm{e}^{-\frac{h}{\lambda}} \qquad (7.34)$$

式中,k 为固体表面的相关系数,通常利用实验拟合,$\mathrm{N/m^2}$;λ 是溶液的特征长度,nm。

因此溶液在煤样表面所受的力为

$$E = E_{\mathrm{A}} + E_{\mathrm{e}} + E_{\mathrm{c}} = \frac{A_{\mathrm{H}}}{h^3} + \frac{\varepsilon \varepsilon_0}{8\pi} \frac{(\xi_1 - \xi_2)^2}{h^2} + k\mathrm{e}^{-\frac{h}{\lambda}} \qquad (7.35)$$

由于清洁压裂液与煤样表面分子间力和静电作用力比水更大,且结构力表现为引力,因此更容易在煤样表面产生吸附。

4. 压裂液作用下瓦斯吸附特性分析

在干燥情况下,瓦斯在煤样表面吸附是色散力主要作用下的物理吸附,其最大吸附量与吸附面积存在一定的线性关系,即

$$n_{\mathrm{max-dry}} = KA \qquad (7.36)$$

式中，$n_{\text{max-dry}}$ 为干燥情况下瓦斯的最大吸附量，mmol/g；K 为气-固界面上单位面积瓦斯的最大吸附量，mmol/m^2；A 为瓦斯的吸附面积，m^2/g。

干燥条件下，瓦斯吸附量可以用 Langmuir 吸附式表达为

$$n_{\text{ad-dry}} = KA \frac{p}{p + p_{\text{L}}} \tag{7.37}$$

式中，$n_{\text{ad-dry}}$ 为干燥情况下瓦斯吸附量，mmol/g；p 为气体压力，MPa；p_{L} 为兰式压力，MPa。

将煤样孔隙结构看成圆管形状，气固界面作用下的瓦斯吸附模型如图 7.37 所示。管状孔隙的吸附面积为 A_{tube}，孔隙直径为 D，圆管孔隙的瓦斯吸附量 $n_{\text{ad-tube}}$ 表示为

$$n_{\text{ad-tube}} = KA_{\text{tube}} \frac{p}{p + p_{\text{L}}} \tag{7.38}$$

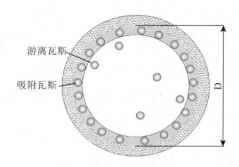

图 7.37　圆管孔隙固-气界面吸附示意

由于水溶液和清洁压裂液的瓦斯溶解度很低，因此气液作用主要考虑为液体表面发生的气体吸附。利用 Gibbs 吸附理论分析瓦斯气体在溶液界面上的吸附，瓦斯吸附量和表面张力关系表示为

$$\left(\frac{\partial \gamma}{\partial p} \right)_{\text{T}} = -\frac{\Gamma RT}{p} \tag{7.39}$$

式中，Γ 为单位面积表面吸附量，mol/m^2；γ 为气液界面张力，mN/m；T 为环境温度，K；R 为气体常数，8.314J/mol·K。

若气液界面的吸附面积为 A（m^2/g），则气体吸附量 $n_{\text{ad-wet}}$（mmol/g）与压力 p 的关系可以表示为

$$n_{\text{ad-wet}} = \Gamma A = \left[-\left(\frac{\partial \gamma}{\partial p} \right)_{\text{T}} \frac{p}{RT} \right] A \tag{7.40}$$

学者研究发现相同条件下，水溶液表面张力随压力增加呈线性变化，其趋势可以通过公式进行拟合[81]：

$$\gamma = a \ln(b + p) + c \tag{7.41}$$

式中，a、b、c 均为拟合参数。

将式（7.41）代入式（7.40）计算得到气-液界面的瓦斯吸附量与瓦斯压力 p 的关系表示为

$$n_{\text{ad-wet}} = \frac{aA}{RT}\frac{p}{p+b} = \Gamma^* A \frac{p}{p+p^*} \tag{7.42}$$

式中，Γ^* 为气-液界面上单位面积的液面最大气体吸附量，mmol/m^2；p^* 为气-液界面的兰式压力，MPa。

通过式（7.39）可知，溶液对气体的吸附能力与溶液的表面张力有关，在相同温度和压力条件下，溶液的表面张力越小，表面的气体吸附能力越弱。通过 7.2.2 节测试结果表明在 25℃的大气压环境下，去离子水和清洁压裂液的表面张力分别为 72.8mN/m 和 31.8mN/m。因此与水相比，单位面积上清洁压裂液的瓦斯吸附量更小。

气-液两相吸附情况下，圆管孔隙内的吸附模型如图 7.38 所示，在此模型下随着孔隙含水度增加，水膜厚度变厚，气-液界面的瓦斯的有效吸附面积变小，吸附量随着含液饱和度的增加而降低。

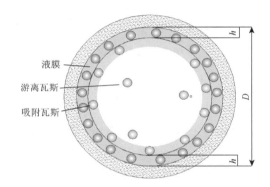

图 7.38　圆管形孔内气-液界面吸附

直径为 D 的圆管孔隙，水膜厚度为 h，含水饱和度 S_{w} 可以表示为

$$S_{\text{w}} = \frac{D^2 - 4\left(\dfrac{D}{2} - h\right)^2}{D^2} \tag{7.43}$$

气液界面有效吸附面积 A_{eff} 与孔隙表面积 A_{tube} 关系为

$$A_{\text{eff}} = A_{\text{tube}}\sqrt{1 - S_{\text{w}}} \tag{7.44}$$

圆孔孔隙液面上的瓦斯吸附量 $n_{\text{ad-tube}}$ 表示为

$$n_{\text{ad-tube}} = A_{\text{tube}}\sqrt{1 - S_{\text{w}}}\,\Gamma^* \frac{p}{p+p^*} \tag{7.45}$$

煤样表面与瓦斯气体吸引力为以色散力为主的分子间力，使瓦斯吸附在煤样表面，其作用力比瓦斯分子间力高两个数量级以上，因此在干燥条件下煤层瓦斯吸附能力强，吸附量大。而煤样与水分子间除分子间力，还有静电作用力，其作用力高于分子间力，因此水比瓦斯具有更强的表面吸附能力，竞争吸附作用下煤样表面会解吸瓦斯而吸附水。与水相比，清洁压裂液煤样表面吸附力大，因此竞争吸附能力也更强。在煤样表面铺满溶液的状

态下，表面对瓦斯分子的长程作用力远远小于溶液与煤样之间的作用力，因此认为仅有气-液界面的吸附。当煤样表面未铺满一层溶液时，其中无溶液吸附部分煤样表面积为固-气吸附状态，而另一部分表面积为液体占据，整体表现为固-气和气-液两类界面间混合吸附的状况，如图 7.39 所示。

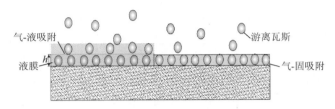

图 7.39　固-气-液三相界面吸附示意

设液体的铺满系数 α 为溶液占据的表面积 A_{fluid} 与样品表面积 A_{total} 的比值：

$$\alpha = A_{\text{fluid}} / A_{\text{total}} \tag{7.46}$$

瓦斯的吸附量表示为

$$n_{\text{ad-mix}} = (1-\partial)n_{\text{ad-dry}} + \partial n_{\text{ad-wet}} \tag{7.47}$$

水分子的直径为 0.4nm，则对于圆管形的煤孔隙，液体在煤样表面完全覆盖时需要达到的含水饱和度 S_c 至少为

$$S_c = \frac{D^2 - 4\left(\dfrac{D}{2} - 0.4\right)^2}{D^2} \tag{7.48}$$

则瓦斯在圆管形孔隙表面吸附量 $n_{\text{ad-tube}}$ 表示为

$$\begin{cases} n_{\text{ad-dry}} = KA_{\text{tube}} \dfrac{p}{p + p_{\text{L}}} & (S_{\text{w}} = 0) \\[2mm] n_{\text{ad-tub}e} = (1-\partial)n_{\text{ad-dry}} + \partial n_{\text{ad-wet}} & (0 \leqslant S_{\text{w}} < S_c) \\[2mm] n_{\text{ad-wet}} = A_{\text{tube}} \sqrt{1 - S_{\text{w}}}\, \Gamma^* \dfrac{p}{p + p^*} & (S_c \leqslant S_{\text{w}} \leqslant 1) \end{cases} \tag{7.49}$$

溶液的铺散能力体现在溶液在固体相表面的接触角大小，与水相比，清洁压裂液降低了接触角，表明具有更好的铺散能力，同等体积的清洁压裂液能够占据更大的煤样表面积，而与水相比，清洁压裂液气液界面瓦斯吸附能力更弱，因此对于同一煤样含水饱和度相同的条件下清洁压裂液具有更强的竞争吸附能力，使煤样具有更小的瓦斯吸附量。

在实际压裂过程中，单个压裂孔压入几十到几百立方米压裂液，压裂液可进入的孔隙内，压裂液均为铺满的状态，表现为煤样表面溶液的吸附和液膜上气体的少量吸附，而压裂液无法进入的孔隙则表现为固-气两相的吸附。从微观的单个孔隙角度分析，即孔隙内部 $S_{\text{w}} = 0$ 的 $n_{\text{ad-dry}}$ 和 $S_{\text{w}} = 1$ 的 $n_{\text{ad-wet}}$，由于单位表面积固-气界面的瓦斯吸附量比气-液界面的吸附量高出几个数量级，而煤样微孔隙是瓦斯赋存的主要场所，因此压裂液能够进入

的孔隙孔径越小，对煤层瓦斯吸附产生的影响越大。压裂液进入孔隙的动力主要包括外部的注入压力以及孔隙端部形成的毛细管力，压裂液在煤体孔隙形成的毛细管力如图 7.40 所示，毛细管力方向受接触角影响，指向凹液面方向。

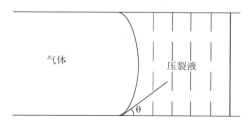

图 7.40　煤体孔隙端部毛细管力示意

根据 Young-Laplace 方程计算毛细管力 p 为

$$p = \frac{2\sigma\cos\theta}{r} \tag{7.50}$$

式中，p 为毛细管力，Pa/cm；σ 为表面张力，mN/cm；θ 为接触角，(°)；r 为孔隙半径，cm。

将 7.2.2 节水与清洁压裂液表面张力及在煤样表面的接触角代入式（7.50）获得去离子水的毛细管力为 $p_{水} = \dfrac{2\times0.73\times\cos72.5^{\circ}}{r} = \dfrac{0.44}{r}$，清洁压裂液毛细管力：

$p_{清} = \dfrac{2\times0.32\times\cos23.5^{\circ}}{r} = \dfrac{0.58}{r}$，接触角均小于 90°，表明两种液体的毛细管力均促进液体进入孔隙通道，有利于驱替孔隙内瓦斯的排出。而对于同样孔径条件的煤体，清洁压裂液进入微孔隙的能力大于水，表明清洁压裂液更容易占据孔隙位置降低瓦斯吸附，压裂液对瓦斯解吸促进作用如图 7.41 所示。

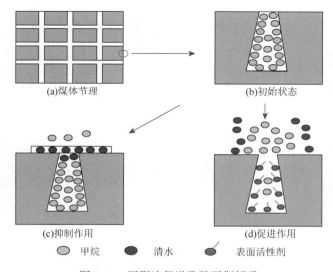

图 7.41　压裂液促进孔隙瓦斯解吸

7.3.3　水与清洁压裂液对煤层瓦斯吸附特性影响实验研究

前文理论分析了清洁压裂液与水在煤样表面吸附力大小，获得了不同含水饱和度条件下压裂液与瓦斯的竞争吸附关系，对比两种溶液的毛细管力，表明压裂液能够通过竞争吸附和孔隙占据降低瓦斯吸附能力。与常用的清水相比，清洁压裂液在煤样表面的吸附力更大，但是表面瓦斯吸附量少，且在毛细管力作用下更容易进入微小孔隙，对甲烷吸附影响更大。为了进一步分析水与清洁压裂液对煤层瓦斯吸附影响，本节开展了实验室对比实验。

1. 实验过程

取重庆渝阳煤矿工作面新鲜煤样，实验室粉碎并研磨，过筛选择 60～80 目煤粉颗粒，在 50℃下真空烘干 24h 备用。煤样的测试结果[82]表明煤样的饱和含水率在 7%以下，为了模拟现场水力压裂增透过程中压裂液过饱和的状况，实验室进行两种压裂液影响煤样吸附特性的对比实验时，在备用煤粉颗粒内加入质量分数为 10%的去离子水和 10%的清洁压裂液，保持一个过饱和压裂液的状态，清洁压裂液配比为根据 7.2.3 节优选的质量分数为 0.8%CTAC + 0.2%Nasal + 1%KCl，组分均为购买的分析纯。实验装置如图 7.42 所示，通过恒温水浴保持参比槽与吸附槽内的温度，真空泵与增压泵实现吸附槽内的真空与气体增压吸附，温度以及压力传感器实现温度与压力的测量，温度传感器精度为 0.01℃，压力传感器精度为 0.0001MPa，实验设备自动采集和保存实时温度和压力数据，试验气体为质量分数为 99.995%的甲烷和氦气。

关闭装置与大气接通的阀门，在实验装置中充入一定压力的气体，压力稳定后保持 6h 无明显变化，表明装置气密性良好，进行实验步骤如下。

①量过筛烘干后的煤样颗粒 150g 两份，分别慢慢加入 15g 的去离子水和清洁压裂

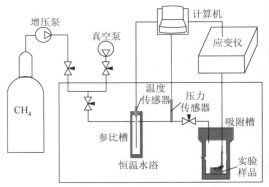
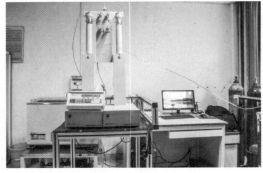

图 7.42　瓦斯吸附实验装置

液（质量分数为 10%），搅拌使煤样充分吸收，制得过饱和的清洁压裂液和去离子水处理煤样，同时取未经处理的 150g 煤样进行对比。

②将步骤①处理完成的煤样加入吸附槽内,静置 24h 使压裂液在煤样表面充分吸附并进入煤样孔隙内部,实验温度设置为 35℃。

③打开吸附槽与参比槽的连通开关,利用真空泵进行真空,去除容器中存在的空气和煤样吸附的气体。

④关闭吸附槽与参比槽的连通开关,充入一定压力的氦气,待压力稳定后记录氦气压力并打开连通开关。

⑤压力重新稳定后记录压力与温度数据,利用真空泵重新抽真空。

⑥关闭吸附槽与参比槽的连通开关,充入一定压力的瓦斯,待压力稳定后记录气体压力并打开连通开关,待气体压力重新平衡。

⑦关闭两个槽间的开关,增加参比槽中的瓦斯压力,待压力平衡后开启开关重新吸附平衡,然后继续加大瓦斯压力,每组瓦斯吸附实验设置了 6 个以上的瓦斯吸附压力.

⑧重复②~⑦的实验过程,每组煤样进行 3 组以上的吸附测试,保证试验结果的准确性。

2. 结果与讨论

首先利用氦气在煤样中不产生吸附的特点,通过实验步骤④和步骤⑤氦气测试进行吸附槽自由体积的标定。已知参比槽的体积为 47.32mL,在参比槽稳定时的体积和压力下能够查得氦气的密度为 ρ_{he1},打开连通开关后稳定时的体积和压力下能够查得氦气的密度为 ρ_{he2},计算得到充入的氦气物质的量 n 为

$$n = \rho_{he1} \times 47.32 \qquad (7.51)$$

平衡后吸附槽和参比槽的总体积 $V_{总}$ 为

$$V_{总} = \frac{n}{\rho_{he2}} = \frac{\rho_{he1} \times 47.32}{\rho_{he2}} \qquad (7.52)$$

获得吸附槽内的自由空间体积 $V_{自}$ 为

$$V_{自} = V_{总} - 47.32 = \frac{\rho_{he1} \times 47.32}{\rho_{he2}} - 47.32 \qquad (7.53)$$

通过步骤⑥分析吸附瓦斯气体的量。在参比槽稳定时的体积和压力下能够查得甲烷的密度为 ρ_{gas1},打开连通开关吸附平衡时的体积和压力下能够查得甲烷的密度为 ρ_{gas2},计算充入的甲烷气体物质的量 n_{gas} 为

$$n_{gas1} = \rho_{gas1} \times 47.32 \qquad (7.54)$$

吸附平衡后两个槽体内甲烷气体总的物质的量 n_{gas2} 为

$$n_{gas2} = \rho_{gas2} \times V_{总} = \rho_{gas2} \times \frac{\rho_{he1} \times 47.32}{\rho_{he2}} \qquad (7.55)$$

获得吸附甲烷物质的量 n_{ad} 为

$$n_{ad} = n_{gas1} - n_{gas2} = \rho_{gas1} \times 47.32 - \rho_{gas2} \times \frac{\rho_{he1} \times 47.32}{\rho_{he2}} \qquad (7.56)$$

通过步骤⑦分析随着气体压力增大增加的甲烷气体吸附量。参比槽平衡条件下的体积和压力能够查得甲烷相应的密度为 ρ_{gas3},打开连通开关吸附平衡时的体积和压力下能够查

得甲烷的密度为 ρ_{gas4}，计算增加压力后参比槽内的甲烷气体物质的量 n_{gas3} 为

$$n_{gas3} = \rho_{gas3} \times 47.32 \qquad (7.57)$$

吸附平衡后两个槽体内甲烷气体总的物质的量 n_{gas4} 为

$$n_{gas4} = \rho_{gas4} \times V_{总} = \rho_{gas4} \times \frac{\rho_{he1} \times 47.32}{\rho_{he2}} \qquad (7.58)$$

吸附槽内原有游离甲烷物质的量 n'_{gas} 为

$$n'_{gas} = \rho_{gas2} \times V_{自} = \rho_{gas2} \times \left(\frac{\rho_{he1} \times 47.32}{\rho_{he2}} - 47.32 \right) \qquad (7.59)$$

获得随着压力增大增加的甲烷吸附物质的量 $n_{增}$ 为

$$\begin{aligned} n_{增} &= n_{gas3} + n'_{gas} - n_{gas4} \\ &= \rho_{gas3} \times 47.32 + \rho_{gas2} \times \left(\frac{\rho_{he1} \times 47.32}{\rho_{he2}} - 47.32 \right) - \rho_{gas4} \times \frac{\rho_{he1} \times 47.32}{\rho_{he2}} \end{aligned} \qquad (7.60)$$

通过式（7.56）和式（7.60）获得去离子水和清洁压裂液作用下煤样不同压力甲烷吸附量结果如图 7.43 所示，对比煤样为干燥未处理的原始煤样。

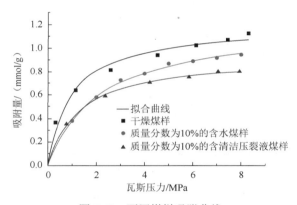

图 7.43　不同煤样吸附曲线

由试验结果可看出，在两种压裂液作用下煤样甲烷吸附能力降低，表明压裂液通过煤样表面竞争吸附和孔隙内的占据降低了瓦斯吸附位置，有利于吸附瓦斯的竞争脱附抽采。瓦斯压力在 1.5MPa 以内时，水与清洁压裂液作用煤样瓦斯吸附量基本一致，随着瓦斯压力继续增加，含水煤样瓦斯吸附量高于清洁压裂液作用煤样，与清洁压裂液在煤样表面吸附力高于清水以及清洁压裂液能够占据更大孔隙的理论分析结果一致，表明清洁压裂液对煤样孔隙体积和比表面积有一定的影响，同时也存在更强的煤样表面的竞争吸附和孔隙占据作用，综合作用下与水相比更加抑制了煤层瓦斯的吸附。

图 7.43 所示的吸附结果属于 IUPAC 中的 I 类吸附曲线，通常可以使用 Langmuir 模型进行拟合分析[83]。Langmuir 模型可以表示为

$$V = \frac{pV_L}{p + p_L} \qquad (7.61)$$

式中，V 是瓦斯吸附体积，m^3/t；V_L 为煤样的兰氏体积，表征煤样的最大瓦斯吸附能力，m^3/t；p_L 为煤样的兰式压力，表明吸附量达到最大吸附量一半时的吸附压力，MPa。

为获得原始煤样和两种压裂液作用后的煤样兰氏压力与兰氏体积，利用 $1/V_L$ 和 $1/p_L$ 作图，如图 7.44 所示。

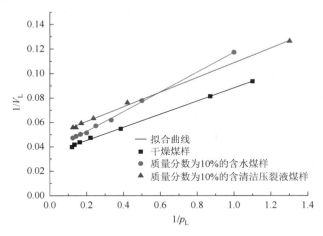

图 7.44　兰氏体积与兰氏压力拟合曲线

通过图 7.44 获得三种煤样的兰式压力与兰式体积如表 7.13 所示。结果表明，饱和水作用下煤样兰氏体积降低了 9.18%，兰式压力增加了 25.7%，表明水作用下煤样瓦斯吸附能力减弱且吸附更困难，所以兰式压力增加。而在清洁压裂液作用下煤样兰式体积降低了 29.53%，降低幅度明显，兰式压力也略有下降，表明降低瓦斯吸附能力的同时也降低了瓦斯吸附的难度。与清水相比，清洁压裂液煤样瓦斯含量更低，这与理论分析结果一致，表明清洁压裂液具有更好的竞争吸附作用和驱替作用。从对煤层瓦斯吸附特性影响角度看，使用清洁压裂液代替清水能够更有效地减少瓦斯的吸附位置，利于煤层瓦斯的解吸抽采。

表 7.13　煤样兰氏体积与兰氏压力测试结果

煤样	兰氏体积 V_L	兰式压力 p_L	R^2
干燥煤样	29.09	1.67	0.984
水作用煤样	26.42	2.1	0.992
清洁压裂液作用煤样	20.50	1.5	0.997

7.4　清洁压裂液对煤层瓦斯渗流特性影响研究

煤层瓦斯渗流特性是表征瓦斯流动难易程度的参数，煤层中解吸扩散的瓦斯要经过大孔和裂隙通道渗流产出，因此煤层渗透率直接影响瓦斯的抽采效率。前文研究表明，压裂液作用下煤岩的物理化学性质发生了明显的变化，孔隙结构改变，压裂液作用下煤样瓦斯渗流特性也必然发生改变，影响瓦斯抽采效果。

本章首先分析水与清洁压裂液作用下煤样物理化学性质及孔隙结构变化对煤层渗透

率的影响，然后通过多孔介质流体动力学方法，计算气液两相渗流过程中压裂液的吸附形态，建立压裂液作用下孔隙瓦斯渗流模型，最后通过实验室渗透率对比试验测试压裂液对煤层瓦斯渗流特性影响。

7.4.1　水与清洁压裂液对煤层瓦斯渗流特性影响机理研究

根据 Terzaghi 有效应力理论，煤岩体所受的外部岩层压力与内部孔隙和裂隙流体的压力差即为有效应力。在瓦斯开采过程中，外部岩层压力无明显变化而内部流体压力不断降低，因此导致有效应力增加。对于煤岩多孔介质的孔隙连通性复杂，魏建平等[84]对有效应力理论进行了改进，给出了有效应力随孔隙内压力变化的计算方法：

$$\Delta\sigma = a(p_0 - p) \tag{7.62}$$

式中，a 为 Boit 系数；p_0 为初始孔隙压力，MPa；p 为煤层内流体压力，MPa。

研究表明[85]，外部加载应力变化几乎不改变煤的吸附特性和吸附孔隙体积，表明煤基质压缩性很小，有效应力影响下骨架变形主要为裂隙体积变化。假设有效应力增大引起煤体裂隙压缩，不改变内部基质的膨胀变化，应力增加导致的煤样体应变为

$$\varepsilon_{\mathrm{v}} = \frac{\Delta\sigma}{K} = \frac{a}{K}(p_0 - p) \tag{7.63}$$

考虑有效应力作用下孔隙率变化，孔隙率为

$$\begin{aligned}
\phi &= \frac{V_{\mathrm{n}}}{V_{\mathrm{v}}} = \frac{V_{\mathrm{n}0} - \Delta V_{\mathrm{v}}}{V_{\mathrm{v}0} - \Delta V_{\mathrm{v}}} = \frac{V_{\mathrm{n}0}/V_{\mathrm{v}0} - \Delta V_{\mathrm{v}}/V_{\mathrm{v}0}}{V_{\mathrm{v}0}/V_{\mathrm{v}0} - \Delta V_{\mathrm{v}}/V_{\mathrm{v}0}} \\
&= \frac{\phi_0 - \varepsilon_{\mathrm{v}}}{1 - \varepsilon_{\mathrm{v}}} = \phi_0 - \frac{\varepsilon_{\mathrm{v}}(1 - \phi_0)}{1 - \varepsilon_{\mathrm{v}}}
\end{aligned} \tag{7.64}$$

根据平板裂隙模型，渗透率的计算模型为

$$k = k_0\left(\frac{\phi}{\phi_0}\right)^3 = k_0\left[1 - \frac{\varepsilon_{\mathrm{v}}(1 - \phi_0)}{\phi_0(1 - \varepsilon_{\mathrm{v}})}\right]^3 \tag{7.65}$$

式中，ε_{v} 为应力增加引起的煤体应变；K 为煤的体积模量，Pa；$V_{\mathrm{v}0}$、V_{v} 分别为变形前后煤样的体积，m^3；$V_{\mathrm{n}0}$、V_{n} 分别为变形前后煤样的孔隙和裂隙体积，m^3；ΔV_{v} 为煤样的体积变化量，m^3；ϕ、ϕ_0 分别为煤样变形前后的孔隙率；k、k_0 分别为变形前后煤样的渗透率，m^2。

7.2.3 节研究结果表明，清洁压裂液作用下煤样黏土矿物组分降低，通过液氮吸附法和压汞法测试发现煤样孔隙体积明显增加，50nm 以上孔径的瓦斯可渗流孔隙数量增加，因此压裂液作用煤样孔隙率 ϕ_0 大于水作用煤样。而 7.2.2 节对两种压裂液作用煤样强度进行测试，结果发现清洁压裂液具有一定的黏结力，能够更加有效地降低外部荷载导致的有效应力，减少煤样体积变形量。因此清洁压裂液作用煤样应变 ε_{v} 小于水作用煤样。根据式（7.64），有效应力作用下含清洁压裂液煤样气体渗透率高于含水煤样。

在实际水力压裂后瓦斯抽采过程中，部分压裂液与瓦斯一起运移排出，另一部分赋存在孔隙和裂隙表面，因此煤层渗透率除了与煤样所受有效应力有关，还与压裂液在渗流通道内的吸附状态有关。根据 7.2.3 节煤样孔隙测试结果表明，吸附曲线属于 IUPAC 分类

中的 II 类，而吸附解吸曲线的吸附回线属于 H3 回线。表明大部分孔隙结构为楔形结构，图 7.45 显示了楔形孔隙内部压裂液赋存形态截面。孔隙最小半径为 R，煤样表面压裂液的附着高度为 d。

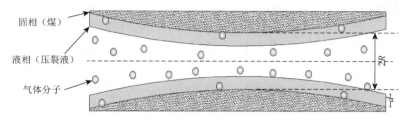

图 7.45　孔隙内部压裂液赋存形态截面

根据杨氏公式可知：

$$\gamma_{sg} = \gamma_{sl} + \gamma_{lg} \cos\theta \tag{7.66}$$

式中，γ_{sg}、γ_{sl}、γ_{lg} 分别为固-气、固-液和气-液界面的表面张力，mN/m；θ 为三相接触点的接触角，(°)。

在瓦斯抽采过程中，存在瓦斯压力 p，因此接触角在瓦斯压力作用下降低为 θ'。气-液界面的表面张力在煤层瓦斯压力作用下变化量很小，基本保持为常数。为了分析压裂液在煤样表面的附着情况，选择长度为 L 的孔隙长度内压裂液吸附截面如图 7.46 所示。

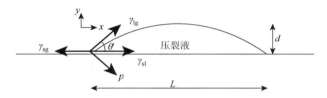

图 7.46　吸附压裂液三相平衡示意

三相应力平衡时有

$$p\cos\theta' = \gamma_{lg}\sin\theta' \tag{7.67}$$

由于压裂液液面为圆弧：

$$\frac{L}{2\sin\theta'} = d + \frac{L}{2\tan\theta'} \tag{7.68}$$

式中，L 是截面固相的长度，m；d 是压裂液附着的高度，m。

通过式（7.67）和（7.68）可知：

$$d = \frac{L}{2}\tan\left[\frac{1}{2}\left(\arctan\frac{p}{\gamma_{lg}}\right)\right] \tag{7.69}$$

$$S = \pi\left[R - \frac{L}{2}\tan\left(\frac{1}{2}\arctan\frac{P}{\gamma_{lg}}\right)\right]^2 \tag{7.70}$$

式中，S 为孔隙瓦斯运移面积，m²。

式（7.70）表明压裂液附着孔隙内瓦斯运移通道面积受压裂液表面张力影响。随着压裂液表面张力增加，瓦斯运移通道面积减小，煤样瓦斯渗透率减小。测试结果表明去离子水和清洁压裂液表面张力分别为 72.8mN/m 和 31.8mN/m。因此与水相比，清洁压裂液作用降低了溶液的表面张力和接触角，减少了孔隙内部表面附着高度，有利于煤层瓦斯渗流。

7.4.2　水与清洁压裂液对煤层瓦斯渗流特性影响实验研究

理论分析表明，与水相比，在清洁压裂液作用下，煤样孔隙率增加，在相同有效应力作用下，孔隙变形量减小，增加了应力作用下煤层瓦斯渗流能力。同时清洁压裂液降低了表面张力和接触角，减少了孔隙内部壁面的溶液附着高度，增加了瓦斯抽采过程中的有效孔隙面积。为了进一步对比分析清洁压裂液与清水对煤层瓦斯渗透特性的影响，开展了两种压裂液作用下煤样在不同有效应力条件下的瓦斯渗透率实验室测试。

1. 煤样制备

试验煤样来自松藻矿区渝阳煤矿 7 号煤层，煤样坚固性系数 f 为 0.27～0.35，煤的瓦斯放散初速度指标 Δp 为 16，原始含水率为 2.24%。煤样松软，难以钻取大量原煤试件进行渗透率对比测试，根据周世宁等的研究结论：测试煤样瓦斯渗透率时型煤与原煤变化规律具有一致性，因此根据煤岩物理力学性质的测定要求进行原煤煤样制备。

将现场所取得新鲜煤样破碎，选择粒径为 0.25～0.425mm 的煤粉烘干备用。在烘干后的煤粉中加入去离子水，均匀搅拌到煤粉吸收液体达到饱和，施加 100MPa 压力并保持 20min，获得饱和清水煤样，使用保鲜膜密封包裹并编号备用。

在烘干后的煤粉中慢速地倒入清洁压裂液（质量分数为 0.8%CTAC + 0.2%Nasal + 1%KCl），均匀搅拌到煤粉颗粒停止吸收，施加 100MPa 压力并保持 20min，获得饱和清洁压裂液煤样，使用保鲜膜密封包裹并编号备用。制得煤样如图 7.47 所示。

图 7.47　渗透率测试煤样

2. 实验装置

渗透率测试实验在重庆大学自主研制的三轴渗流测试装置上进行，实验装置如图

7.48 所示。该装置能够测试不同应力场以及不同气压条件下的煤样渗透率变化。在试验过程中，由轴向压头提供煤样轴向压力，围压则通过液压泵利用围压腔体来实现伺服加载，通过各自传感器监测施加的应力。气体压力由气瓶以及阀门组合进行控制，通过气体流量计读取实时气体流速，实验设备自动采集和记录数据。

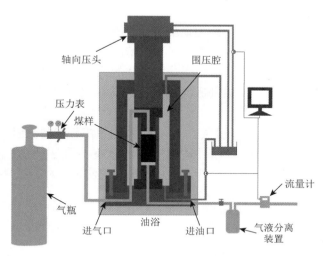

图 7.48　渗透率测试装置

3. 实验过程

本书渗透率测试采用质量分数为 99.995%的甲烷气体，试验中要保证进口的瓦斯压力低于围压，防止由于热缩管的密封泄漏导致测试失败。试验中加载轴压的速度为 0.05kN/s，加载围压的速度为 0.1MPa/s，为了测试不同压裂液作用下煤层瓦斯渗透率与应力的变化关系，保持煤样两端气体压力不变，出口压力设置为大气压，进口瓦斯压力参考煤矿现场工况，设置为 1.1MPa。实验研究了渗透率和有效应力的关系。通常有效应力是指作用于煤层的外加应力与内部的流体压力之差，实验中采用平均有效应力 σ 来描述：

$$\sigma = \frac{1}{3}(\sigma_a + 2\sigma_r) - \frac{1}{2}(p_1 + p_2) \tag{7.71}$$

式中，p_1 和 p_2 为煤样进出口端的气体压力，MPa；σ_a 为轴向压力，MPa；σ_r 为环向压力，MPa。

依次增加围压与轴压进行 5 组不同有效应力条件下的渗透率对比测试，实验过程中具体施加的应力及瓦斯压力如表 7.14 所示。

表 7.14　试验压力加载数据　　　　　　　　　　（单位：MPa）

轴压	围压	进口气压	出口气压	有效应力
1.8	1.5	1.1	0.1	1
3	2	1.1	0.1	1.73
4	3	1.1	0.1	2.73
5	4	1.1	0.1	3.73
6	5	1.1	0.1	4.73

具体实验步骤如下。

①在煤样的侧壁均匀涂抹专用硅橡胶，密封住煤样壁和热缩管之间的空隙，防止气体通过煤样侧壁产生泄露。

②待涂抹的硅胶干燥后，将煤样放置在三轴压力腔的上、下压头之间，通过热缩管进行密封，然后安装引伸计等。

③轴向压头与煤样上部接触，施加少量的轴压固定煤样，加油去除围压腔内的空气。

④测试整个装置的气密性，保证不存在漏气情况。

⑤对煤样施加设定的围压和轴压，通一段时间的瓦斯排尽煤样中的空气。

⑥通过气瓶和阀体将煤样上端气压调节至设定压力，保持气体压力不变，关闭出口阀门，让煤样充分吸附48h。

⑦待煤样瓦斯充分吸附后，开启气体出口阀门，待甲烷气体的流速稳定时记录该数据。

⑧根据表7.14所示的压力依次增加轴压和围压，获得不同应力条件下的煤样甲烷流速。

⑨煤样测试完成后，安装新的煤样，重复①～⑧的测试过程，每种压裂液至少测试3次以上，保证结果的准确性。

4. 压裂液对渗流特性影响结果及分析

根据设计的实验方法，获得了不同压裂液作用下煤样在不同有效应力条件下的瓦斯流量，煤样渗透率 K 的换算公式为

$$K = \frac{2v\mu L p_{\mathrm{n}}}{A(p_1^2 - p_2^2)} \tag{7.72}$$

式中，v 为煤样瓦斯渗流速度，m³/s；μ 为瓦斯动力黏滞系数，本试验取 1.12×10^{-11} MPa·s；L 为煤岩试件的长度，m；p_{n} 为一个标准大气压；A 为试样横截面积，m²。p_1、p_2 为进出口的气体压力，MPa。

通过式（7.72）计算获得水和清洁压裂液作用下的饱和煤样渗透率如表7.15所示。

表 7.15　煤样渗透率试验结果

有效应力/MPa	饱和清洁压裂液煤样/mD	饱和水煤样/mD
1.000	0.636	0.283
1.733	0.356	0.136
2.733	0.209	0.075
3.733	0.138	0.044
4.733	0.090	0.029

图7.49给出了两种压裂液作用下煤样瓦斯渗透率与所受有效应力间的关系曲线，通过 Origin 软件对曲线进行数据拟合，获得瓦斯渗透率和有效应力的拟合表达式，如表7.16所示。

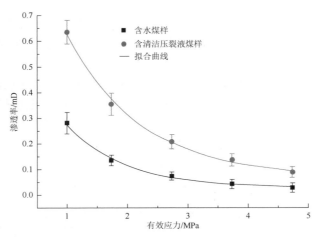

图 7.49　水与清洁压裂液作用下煤样瓦斯渗透率对比

表 7.16　煤样瓦斯渗透率与有效应力关系拟合

煤样	拟合公式	R^2
饱和水煤样	$K = 0.4348\mathrm{e}^{-0.601\sigma}$	0.9776
饱和清洁压裂液煤样	$K = 0.9338\mathrm{e}^{-0.509\sigma}$	0.9836

　　图 7.49 结果显示随着有效应力增加，压裂液作用煤样的渗透率逐渐降低，降低幅度呈现逐渐减小的趋势，渗透率变化均趋于平缓，渗透率差距逐渐减小。在测试范围内，饱和水煤样渗透率小于饱和清洁压裂液煤样渗透率，在几组有效应力作用下，清洁压裂液煤样平均渗透率增加了 177.83%。表明清洁压裂液降低了黏土矿物含量，增大了煤样大孔孔隙体积，有利于煤层渗流；同时压裂液降低了表面张力和接触角，减少了壁面吸附对煤层渗透率的损伤；双重作用下增加了煤层瓦斯渗透率，与水相比更有利于煤层气的抽采，渗透率对比测试实验验证了理论分析结果。

　　表 7.16 结果表明，两种压裂液作用下的饱和煤样渗透率随有效应力增加呈指数关系降低，其一般表达式为

$$K=a\mathrm{e}^{b\sigma} \tag{7.73}$$

式中，a、b 为拟合参数，其中 $a>0$，$b<0$，压裂液性质差异改变了 a、b，但变化规律保持一致。本书通过分析获得了随埋深增加含压裂液煤层瓦斯渗透率变化规律。

　　在实际赋存条件下，煤层瓦斯渗透率的影响因素十分复杂，包括构造、应力、埋深以及煤体结构等，为了清晰地对比含压裂液煤样瓦斯渗透率随有效应力变化，本书对两种煤样的有效应力敏感性进行了分析。

　　（1）渗透率变化率。渗透率变化率能够反映同一种压裂液状态下的煤样随着有效应力增加导致的渗透率变化百分数：

$$D_{\mathrm{p}}=\frac{K_0-K_i}{K_0}\times100\% \tag{7.74}$$

式中，D_p 为随有效应力增加渗透率产生的变化率；K_0 为第一个测点测试所得的煤体渗透率，mD，实验中可取有效应力为 1MPa 时的渗透率；K_i 为有效应力增加过程中的渗透率，mD，实验中考虑的最大有效应力为 4.73MPa 时的渗透率。

根据试验测试结果计算水与清洁压裂液饱和煤样随有效应力增加煤岩渗透率的变化率如表 7.17 所示。有效应力从 1MPa 增加至 1.73MPa 时，两种煤样渗透率变化率变化最大，含水煤样渗透率降低幅度超过了 50%，而清洁压裂液作用煤样也有 44%的渗透率降低。而有效应力继续增加，压裂液变化率增加，变化幅度降低，有效应力达到 4.73MPa 时两种含压裂液煤样渗透率降低均达到 85%以上，表明试验阶段有效应力对煤层渗透率影响较大，总体上看，在相同有效应力下含水煤样渗透率变化率高于含清洁压裂液煤样。

表 7.17　煤样渗透率变化率结果

煤样	渗透率变化率/%			
	1.73MPa	2.73MPa	3.73MPa	4.73MPa
饱和水煤样	51.9	73.4	84.4	89.8
饱和清洁压裂液煤样	44.0	67.1	78.3	85.8

（2）有效应力敏感性系数。为定量分析煤样渗透率对有效应力的响应程度，考虑将影响的因素进行归一化处理，定义有效应力敏感性系数 C_p，表示有效应力增加 1MPa 所引起的煤样渗透率相对变化量，表示为

$$C_p = -\frac{1}{K_0}\frac{\partial K}{\partial \sigma} \tag{7.75}$$

式中，C_p 为有效应力敏感性系数，MPa^{-1}。∂K 为煤样渗透率的变化量，mD；$\partial \sigma$ 为有效应力变化量，MPa。显然有效应力敏感性系数 C_p 能够反映煤体渗透率随有效应力的变化趋势，有效应力敏感性系数 C_p 越大，表明渗透率随有效应力的变化越显著；反之，C_p 越小，则敏感性不高，煤样渗透率随着有效应力变化梯度也就越小。

将两种压裂液作用煤样渗透率实验结果代入式(7.75)，利用 Origin 软件拟合得到 C_p-σ 的拟合方程如表 7.18 所示，其拟合曲线如图 7.50 所示。

表 7.18　C_p-σ 的拟合方程

煤样	C_p-σ 拟合公式	相关系数 R^2
饱和水煤样	$C_p = 1.28\sigma^{-1.09}$	0.99
饱和清洁压裂液煤样	$C_p = 1.02\sigma^{-0.96}$	0.99

通过图 7.50 发现，C_p-σ 关系点均匀分布在拟合曲线两侧，表明该曲线的拟合精度良好，因此煤样的 C_p-σ 关系可用函数进行拟合：

$$C_p = m\sigma^{-n} \tag{7.76}$$

式中，m、n 均为拟合参数。

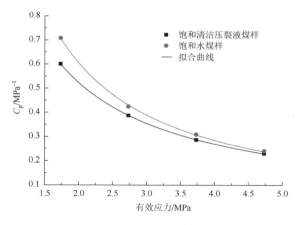

图 7.50　有效应力敏感性系数变化曲线

图 7.50 的拟合结果表明，饱和水煤样渗透率对有效应力敏感性高于清洁压裂液煤样，在相同变化的有效应力条件下，含水煤样渗透率变化大于清洁压裂液煤样。此外，煤样渗透率对于有效应力的敏感性系数随着有效应力增加不断减小，从图上曲线趋势看出，随着有效应力的继续增加，C_p 的变化趋于平缓，这种变化的趋势与渗透率随着有效应力增加的变化趋势是一致的，也表明 C_p 可以有效地反映煤样渗透率与有效应力的对应关系。含水煤样的敏感性系数高于清洁压裂液与两种煤样强度测试结果相对应，表明随着有效应力增加，清洁压裂液煤样变形率较小，渗透度降低幅度更小。

根据式（7.75），如果有效应力从 σ_0 变化到 σ，则有：

$$K = K_0 \left(1 - \int_{\sigma_0}^{\sigma} C_p \, \mathrm{d}\sigma\right) \tag{7.77}$$

将式（7.76）代入式（7.77）可得

$$K = K_0 \left(1 - \int_{\sigma_0}^{\sigma} m\sigma^{-n} \, \mathrm{d}\sigma\right) \tag{7.78}$$

将式（7.78）进一步积分可得

$$K = K_0 \left[1 - \frac{m}{1-n}(\sigma^{1-n} - \sigma_0^{1-n})\right] \tag{7.79}$$

因此，已知煤样渗透率与有效应力的敏感性系数，可以通过式（7.79）求得不同有效应力下煤样的渗透率。可以看出，煤样在各因素作用下的渗透率，都能够通过该影响因素归一化处理后的敏感性系数来求取，敏感性系数能够很好地反映渗透率对影响因素的响应程度，清洁压裂液作用煤样敏感性系数低，相对渗透率高。

7.5　清洁压裂液强化煤层瓦斯解吸抽采现场试验研究

基于前文清洁压裂液与水作用下煤样物理化学性质、吸附解吸和渗流特性对比研究结论，本节进行清洁压裂液强化煤层瓦斯解吸抽采现场试验研究，在西南地区低透煤层进行水与清洁压裂液低压注入试验，对比分析两种压裂液作用下煤层瓦斯抽采浓度与抽采纯量。

7.5.1　试验地点概况

两种压裂液对比试验选择在重庆渝阳煤矿进行，渝阳煤矿为重庆市国有煤矿，矿井设计生产能力为 45 万吨/年，经过扩建，2010 年核定生产能力为 90 万吨/年。矿井开拓方式为斜井开拓、暗斜井延伸，采煤方法为走向长壁采煤法。全矿井划分为三个水平：＋355m 水平，标高为＋355m～＋700m；＋150 水平，标高为＋150m～＋355m；–200m 水平，标高为–200m～＋150m，煤层地质柱状图如图 7.51 所示，主要开采 M7-2、M8、M11 煤层，

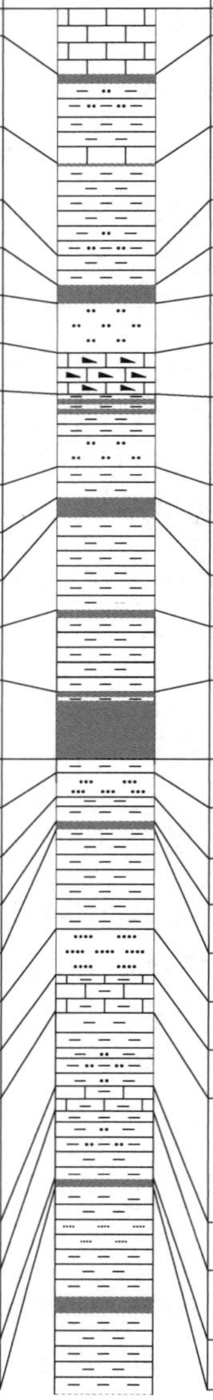

序号	煤岩名称	层间距/m	真厚/m	累厚/m	柱状	岩性描述
1	石灰岩		2.64	2.64		灰色中厚层状石灰岩，中夹泥岩薄层
2	互层煤线 砂质泥岩 泥岩 石灰岩		3.22	5.86		上部煤线，砂质泥岩互层。中部灰色泥岩，下部灰色石灰岩
3	煤线 泥岩 砂质泥岩		3.72	9.58		顶部为煤线，中部为灰色泥岩，下部为砂质泥岩
4	泥岩		1.20	10.78		灰色泥岩
5	M6		0.9	11.68		M6煤层，黑色半暗型煤，为局部可采煤层
6	砂岩		2.09	13.77		黑色微层状，含黄铁矿结核
7	硅质灰岩		1.53	15.3		深灰色硅质灰岩，中厚层状，水平层理，岩性稳定，含动物化石
8	泥岩 煤线 砂岩 泥岩	8.2	3.04	18.34		上部为煤线与泥岩互层，中部为砂岩，下部为灰色泥岩
9	泥岩		1.54	19.88		黑色泥岩，水平层理
12	M7		0.9	20.78		M7煤层，黑色半亮—半暗型煤，沥青光泽，性坚硬，参差状断口，节理发育
13	泥岩	5.9	3.1	23.88		0.21m灰色薄层状黏土泥岩；0.42m灰色薄层状细粒砂岩；0.45m黑色煤层；底部为灰色泥岩
14	泥岩 煤线		2.8	26.68		黑色煤线，砂质泥岩
15	M8		0.13 (0.12) 2.45	29.38		M8煤层，黑色半暗型煤，一般为粉末状，少许为细粒状，底部为片状及薄层状，参差状断口
16	泥岩		0.72	30.1		灰黑色薄层状泥岩
17	细砂岩	2.4	0.76	30.86		灰白色中厚层状细粒砂岩，平行层理
18	泥岩		0.92	31.78		浅灰色泥岩，水平层理
19	M9		0.2	31.98		M9煤层，黑色半暗型煤，薄层状，沥青光泽
20	泥岩		4.41	36.39		灰色泥岩，含黄铁矿结核及晶粒
21	粉砂岩		2.37	38.76		灰色薄层状中厚层状，含少许黄铁矿结核
22	泥质灰岩		2.04	40.8		灰色中厚层状，含菱铁矿结核
23	泥岩 砂质泥岩 石灰岩 互层	16.9	3.38	44.18		灰色薄层状泥岩，浅灰色砂质泥岩，薄层状石灰岩互层
24	泥质灰岩		1.42	45.6		灰色中厚层状，含菱铁矿结核
25	泥岩 砂质泥岩		3.28	48.88		上部为砂质泥岩，下部为灰色泥岩
26	M10		0.27	49.15		M10煤层，黑色半暗型煤，含黄铁矿晶粒

图 7.51　试验地点地质柱状图

其中 M7 和 M11 煤层为薄煤层，M8 煤层为中厚煤层，是矿井的主采煤层。渝阳煤矿煤层地质构造发育，矿井最大相对瓦斯涌出量为 $74.18\mathrm{m^3/t}$，最大绝对瓦斯涌出量为 $136.41\mathrm{m^3/min}$，属于煤与瓦斯突出危险矿井。

试验地点为渝阳煤矿北三采区 N3702 工作面，试验的目标层 M7 煤层作为上保护层开采，采区埋深 700m 以上，最深达到 900m，M7 煤层平均厚度为 0.9m，M8 煤层平均厚度为 2.8m，N3702 工作面位置如图 7.52 所示。由一条运输巷与东西两侧两条回风巷组成，每侧工作面长度为 120m，采用综合机械化采煤工艺，煤层瓦斯含量为 $21.2\mathrm{m^3/t}$，瓦斯压力为 1.99MPa，煤层透气性系数为 $0.0025\mathrm{m^2/（MPa^2 \cdot d）}$，煤层坚固性系数为 0.3，属于松软突出煤层，瓦斯抽采困难。

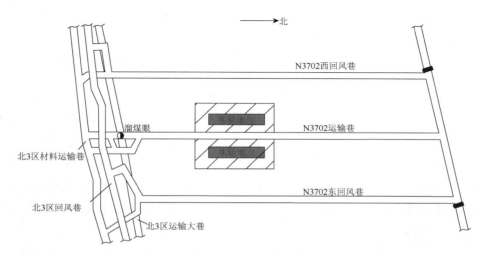

图 7.52　试验地点概况

7.5.2　试验钻孔布置方式

本次实验装备由煤层注水泵、水箱、操作台、监控系统、高压压裂管、高压连接胶管及相关装置连接接头等组成，选择型号为 BRW200/31.5 乳化泵，SX-1600 水箱，高压管承压能力为 40MPa，水箱由 Φ50mm 供水管保证供应，所有管路密封连接，系统连接方式如图 7.53 所示。

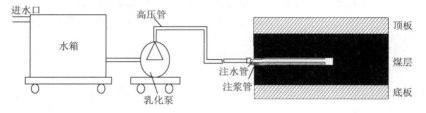

图 7.53　现场实验系统连接示意图

为了对比分析两种压裂液对煤层瓦斯抽采效率的影响，试验采用本煤层钻孔试验方法。本煤层水力压裂钻孔通常布置在工作面两侧的运输巷和回风巷中，对向布置压裂钻孔，压裂钻孔的长度为工作面长度的一半左右，使得两侧对向布置的压裂钻孔压裂影响范围覆盖整个工作面，而无空白带，单侧压裂钻孔间距一般按 20~40m 布置，实施压裂后，再在工作面两侧巷道布置瓦斯抽采钻孔进行瓦斯抽采，如图 7.54 所示。

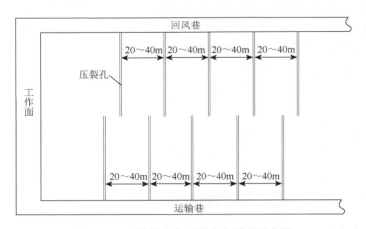

图 7.54　本煤层水力压裂布孔原则示意图

本次实验的 N3702 工作面布置方式为一条运输巷供两条回风巷使用，运输巷两侧煤样赋存及瓦斯参数一致。为避免实验偶然性，在运输巷东西两侧对应位置共布置 12 个实验钻孔。在东侧布置 1~6 号钻孔进行清水试验，西侧布置 7~12 号钻孔进行清洁压裂液试验，清洁压裂液选择研究优化的十六烷基三甲基氯化铵 + 水杨酸钠 + 氯化钾配方，钻孔间距均为 20m，钻孔深度为 60m，钻孔布置方式如图 7.55 所示。

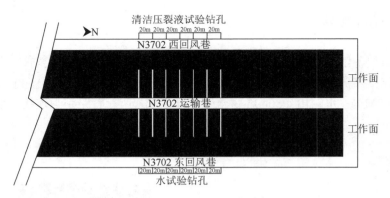

图 7.55　实验钻孔布置方式示意图

压裂钻孔良好的密封性能是水力压裂增透技术成功实施的保障，而钻孔密封性能主要与钻孔的孔壁岩性、钻孔倾角和钻孔孔径等因素有关。本煤层瓦斯抽采钻孔倾角通常不大于 10°，采用聚氨酯和水泥砂浆进行封孔时，由于所注浆液具有很强的收缩性，会在钻孔内部形成一定的空隙，不能有效封堵钻孔及上部空间内的裂隙，大大降低了密封性，降低瓦斯的抽采效率，因此优化了一种二次注浆封孔的方法，其原理是一次封孔完成后，相隔一定的时间使用细石粉加水泥砂浆进行二次密封，在一段时间后的二次注浆能够有效封堵钻孔内部的空隙和裂隙，达到高效密封钻孔的目的。

二次注浆密封钻孔方法如图 7.56 所示。具体工艺为：根据设计参数从巷道中向目标煤层施工钻孔，利用压风管去除钻孔内钻屑，用扎条捆绑纱布于端部带筛孔的瓦斯抽采管，纱布浸泡聚氨酯，迅速送至孔内设计的位置，抽采管之间需密封连接，放置尾端抽采管时将注浆管与返浆管固定，用聚氨酯材料对孔口管道和空隙进行密封（长度约为 1m）；聚氨酯膨胀之后将钻孔两端有效封堵，利用注浆管 1 向钻孔空隙注入均匀搅拌的水泥、水不漏、石膏的质量比为 10∶1∶1 的混合物（其料水质量混合比约为 2.5∶1），待返浆管出现浆液时停止注浆；首次所注浆液凝固之后利用注浆管 2 继续向钻孔内注入均匀搅拌的水泥、水不漏、石膏、细石粉质量比为 10∶1∶1∶1 的混合物（其料水质量混合比同样约为 2.5∶1），监测注浆泵压力升高后停止注浆，浆液凝固以后开始进行两种压裂液注入试验。

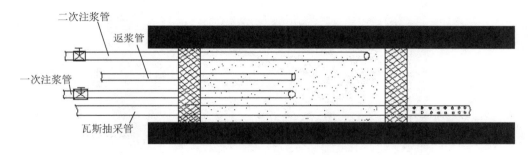

图 7.56　改进的本煤层二次封孔方法

7.5.3　清洁压裂液现场试验过程

根据钻孔设计方案在 N3702 运输巷东西两侧布置 12 个实验钻孔，钻孔间距为 20m，钻孔深度为 60m。为了避免运输巷的扰动裂隙产生卸压影响钻孔的密封性，每个钻孔的密封深度为 30m，均采用如图 7.56 所示的二次封孔方法，封孔完成后进行编号，准备连接压裂管道和抽采管道，如图 7.57 所示。

钻孔施工和封孔完成后，根据图 7.53 所示的连接方式在煤矿井下布置压裂试验系统，管路连接后检查整个系统是否齐全，然后打开系统开关工作 10min 以上测试装置工作稳定性，井下系统连接实物如图 7.58 所示。

采区煤层埋深为 700～900m，为了分析清洁压裂液与水通过瓦斯竞争吸附、孔隙占据和裂隙表面吸附等作用对瓦斯抽采的影响，试验采用低压注入的方式，注液压力考虑大于煤层内的初始瓦斯压力，小于试验煤层的起裂压力，即

$$p_g < p_w < p_b \tag{7.80}$$

式中，p_g 为初始瓦斯压力；p_w 为注液压力；p_b 为煤层起裂压力。

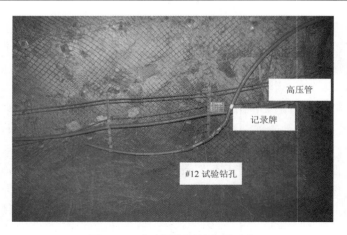

图 7.57　试验钻孔现场布置示意

图 7.58　煤矿井下设备连接实物图

　　起裂压力可以通过 Hubbert 等提出的"孔壁应力的集中诱发导致拉伸破裂"理论，根据破裂准则简单计算：

$$p_b = 3\sigma_H - \sigma_h + S_t \tag{7.81}$$

式中，σ_H 和 σ_h 分别为煤层最大和最小的水平主应力，MPa；S_t 为岩体的抗拉强度。

　　而根据 O.Stephansson 等的实测经验总结发现 σ_H 和 σ_h 随埋深增加计算经验公式为

$$\begin{aligned} \sigma_H &= 6.7 + 0.0444H \\ \sigma_h &= 0.8 + 0.0329H \end{aligned} \tag{7.82}$$

式中，H 为埋深，m。通过计算发现煤层起裂压力大于 27MPa，而根据现场水力压裂经验煤层起裂压力约为 30MPa，因此试验设置了 6MPa 的注入压力，1～6 号试验钻孔分别注入 2t 清水，7～12 号钻孔分别注入 2t 清洁压裂液，清洁压裂液质量分数为 0.8%CTAC + 0.2%Nasal + 1%KCl，现场采用自主研制的压力流量自动监控调节装置，监控调节试验压力和流量。

试验钻孔注液完成后，分别在运输巷两侧试验钻孔间以 5m 间隔布置瓦斯抽采钻孔，包括 6 个试验钻孔内每侧共布置 23 个瓦斯抽采钻孔，钻孔深度为 60m，如图 7.59 所示，分别记为水作用后瓦斯抽采钻孔和清洁压裂液作用后瓦斯抽采钻孔。为避免单孔瓦斯抽采存在的误差，采用累计抽采的方式，在两侧分别布置抽采管道单独统计瓦斯抽采量以及抽采浓度。

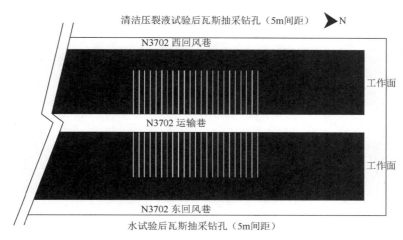

图 7.59　抽采钻孔布置示意

7.5.4　瓦斯抽采对比分析

瓦斯抽采钻孔布置完成后，打开钻孔抽采管道阀门开始统计抽采管道瓦斯抽采纯量和抽采浓度，统计每十天两个管道瓦斯抽采情况如表 7.19 所示。

表 7.19　瓦斯抽采量、抽采浓度与抽采时间统计结果

抽采时间/d	瓦斯抽采量/m³		瓦斯抽采浓度/%	
	水作用后瓦斯抽采钻孔	清洁压裂液作用后瓦斯抽采钻孔	水作用后瓦斯抽采钻孔	清洁压裂液作用后瓦斯抽采钻孔
1～10	15870	19320	85	90
11～20	8970	10120	71	90
21～30	6210	7130	63	85
31～40	4140	6210	65	75
41～50	3450	5060	54	70
51～60	2760	4370	52	70

平均单孔瓦斯抽采累积量表示为

$$X_n = \sum_{i=10}^{n} \frac{Q_i}{23} \quad (n = 10, 20, \cdots, 60) \tag{7.83}$$

式中，X_n 为单孔瓦斯累计抽采量，m^3；n 为抽采时间，d；表 7.20 给出了计算的单孔瓦斯累计抽采量结果，对比清洁压裂液与水作用后瓦斯抽采纯量与抽采浓度，如图 7.60 和图 7.61 所示。

表 7.20　单孔瓦斯累计抽采量对比

抽采时间/d	累计抽采量/m^3	
	水作用后瓦斯抽采钻孔	清洁压裂液作用后瓦斯抽采钻孔
10	690	840
20	1080	1280
30	1350	1590
40	1530	1860
50	1680	2080
60	1800	2270

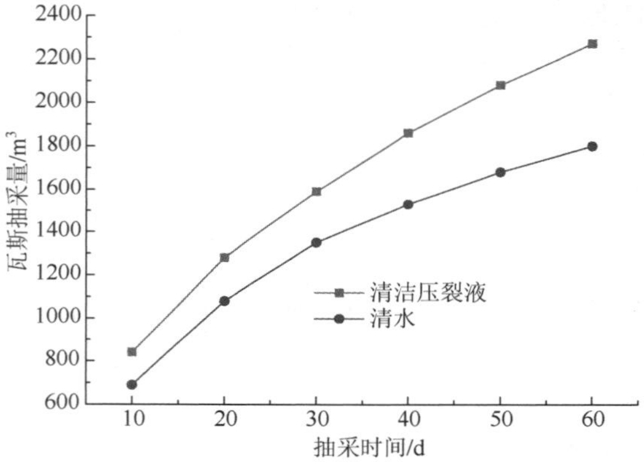

图 7.60　单孔平均瓦斯抽采量

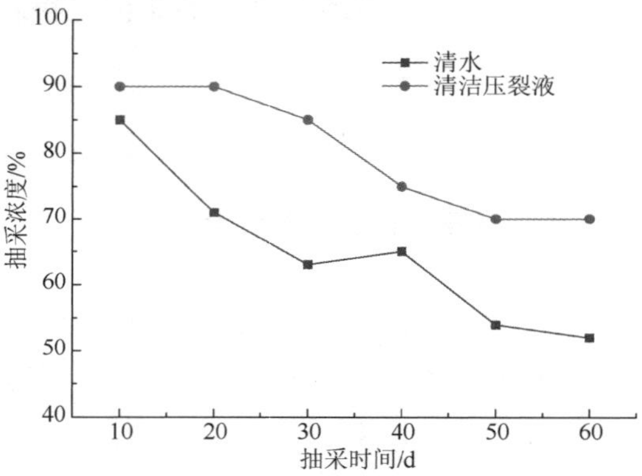

图 7.61　单孔平均瓦斯抽采浓度

通过表 7.20、图 7.60 和图 7.61 可以看出，与清水相比，清洁压裂液作用后煤样瓦斯累计抽采量提高了 26.1%，随着抽采时间的增加，清水压裂后的钻孔瓦斯抽采浓度降低速度较快，而清洁压裂液试验后的煤层钻孔，瓦斯抽采浓度保持在 70% 以上，增加了煤层瓦斯的有效抽采时间，提高了煤层瓦斯抽采效果。

压裂液对煤层瓦斯抽采影响包括液体在煤层中产生了裂隙通道，改变了煤层的孔隙结构以及影响了煤层的吸附特性等，由于本书试验对象为松软煤层，难以形成裂缝，现场试验采用低压注入的方式，未添加支撑剂，分析认为清洁压裂液对煤层瓦斯抽采的促进作用主要是由于清洁压裂液强化了煤层瓦斯解吸和渗流，清洁压裂液能够提高瓦斯抽采运移通道，增加松软煤层瓦斯的抽采效果，因此从瓦斯多尺度运移角度分析清洁压裂液能够代替清水取得更好的抽采效果。

参 考 文 献

[1]　曹彦超，曲占庆，郭天魁，等. 水基压裂液的储层伤害机理实验研究[J]. 西安石油大学学报（自然科学版），2016（2）：87-92.

[2]　Barati R，Liang J. A review of fracturing fluid systems used for hydraulic fracturing of oil and gas wells[J]. Journal of Applied Polymer Science，2014：131.

[3]　曾保全，程林松，李春兰，等. 特低渗透储层活性水驱实验研究[J]. 辽宁工程技术大学学报（自然科学版），2009（S1）：25-27.

[4]　Zhang G，Li M，Geng K，et al. New integrated model of the settling velocity of proppants falling in viscoelastic slick-water fracturing fluids[J]. Journal of Natural Gas Science and Engineering，2016，33：518-526.

[5]　王思宇，戴彩丽，赵光，等. 有机锆冻胶压裂液配方体系研究[J]. 油田化学，2014（2）：211-214.

[6]　孙海林，李志臻，曾昊，等. 一种新型有机硼交联剂与硼硅交联剂的对比[J]. 应用化工，2013（9）：1644-1647.

[7]　吴亚，赵攀，李凡，等. 改性瓜胶压裂液的制备及性能研究[J]. 应用化工，2015（4）：636-639.

[8]　郭建春，王世彬，伍林. 超高温改性瓜胶压裂液性能研究与应用[J]. 油田化学，2011（2）：201-205.

[9]　赵辉，戴彩丽，梁利，等. 煤层气井用非离子聚丙烯酰胺锆冻胶压裂液优选[J]. 石油钻探技术，2012（1）：64-68.

[10]　徐先宾，刘欣梅，戴彩丽. 适于煤层气锆冻胶压裂液的聚丙烯酰胺合成[J]. 化学通报，2012（12）：1121-1125.

[11]　Wanniarachchi W A M，Ranjith P G，Perera M S A. Shale gas fracturing using foam-based fracturing fluid：A review[J]. Environmental Earth Sciences，2017，76（2）.

[12]　卢拥军，方波，江体乾，等. CO₂泡沫压裂液黏弹性与触变性的表征研究[J]. 天然气工业，2005（7）：78-80.

[13]　吴金桥，王香增，高瑞民，等. 新型 CO_2 清洁泡沫压裂液性能研究[J]. 应用化工，2014（1）：16-19.

[14]　Wilk K，Kasza P. Use of foamed fluids for hydraulic fracturing[J]. Przemysl Chemiczny，2016，95（6）：1202-1205.

[15]　Khair E M M，Zhang S，Mou S，et al. Performance and application of new anionic D3F-AS05 viscoelastic fracturing fluid[J]. Journal of Petroleum Science and Engineering，2011，78（1）：131-138.

[16]　林波，刘通义，赵众从，等. 新型清洁压裂液的流变性实验研究[J]. 钻井液与完井液，2011（4）：64-66.

[17]　李曙光，郭大立，赵金洲，等. 表面活性剂压裂液机理与携砂性能研究[J]. 西南石油大学学报（自然科学版），2011（3）：133-136.

[18]　Wu W，Zhang Z. PETR 94-Study on rheology of viscoelastic surfactant fracturing fluid[J]. Abstracts of Papers of the American Chemical Society，2008：235.

[19]　刘通义，郭拥军，罗平亚，等. 清洁压裂液摩阻特性研究[J]. 钻采工艺，2009（5）：85-86.

[20]　焦克波. 清洁压裂液导流能力伤害对比实验研究[J]. 科学技术与工程，2012（11）：2723-2725.

[21]　崔会杰，王国强，冯三利，等. 清洁压裂液在煤层气井压裂中的应用[J]. 钻井液与完井液，2006（4）：58-61.

[22]　李亭，杨琦，冯文光，等. 煤层气新型清洁压裂液室内研究及现场应用[J]. 科学技术与工程，2012（36）：9828-9832.

[23]　Weishauptová Z，Přibyl O，Sýkorová I，et al. Effect of bituminous coal properties on carbon dioxide and methane high pressure sorption[J]. Fuel，2015，139：115-124.

[24]　刘曰武，苏中良，方虹斌，等. 煤层气的解吸/吸附机理研究综述[J]. 油气井测试，2010（6）：37-44.

[25]　Joubert J I，Grein C T，Bienstock D. Sorption of methane in moist coal[J]. Fuel，1973，52（3）：181-185.

[26]　降文萍，崔永君，钟玲文，等. 煤中水分对煤吸附甲烷影响机理的理论研究[J]. 天然气地球科学，2007（4）：576-579.

[27]　李祥春，聂百胜. 煤吸附水特性的研究[J]. 太原理工大学学报，2006（4）：417-419.

[28]　聂百胜，柳先锋，郭建华，等. 水分对煤体瓦斯解吸扩散的影响[J]. 中国矿业大学学报，2015（5）：781-787.

[29]　牟俊惠，程远平，刘辉辉. 注水煤瓦斯放散特性的研究[J]. 采矿与安全工程学报，2012（5）：746-749.

[30]　秦跃平，傅贵. 煤孔隙分形特性及其吸水性能的研究[J]. 煤炭学报，2000（1）：57-61.

[31]　胡友林，乌效鸣. 煤层气储层水锁损害机理及防水锁剂的研究[J]. 煤炭学报，2014（6）：1107-1111.

[32]　张国华，梁冰，毕业武，等. 渗透剂溶液对瓦斯解吸促进作用的实验研究[J]. 黑龙江科技学院学报，2011（4）：261-264.

[33]　You Q，Wang C，Ding Q，et al. Impact of surfactant in fracturing fluid on the adsorption–desorption processes of coalbed

methane[J]. Journal of Natural Gas Science and Engineering，2015，26：35-41.

[34]　Marsalek R，Taraba B. Adsorption of the SDS on Coal[M]. Berlin：Springer-Verlag Berlin，2008.

[35]　Crawford R J，Mainwaring D E. The influence of surfactant adsorption on the surface characterisation of Australian coals[J]. Fuel，2001，80（3）：313-320.

[36]　Sokolov I，Zorn G，Nichols J M. A study of molecular adsorption of a cationic surfactant on complex surfaces with atomic force microscopy[J]. Analyst，2015.

[37]　张鹏，魏文珑，李兴，等. 4种阴离子表面活性剂在煤沥青表面的润湿规律[J]. 煤炭学报，2014（5）：966-970.

[38]　陈尚斌，朱炎铭，刘通义，等. 清洁压裂液对煤层气吸附性能的影响[J]. 煤炭学报，2009（1）：89-94.

[39]　Saghafi A，Willams R J. 煤层瓦斯流动的计算机模拟及其在预测瓦斯涌出和抽放瓦斯的应用[J]. 煤矿安全，1988（4）：22-23.

[40]　Brown S R. Fluid-flow through rock joints-the effect of surface-roughness[J]. Journal of Geophysical Research-Solid Earth and Plants，1987，92（B2）：1337-1347.

[41]　Tsang Y W. The effect of tortuosity on fluid-flow through a single fracture[J]. Water Resources Research，1984，20（9）：1209-1215.

[42]　Somerton W H，Soylemezoglu I M，Dudley R C. Effect of stress on permeability of coal[J]. International Journal of Rock Mechanics and Mining Sciences，1975，12（5-6）：129-145.

[43]　Jasinge D，Ranjith P G，Choi S K. Effects of effective stress changes on permeability of latrobe valley brown coal[J]. Fuel，2011，90（3）：1292-1300.

[44]　Cui X J，Bustin R M. Volumetric strain associated with methane desorption and its impact on coalbed gas production from deep coal seams[J]. Aapg Bulletin，2005，89（9）：1181-1202.

[45]　周军平，鲜学福，姜永东，等. 考虑基质收缩效应的煤层气应力场-渗流场耦合作用分析[J]. 岩土力学，2010（7）：2317-2323.

[46]　Connell L D，Lu M，Pan Z. An analytical coal permeability model for tri-axial strain and stress conditions[J]. International Journal of Coal Geology，2010，84（2）：103-114.

[47]　Shi J Q，Durucan S. Gas storage and flow in coalbed reservoirs：Implementation of a bidisperse pore model for gas diffusion in a coal matrix[J]. SPE Reservoir Evaluation & Engineering，2005，8（2）：169-175.

[48]　姜德义，张广洋，胡耀华，等. 有效应力对煤层气渗透率影响的研究[J]. 重庆大学学报（自然科学版），1997（5）：24-27.

[49]　林柏泉，周世宁. 含瓦斯煤体变形规律的实验研究[J]. 中国矿业学院学报，1986（3）：12-19.

[50]　林柏泉，周世宁. 煤样瓦斯渗透率的实验研究[J]. 中国矿业学院学报，1987（1）：24-31.

[51]　许江，袁梅，李波波，等. 煤的变质程度、孔隙特征与渗透率关系的试验研究[J]. 岩石力学与工程学报，2012（4）：681-687.

[52]　尹光志，李小双，赵洪宝，等. 瓦斯压力对突出煤瓦斯渗流影响试验研究[J]. 岩石力学与工程学报，2009（4）：697-702.

[53]　张健，汪志明. 煤层应力对裂隙渗透率的影响[J]. 中国石油大学学报（自然科学版），2008（6）：92-95.

[54]　薛东杰，周宏伟，唐咸力，等. 采动煤岩体瓦斯渗透率分布规律与演化过程[J]. 煤炭学报，2013（6）：930-935.

[55]　Durucan S，Ahsan M，Shi J，et al. Two phase relative permeabilities for gas and water in selected European coals[J]. Fuel，2014，134：226-236.

[56]　Chen D，Pan Z，Liu J，et al. An improved relative permeability model for coal reservoirs[J]. International Journal of Coal Geology，2013，109-110：45-57.

[57]　Chen D，Shi J，Durucan S，et al. Gas and water relative permeability in different coals：Model match and new insights[J]. International Journal of Coal Geology，2014，122：37-49.

[58]　Wang S，Elsworth D，Liu J. Permeability evolution in fractured coal：The roles of fracture geometry and water-content[J]. International Journal of Coal Geology，2011，87（1）：13-25.

[59]　李明助.受载含瓦斯煤水气两相渗流规律与流固耦合模型研究[D].郑州：河南理工大学，2015.

[60]　尹光志，蒋长宝，许江，等. 煤层气储层含水率对煤层气渗流影响的试验研究[J]. 岩石力学与工程学报，2011（S2）：

3401-3406.

[61]　杨永利. 低渗透油藏水锁伤害机理及解水锁实验研究[J]. 西南石油大学学报（自然科学版），2013（3）：137-141.

[62]　刘谦. 水力化措施中的水锁效应及其解除方法实验研究[D]. 徐州：中国矿业大学，2014.

[63]　周哲，卢义玉，葛兆龙，等. 水-瓦斯-煤三相耦合作用下煤岩强度特性及实验研究[J]. 煤炭学报，2014（12）：2418-2424.

[64]　秦虎，黄滚，王维忠. 不同含水率煤岩受压变形破坏全过程声发射特征试验研究[J]. 岩石力学与工程学报，2012（6）：1115-1120.

[65]　张文勇，倪小明，王延斌. 注 CO_2 与煤中矿物反应渗透率变化规律[J]. 煤炭学报，2015（5）：1087-1092.

[66]　李瑞，王坤，王于健. 提高煤岩渗透性的酸化处理室内研究[J]. 煤炭学报，2014（5）：913-917.

[67]　郭红玉，苏现波，陈俊辉，等. 二氧化氯对煤储层的化学增透实验研究[J]. 煤炭学报，2013（4）：633-636.

[68]　夏彬伟，胡科，卢义玉，等. 井下煤层水力压裂裂缝导向机理及方法[J]. 重庆大学学报，2013（9）：8-13.

[69]　程亮，卢义玉，葛兆龙，等. 倾斜煤层水力压裂起裂压力计算模型及判断准则[J]. 岩土力学，2015（2）：444-450.

[70]　Lu Y，Cheng L，Ge Z，et al. Analysis on the initial cracking parameters of cross-measure hydraulic fracture in underground coal mines[J]. Energies，2015，8（7）：6977-6994.

[71]　Chen Z. Finite element modelling of viscosity-dominated hydraulic fractures[J]. Journal of Petroleum Science and Engineering，2012，88-89：136-144.

[72]　Ahn C H，Dilmore R，Wang J Y. Development of innovative and efficient hydraulic fracturing numerical simulation model and parametric studies in unconventional naturally fractured reservoirs[J]. Journal of Unconventional Oil and Gas Resources，2014，8：25-45.

[73]　徐苗. 页岩气水平井缝网压裂工艺参数研究与优化[D]. 荆州市：长江大学，2016.

[74]　牛梦龙，刘会强，周明明，等. 压裂用黏土稳定剂的筛选及室内评价研究[J]. 辽宁化工，2014（1）：14-15.

[75]　Ross D J K，Bustin R M. Characterizing the shale gas resource potential of Devonian-Mississippian strata in the Western Canada sedimentary basin：Application of an integrated formation evaluation[J]. Aapg Bulletin，2008，92（1）：87-125.

[76]　Sing K，Everett D H，Haul R. Reporting physisorption data for gas solid systems with special reference to the determination of surface-area and porosity [J]. Pure and Applied Chemistry，1985，57（4）：603-619.

[77]　冯艳艳，黄利宏，储伟. 表面改性对煤基活性炭及其甲烷吸附性能的影响[J]. 煤炭学报，2011（12）：2080-2085.

[78]　蔡昌凤，郑西强，唐传罡，等. 焦化废水中主要污染物对煤可浮性的影响及机理分析[J]. 煤炭学报，2010（6）：1002-1008.

[79]　Airuni A T，Bobin V A，Galmanov A A. Evaluation of experimental-data for equilibrium sorption of CH_4 and CO_2 in fossil coals[J]. Soviet Mining Science Ussr，1985，21（3）：246-253.

[80]　Sikalo S，Tropea C，Ganic E N. Dynamic wetting angle of a spreading droplet[J]. Experimental Thermal and Fluid Science，2005，29（7）：795-802.

[81]　李靖，李相方，李莹莹，等. 页岩黏土孔隙气-液-固三相作用下甲烷吸附模型[J]. 煤炭学报，2015（7）：1580-1587.

[82]　卢义玉，杨枫，葛兆龙，等. 清洁压裂液与水对煤层渗透率影响对比试验研究[J]. 煤炭学报，2015（1）：93-97.

[83]　Busch A，Gensterblum Y. CBM and CO2-ECBM related sorption processes in coal：A review[J]. International Journal of Coal Geology，2011，87（2）：49-71.

[84]　魏恒平，秦恒洁，王登科，等. 含瓦斯煤渗透率动态演化模型[J]. 煤炭学报，2015（7）：1555-1561.

[85]　Ettinger I L. Swelling stress in the gas-coal system as an energy-source in the development of gas bursts [J]. Soviet Mining Science Ussr，1979，15（5）：494-495.

第 8 章　煤矿井下可控水力压裂评价体系

煤矿井下可控压裂技术的形成，需根据目前煤层气抽采及瓦斯灾害治理的主要技术，结合岩石力学、流体力学理论，建立井下水力压裂参数计算模型和压裂效果评价方法；最终结合煤矿井下水力压裂施工工艺要点，形成一套煤矿井下水力压裂技术体系。

8.1　煤矿井下可控水力压裂评价方法

当前煤矿井下水力压裂评价方法存在实施复杂、工程量大、成本高及准确率偏低的问题，难以满足高效指导压裂施工方案优化和质量控制的需求[1]。为了全面考察水力压裂增透技术在低透煤层中的影响范围，通过观察考察钻孔情况（一看）、测量瓦斯参数（二测）、物探电阻率（三探）方法[2, 4]，建立一套适用于煤矿井下可控水力压裂范围评价体系。

8.1.1　基于钻孔观察的水力压裂范围分析

一看，指观察考察孔施工过程中出水情况。水力压裂实施后，通过观察每个考察孔在钻进过程中的出水情况初步判定水力压裂过程中水—气动界面是否扩展至该区域。

以某矿 1205 运顺瓦斯巷压裂实验为例，在实施高压水力压裂增透过程中，为考察水力压裂影响范围，在压裂孔周围以 10m 间距走向与倾向方向设置考察孔，考察孔布置方法如图 8.1 所示。

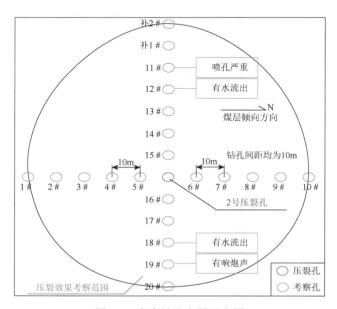

图 8.1　考察钻孔布置示意图

压裂过程中可先打开考察孔的阀门，若压裂至此处时，将从考察孔内流出水。为保证压裂过程顺利进行，需将此处阀门关闭。同时，压裂过程中会驱动瓦斯向外扩散，导致产生喷孔现象，预示压裂范围将至此处。裂缝张开及扩展会产生声响，有炮响声也预示着有裂缝产生，压裂范围将至。通过观察压力表压力可以获得压裂范围，如图 8.2、8.3 所示。

图 8.2　考察孔安装图

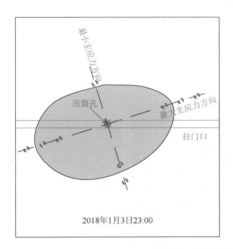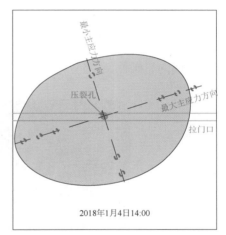

图 8.3　钻孔布置图及压裂范围

8.1.2　基于煤层参数测量的水力压裂范围分析

二测，指监测水力压裂前后煤层瓦斯含量、瓦斯压力及煤层含水率变化情况。水力压裂实施前，在施工压裂钻孔及考察钻孔过程中，通过现场取煤样采用中煤科工集团重庆研究院有限公司生产的 DGC 型瓦斯含量直接测定装置分别测定其煤层瓦斯参数[5]；待水力压裂实施后，在考察孔附近另外施工钻孔取煤样测定煤层瓦斯参数。通过对比压裂前后煤层瓦斯参数变化规律，确定煤层水斯力压裂影响范围及瓦富集区。

在压裂开始前通过对压裂孔和检验孔取样，测定原始煤层的含水率。压裂后再对抽采钻孔进行取样，测定压裂后的煤层含水率（表 8.1），根据含水率的变化来判断水力压裂的有效影响范围。

表 8.1　压裂后煤层含水率

孔号	烘干前质量/g	烘干后质量/g	水/g	含水率/%
46-8	1.9075	1.8730	0.0345	1.81
44	1.5388	1.4999	0.0389	2.53
40-10	1.9471	1.8784	0.0687	3.53
40-9	1.8745	1.8035	0.0710	3.79
40-8	1.9667	1.9162	0.0505	2.57
40-7	2.1797	2.1006	0.0791	3.63
40-6	1.8291	1.7415	0.0876	4.79
40-5	1.7804	1.6891	0.0913	5.13
40-3	2.4761	2.3719	0.1042	4.21
40-2	1.6105	1.5385	0.0720	4.47
36-6	1.736	1.6660	0.0700	4.03
36-2	1.8614	1.8072	0.0542	2.91
33-1	1.7872	1.7352	0.0520	2.91

　　在水力压裂进行之前，取了原始煤样进行含水量测试，得到煤层的平均含水率为1.72%。

　　可以看出煤层含水率范围（图8.4）与压裂过程中测得压裂范围基本相符，补充证明了上述压裂范围的正确性。

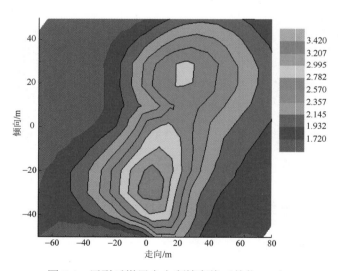

图 8.4　压裂后煤层含水率等高线（单位：m）

　　压裂开始前通过对压裂孔和检验孔取样，测定原始煤层的瓦斯含量。压裂后再对抽采钻孔进行取样，测定压裂后的煤层瓦斯含量，根据瓦斯含量的变化来判断水力压裂对瓦斯运移的影响规律。同时，抽采钻孔施工完成后，对抽采钻孔进行接抽。

　　接抽时抽采钻孔的瓦斯浓度随距压裂孔的距离产生变化，在倾向方向上瓦斯抽采孔浓度随距压裂孔距离的变化曲线如图8.5所示，瓦斯富集区为20~45m的范围。

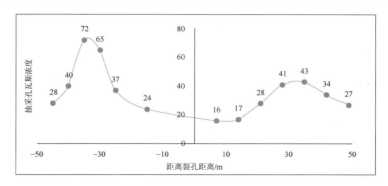

图 8.5　倾向方向抽采孔瓦斯浓度变化曲线（单位：%）

在走向方向上瓦斯抽采孔浓度随距压裂孔距离的变化曲线如图8.6所示。

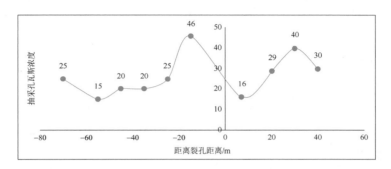

图 8.6　走向方向抽采孔瓦斯浓度变化曲线（单位：%）

接抽时瓦斯抽采孔浓度分布情况如图 8.7 所示。结合该图和压裂范围图可以看出，压裂有效区域的瓦斯抽采浓度大幅提升，范围基本相符。

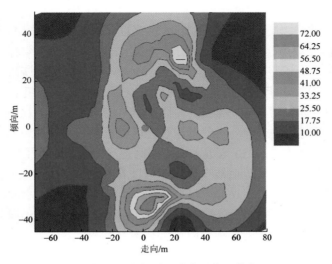

图 8.7　接抽时瓦斯抽采孔浓度分布（单位：%）

8.1.3　基于物探法测试水力压裂范围研究

指采用瞬变电磁法探测水力压裂钻孔周围压裂前后电磁波变化规律，反演出煤层中含水层的区域，从而预测水力压裂水区范围。

由于未在该矿进行物探法测试，本节仅通过举例介绍物探法测得压裂范围。一般使用YCS1024矿用本安型全方位探水仪，该仪器具有抗干扰、轻便、自动化程度高等特点[6]。数据采集由微机控制，自动记录和存储，与微机连接可实现数据回放。一般TEM探测测点间距为5m，探测方向与煤层呈一定夹角，与压裂孔注水方向一致（水平向上20°）。

案例水力压裂前后瞬变电磁法探测测线布置在–100m阶段大巷内，其中以北边界为基准点（即0m），注水前探测从0m开始，点距5m，430m结束，布置测点86个。根据图8.8可知，在距离基准点45m、110m、165m、220m、280m、335m和395m处分别布置有1#~7#压裂孔。其中，1#孔在探测前已经完成水力压裂施工；在2#和4#孔水力压裂实施后进行对比试验，探测从10m开始，点距5m，420m结束，布置测点84个。

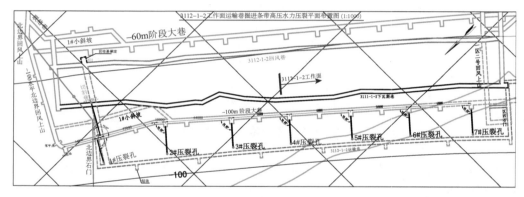

图 8.8　案例压裂钻孔平面布置图

–100m阶段大巷水力压裂前后探测工作面内的瞬变电磁视电阻率等值线拟断面图详见图8.9，图中横坐标为测点坐标（以北边界为基准，即0m），纵坐标为沿探测方向的深度，图8.9（a）为水力压裂前的探测结果、图8.9（b）为水力压裂后的探测结果。

由图8.9（a）中视电阻率等值线变化规律可以看出，由于1#孔在实施探测前已完成水力压裂，沿探测方向深度为20~85m，电阻率数值明显小于其它区域。而未进行水力压裂区域，除个别点受巷道内风管、水管及压裂孔内的压裂管等金属体影响外，电阻率等值线横向平缓，数值基本在20~50范围，说明探测范围内岩层电性横向变相对稳定。

由图8.9（b）中视电阻率等值线变化规律可以看出，等值线横向变化较大，等值线数值明显减小。其中横坐标在85~160m范围内受2#孔水力压裂注入水的影响及210~275m范围内受4#压裂孔水力压裂注入水的影响，等值线数值为小于5，形成明显的注水低阻区域。横坐标290m往后，注水前后视电阻率值基本没有变化。

试验结果表明：水力压裂范围在65m以内，延伸范围受煤层地质构造影响，且具有一定方向性。

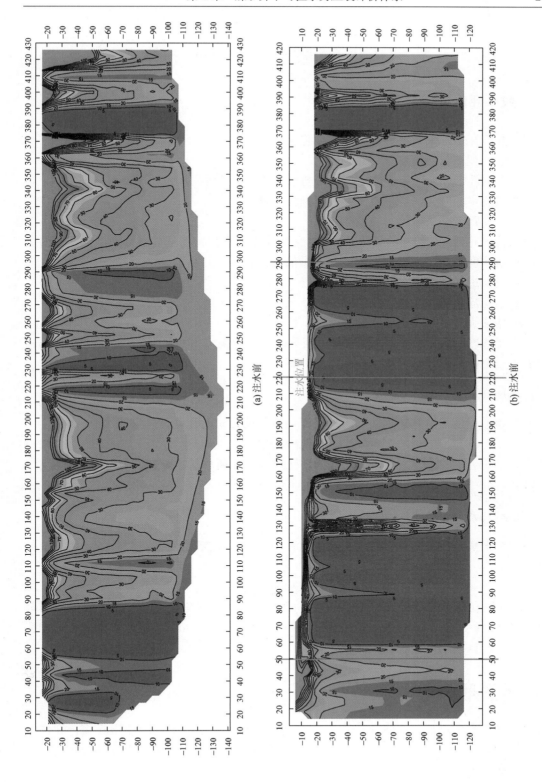

图 8.9　案例物探测试结果图

8.2　煤矿井下可控水力压裂评价指标

8.2.1　效果评价指标

煤矿井下瓦斯抽采效果评价指标主要包括：

（1）钻孔瓦斯自然流量。

对钻孔封孔后，采用流量计记录瓦斯的自然流量，然后在水力增透前后分别测试，对比瓦斯自然流量的变化。可以百米钻孔瓦斯流量对比。

（2）钻孔瓦斯抽采浓度与纯量。

对钻孔封孔后，在相同的负压条件下，采用流量计在水力增透前后分别测试瓦斯的总流量和瓦斯浓度，对比瓦斯抽采浓度与纯量的变化。

（3）煤层透气性系数。

（4）钻孔流量衰减系数。

（5）抽采强度。

水力增透影响范围内单位时间、单位煤体的抽采效果可用抽采强度直观表达，抽采强度由以下三个指标描述：

1. 强度抽采量

强度抽采量是指钻孔控制面积内抽采瓦斯量与抽采时间和煤体总量的比值，即

$$q_{抽} = Q_{抽}/(T \cdot M) \tag{8.1}$$

式中，$q_{抽}$ 为强度抽采量，$m^3/(t \cdot d)$；$Q_{抽}$ 为钻孔已抽采瓦斯总量，m^3；T 为抽采瓦斯量 $Q_{抽}$ 所用时间，d；M 为钻孔控制面积内煤体总质量，t。

2. 强度抽采率

强度抽采率是指钻孔单位时间内抽采出瓦斯量占钻孔控制范围内煤层瓦斯赋存量的百分比，即

$$d = 100Q_{抽}/(Q-T) \tag{8.2}$$

式中，d 为钻孔瓦斯强度抽采率，%；$Q_{抽}$ 为钻孔已抽采瓦斯总量，m^3；Q 为钻孔控制范围内煤层瓦斯赋存量，m^3；T 为抽采瓦斯量为 $Q_{抽}$ 所用时间，d。增透过程中进入风排瓦斯增加量应计算在水力增透抽出的瓦斯量内。

8.2.2　效果评价表

煤矿井下水力增透效果评价采用水力增透范围和瓦斯参数变化两项指标综合评价水力增透效果。其单项评价以分值表示，两项分值相加之和为综合分值。根据综合分值大小划分水力增透效果的评价等级。

（1）煤矿井下水力增透效果评价的各项指标及分值可按表 8.2 制定。

（2）煤矿井下水力增透效果评价等级可按表 8.3 由应用单位评价部门制定。

（3）进行煤矿井下水力增透效果评价时，应填写水力增透增透效果评价表。

表 8.2 增透效果评价各项指标及分值表

综合分值	等级
$X \geqslant 80$	效果好
$60 \leqslant X < 80$	效果较好
$40 \leqslant X < 60$	有效
$X < 40$	无效

注："X"表示增透半径和瓦斯参数两项的综合分值。

表 8.3 水力增透效果评价等级表

	项目	数值范围	综合分值（X）	备注
	增透半径 R	$R \leqslant 5$	0	
		$5 < R < 10$	$10R - 50$	
		$R \geqslant 10$	50	
瓦斯参数	钻孔瓦斯自然流量提高倍数 n_1	$n_1 \leqslant 3$	0	
		$3 < n_1 < 5$	$25n_1$	
		$n_1 \geqslant 5$	50	
	煤层透气性系数提高倍数 n_2	$n_2 \leqslant 3$	0	
		$3 < n_2 < 5$	$25n_2 - 75$	
		$n_2 \geqslant 5$	50	
	钻孔流量衰减系数降低倍数 n_3	$n_3 \leqslant 0.3$	0	
		$0.3 < n_3 < 0.5$	$25n_3 - 75$	
		$n_3 \geqslant 0.5$	50	

结合 1205 运顺瓦斯巷压裂及抽采效果，压裂半径 45～55m，单孔瓦斯抽采量提高了 5 倍，综合评分已达为 100 分。表示增透效果好。

参 考 文 献

[1] 袁永榜，易洪春. 基于多频同步电磁波 CT 技术的煤层水力压裂范围探测试验[J]. 工矿自动化，2020，8：51-57.

[2] Cheng L，Ge Z L，Chen J F，et al. Hydraulic fracturing and its effect on gas extraction and coal and gas outburst prevention in a protective layer: a case study in China[J]. International Journal of Oil Gas and Coal Technology，2020，23（4）：427-449.

[3] Ge Z L，Zhong J Y，Lu Y Y，et al. Directional distance prediction model of slotting-directional hydraulic fracturing (SDHF) for coalbed methane (CBM) extraction[J]. Journal of Petroleum Science and Engineering，2019，183：106429.

[4] Xiao S Q，Ge Z L，Cheng L，et al. Gas migration mechanism and enrichment law under hydraulic fracturing in soft coal seams: a case study in Songzao coalfield[J]. Energy Sources Part A-Recovery Utilization and Environmental Effects，2019，10.

[5] 罗培荣，谢飞. DGC 型瓦斯含量快速测定技术在区域防突措施设计中的应用[J]. 矿业安全与环保，2012，4：37-39.

[6] 孔令杰. 钻孔探水仪在义安矿井的应用研究[J]. 内蒙古煤炭经济，2020，6：56-57.